人人都學得會的

網路大數據分析入門

專為非專業人士所寫的機器學習指引

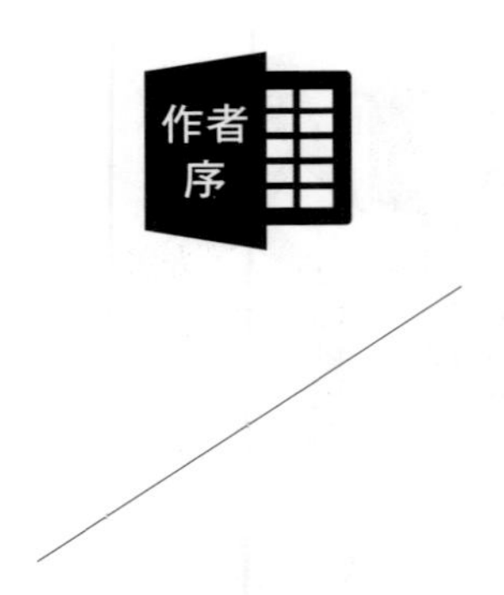

在這個資訊量爆炸的時代，大數據分析這個名詞早已朗朗上口，每個人都有興趣，但可能總是覺得有點模糊，不知道具體該如何著手。

如今電視、電腦、網路、手機的資料無所不在，如果能有個系統化方式將這些資料記錄下來，利用科學量化方法建立計算模型，便是具體而微的大數據分析了。這本書將以Excel作為主要工具，為各位介紹在這條路上可以走得多遠。

也許你有疑問，Excel進行機器學習的量化分析？

首先在資料取得的部分，Excel正好是一般企業普遍使用的資料處理應用，所以，很有可能企業資料已經是Excel檔案了，馬上能拿來使用。況且Excel還外掛了VBA，可以設計程式網路爬蟲取得所需資料，自動整理為格式規範的資料庫。這是本書第一篇的重點，體現了以日常生活所見資料進行大數據分析的初衷。

接著在資料分析的部分，這是Excel一直努力發展的重點，近年還開發了已經完備再獨立出來的Power BI商業工具。本書第二篇會跟各位介紹VBA所取得整理好的資料，如何運用Excel及Power BI進行深入分析。

最後，Excel雖然不是主流的機器學習工具，不過，機器學習根基於統計學，而微軟很早就幫Excel開發了一套功能強大而且便捷的統計分析工具，運用此工具配合豐富多樣的函數指令，Excel也足以建立一套機器學習模型。況且Excel的工作表儲存格不但是輸入表單，同時也是計算過程和結果的呈現，剛好很適合第一次或剛開始接觸機器學習的新手，這些將會是本書第三篇的內容。

網路爬蟲、大數據分析、機器學習，準備好搭上這班資訊AI的時代列車了嗎？本書將為您打開大門！

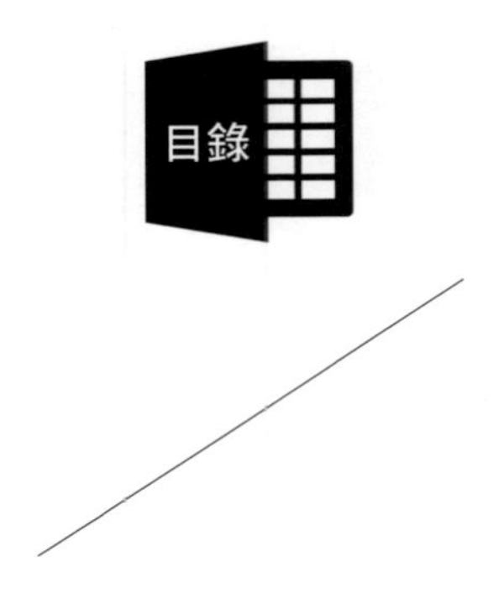
目錄

Part 3　如何利用機器學習幫你分類資料 194

PART 1

建立
原始資料庫

由於各單位的網站經常會變動，為了減少初學者的困擾，我在本書讀者專屬社團有存放下載的原始資料，不管示範網站的格式如何變動，你都可以用我們下載的原始資料，配合程式完全不修改的進行練習。不過，基本上，如果你讀完全書，不論網站的格式如何變動，都只是下載資料在EXCEL相對位置的變化，要調整並不困難。

Chapter 1

建立網路資料分析系統的準備工作

本章將介紹從Excel進入VBA編輯環境。先簡單書寫幾行程式，網路爬蟲取得所需資料，接著擴充程式，新增以當天日期命名的工作表，將所取得的資料放在該工作表中。

第一節 VBA編輯環境

VBA是用寫程式的方式執行Excel操作，它能夠快速執行重複的操作，也可應用在網路爬蟲和自動整理分析資料，而這些功能本書都會一一介紹。本節將首先說明如何開啟Excel的VBA編輯器，開始準備寫程式。

步驟一、點選Excel檔案索引標籤

打開Excel，在上方功能區點選「檔案」索引標籤。

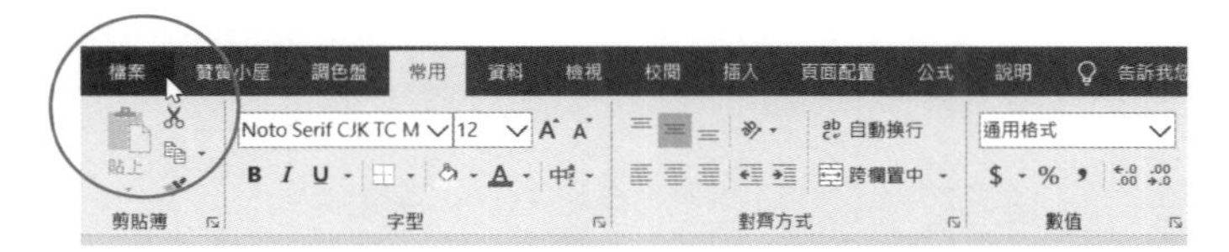

步驟二、Excel選項設置

選擇最下面的「選項」。

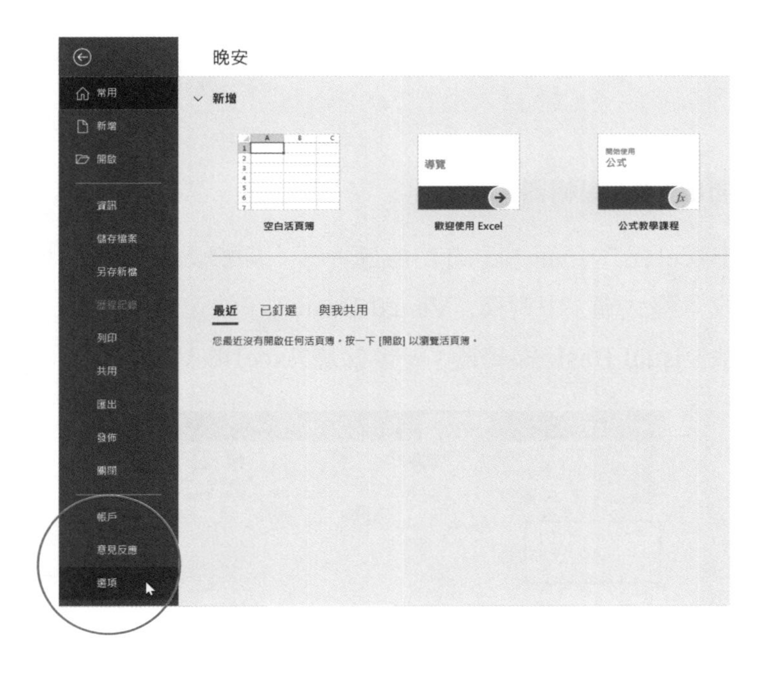

步驟三、開發人員索引標籤

在Excel「選項」中，移到「自訂功能區」頁籤點選，並在頁面右邊的「自訂功能區」裡找尋「主要索引標籤」，當中「開發人員」的預設是沒有勾選的，請勾選後按「確定」。

步驟四、開啟VBA編輯器

回到Excel操作介面，上方功能區多了「開發人員」索引標籤，請點選它，並在「程式碼」中選擇「Visual Basic」，快速鍵是「Alt+F11」，作用是「開啟Visual Basic編輯器」，也就是Excel的VBA外掛。

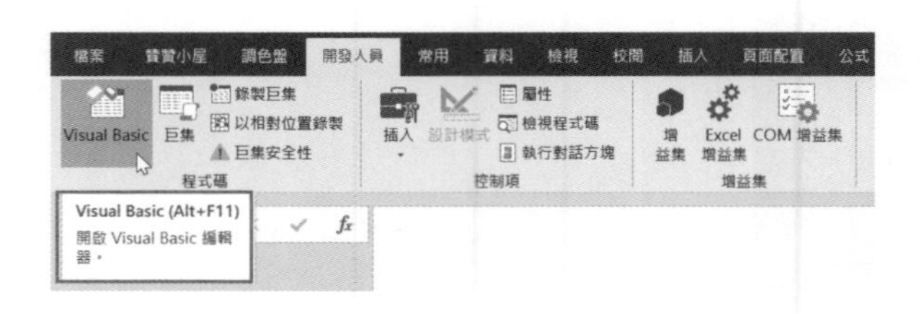

步驟五、插入模組

進入VBA編輯環境後，最上方是「檔案、編輯、檢視、……」等指令列，左邊是「專案-VBAProject」視窗，以樹枝狀結構展示VBA的程式對象，你可以看到「VBAProject（1.1 Excel VBA編輯環境.xlsm）」，它指的是一個Excel檔案，裡面是「Microsoft Excel物件」，包括活頁簿和工作表。將游標停留在專案上，按下滑鼠右鍵，快捷選擇「插入>模組」。

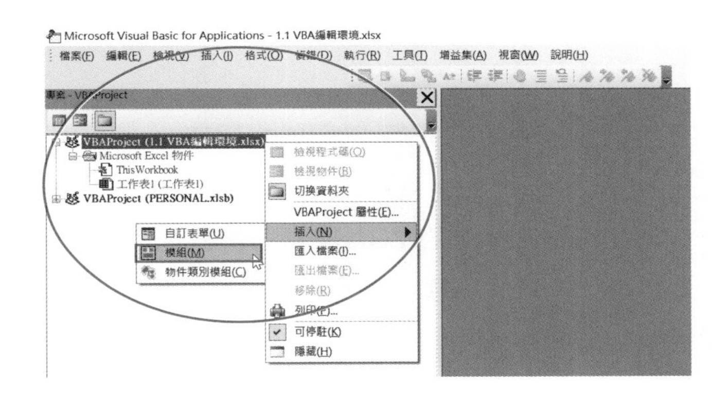

步驟六、VBA編輯區域

插入模組之後，原本的樹狀結構多了一個「模組」資料夾，裡面有一個「Module1」，右邊區域本來是反灰，現在變成像Word一樣的空白區域，VBA程式碼都是在這裡寫的。

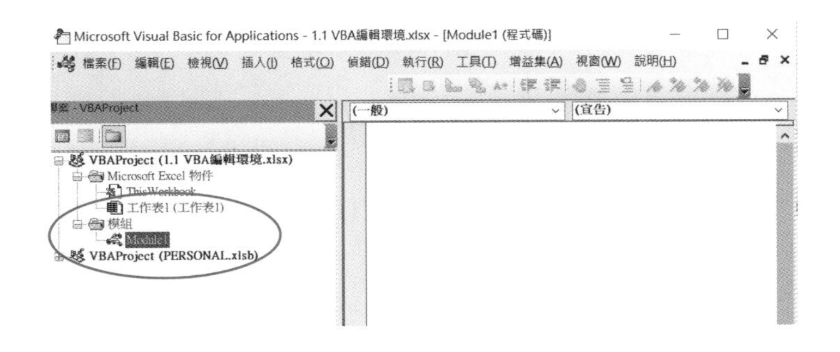

步驟七、取得網頁程式

如圖所示的幾行程式碼就可以取得特定網頁的資料，下一節會繼續介紹這些程式碼。

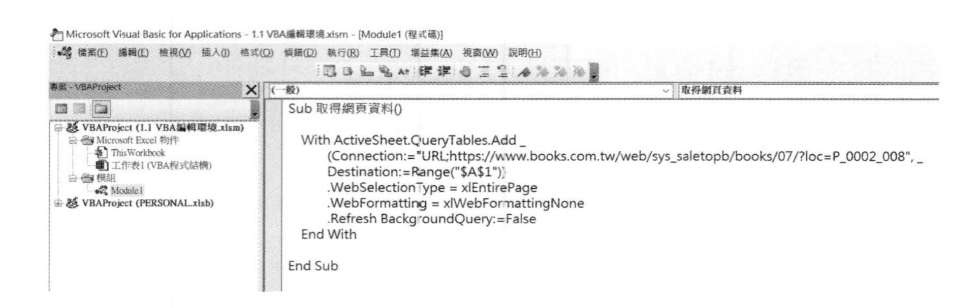
Microsoft Visual Basic for Applications - 1.1 VBA編輯環境.xlsm - [Module1 (程式碼)]
檔案(F) 編輯(E) 檢視(V) 插入(I) 格式(O) 偵錯(D) 執行(R) 工具(T) 增益集(A) 視窗(W) 說明(H)
專案 - VBAProject
(一般)
取得網頁資料
VBAProject (1.1 VBA編輯環境.xlsm)
Microsoft Excel 物件
ThisWorkbook
工作表1 (VBA程式結構)
模組
Module1
VBAProject (PERSONAL.xlsb)
Sub 取得網頁資料()
With ActiveSheet.QueryTables.Add _
(Connection:="URL;https://www.books.com.tw/web/sys_saletopb/books/07/?loc=P_0002_008", _
Destination:=Range("$A$1"))
.WebSelectionType = xlEntirePage
.WebFormatting = xlWebFormattingNone
.Refresh BackgroundQuery:=False
End With
End Sub

先前沒有接觸過VBA或沒有寫過程式的讀者，一開始看到這幾行程式可能會覺得非常陌生，不過，現在只是本書的第一節，接下來的章節會跟各位一一介紹如何在Excel 的VBA編輯器編寫一行又一行的程式，也會跟讀者介紹每一行程式的用意。隨著本書章節的進行，讀者應該就會熟悉這些程式碼。

第二節 編寫VBA程式

上一節已經從Excel進入到VBA編輯環境，也看到取得網頁資料的程式代碼。第一次看也許陌生，不過沒關係，這一節將會教你逐行編寫程式，說明每一個程式代碼的意義，以及可能會遇到的狀況。藉由完整從無到有編寫程式的過程，讓讀者開始進入VBA程式的世界。

步驟一、Sub程序

VBA程式通常是一個Sub程序，把「Sub」當作一篇寫滿滿程式的文章，文章第一行是標題行：「Sub」，空一格，接著是這篇文章的標題，也就是程式名稱，後面的「( )」是為參數而保留的，Sub比較少用到，可以把它當作固定作用的結尾句點即可。

接下來的內文是一行行VBA程式碼，最後一行收尾是「End Sub」，表示這篇VBA程式碼文章結束了。

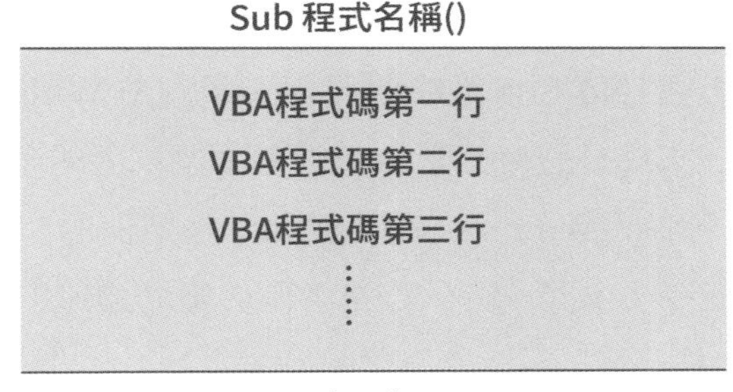

步驟二、Sub…End Sub

有了上個步驟的理解，開始於VBA編寫第一個Sub程序。編寫Excel VBA程式和在Word寫文章是一樣的，第一行輸入「Sub 取得網頁資料( )」，按Enter鍵換行，VBA會幫忙自動產生「End Sub」。

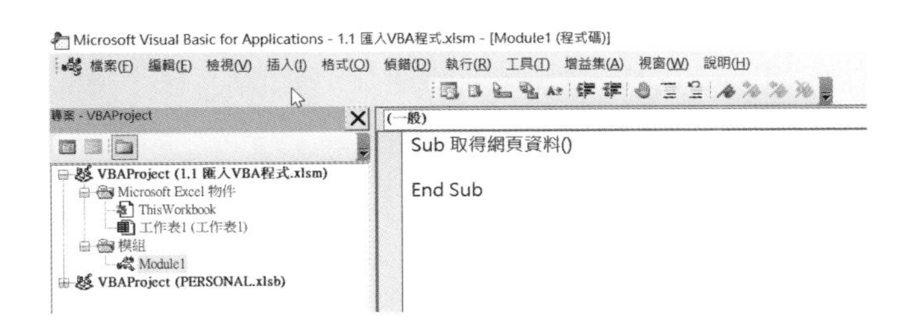

步驟三、With…End with

和寫文章一樣，最好先按Enter鍵換行，換行後再按一次Tab鍵，游標會往右邊跳約兩個字元，然後再寫第1行程式碼：「With ActiveSheet.QueryTables.Add _」，寫完再按Enter鍵換行。保持換行和縮排的習慣，當程式碼越來越多時，結構才會清楚，程式容易閱讀理解。

寫VBA程式碼的時候，所有的英文單字小寫就好。按下Enter鍵換行的時候，編輯器會自動把那一行程式閱讀掃描一遍，沒問題的話，會把小寫轉換成大寫。

前面提到Sub和End Sub是成對出現，這裡的With後面也一樣，要接一個End With。Excel的每個函數通常有兩個以上的參數，會用左右括號包起來，VBA裡的「With……End With」是類似的作用，被包括起來的是某個對象或指令，中間一行一行是各個參數的描述。

「ActiveSheet.QueryTables.Add」便是With……End with包起來的指令，這個指令會在目前的工作表（ActiveSheet）新增一個查詢表格（QueryTables.Add），所以，其實VBA是用簡單的英文告訴Excel該做什麼，只不過因為是寫給機器人看的，文法必須非常嚴謹，Excel才能看得懂。這一行程式是VBA取得網頁資料的動詞，這裡毋需思考為什麼要這樣子寫，把它當做一個英文單詞記起來就好。

結尾的「 _」是空一格加上一個下橫線，在VBA裡表示同一行程式強制換行，所以它和下一行程式應該是要連在一起的，只不過這裡程式碼太長，分為兩行整篇程式文章較容易閱讀。

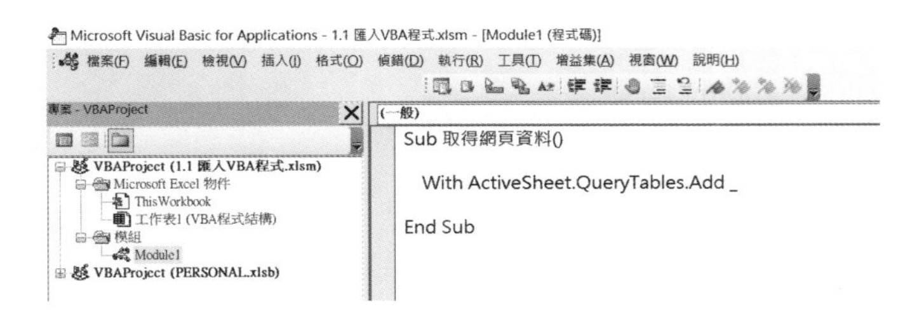

步驟四、ActiveSheet.QueryTables.Add

寫第2行程式碼的時候，因為預計接下來都是被With打包的參數行，所以先按兩次Tab鍵縮排。

「ActiveSheet.QueryTables.Add」和Excel函數一樣，用左右括號包含起來，中間用逗點隔開兩個參數，一個是Connection，另外一個是Destination，分別是資料來源和下載資料的位置。這裡只不過是用了VBA特有的分行符"_"把它分開成三行，合起來看結構很清楚。

「(Connection:=」後面接資料來源，這裡用「URL（Uniform Resource Locator）」告訴VBA資料型態是網頁網址，分號「;」後面接著便是網址：「https://www.books.com.tw/web/sys_saletopb/books/07/?loc=P_0002_008」。

「Destination:=Range("$A$1"))」意思是目的地為目前工作表A1儲存格，VBA會把取得的網頁資料放在這個地方。

步驟五、記住三個重要參數

1. WebSelectionType = xlEntirePage
   設定網頁型態，這裡是要取得整個網頁。

2. WebFormatting = xlWebFormattingNone
   設定網頁格式，這裡是不引用原有網頁的格式

3. Refresh BackgroundQuery:=False
   設定背景查詢更新為False，VBA下載網頁才不會受到Excel操作的影響。

這三個重要參數設定的英文字面上的意義不難理解，也都適當表達程式將執行的功能，不過要注意這是程式語言，必須一字不差。

```
(一般)                                    取得網頁資料
Sub 取得網頁資料()

  With ActiveSheet.QueryTables.Add _
    (Connection:="URL;https://www.books.com.tw/web/sys_saletopb/books/07/?loc=P_0002_008", _
    Destination:=Range("$A$1"))
    .WebSelectionType = xlEntirePage
    .WebFormatting = xlWebFormattingNone
    .Refresh BackgroundQuery:=False
```

步驟六、執行Sub

最後加上「End With」，結束「With……End With」的段落，再加上「End Sub」，結束「Sub……End Sub」的段落，全部程式就寫好了，結構非常清楚。

從頭到尾看一次這個Sub程序，應該能理解每一行程式代碼的意思了。沒疑問的話，上方工具列的「執行」下拉，點選「執行Sub或UserFrom F5」，執行所寫好的程式。

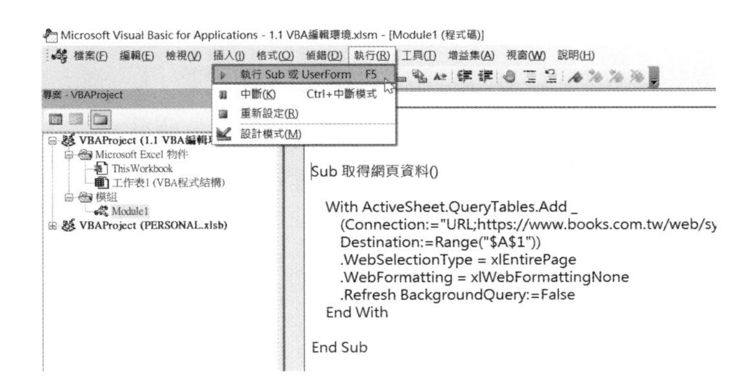

步驟七、取得網頁資料

Windows系統回到Excel視窗，等VBA程式執行完畢後，在Excel工作表已經成功取得網頁資料。如果沒有要再編輯VBA程式，直接將VBA視窗關掉即可。它是Excel外掛，關掉VBA不影響Excel操作。

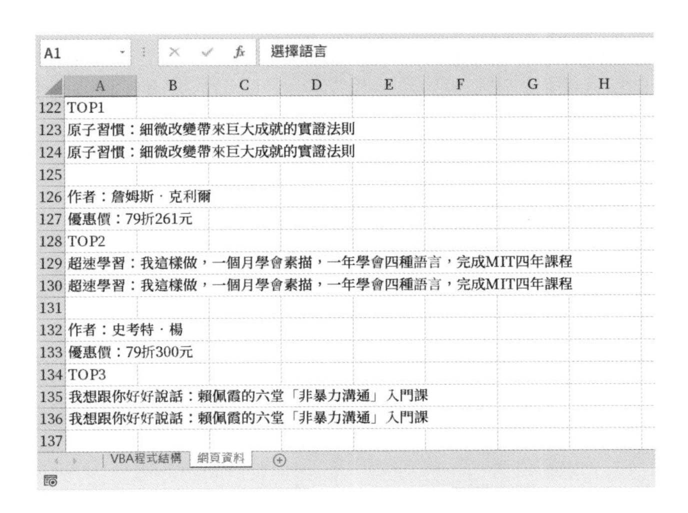

程式比較難的部分是在設計開發，一旦設計好了，照樣造句是很快的。例如這一節程式範例裡面的網址部分，讀者應該可以想像，複製另外一個網址貼上取代，馬上就會變成是所貼上網址的網頁程式了。

本書所有的程式範例都已經設計好了，讀者不用擔心沒有寫程式的基礎。VBA程式其實也可以用匯出匯入的方式快速取得，這一節作者建議讀者還是一字一句寫出完整的程式，用意是讓讀者藉此熟悉VBA編輯環境和書寫程式的過程，如此才能將範例照樣造句到自己的工作應用上。

第三節 新增工作表

上一節已經寫好取得網頁資料的程式，它預設是將資料放在目前工作表上，實務上的狀況往往是資料不斷的累加，通常會放在Excel不同的工作表上，依照上一節的程式架構，每次執行程式取得資料前都要先新增一個空白工作表，取得資料後再適當更改工作表的名稱。

既然已經進入寫程式的世界，像這樣每次都要執行的操作，應該乾脆將它寫到程式裡。這一節先介紹在VBA如何新建工作表，往後章節繼續完善整個取得網路資料的程式。

步驟一、Dim…As Integer、Sheets.Count

1. Dim ShCount As Integer

   Dim在VBA裡是定義變數的意思，Integer是整數，所以，「Dim ShCount As Integer」表示定義一個「ShCount」的整數類型變數。國中的時候都有學過方程式，一開始會設定x、y變數，在數學的世界裡面設定變數非常有用，在程式的世界裡面，設定變數同樣有很多好處。和國中數學一樣，程式變數其實就是一個代名詞，指稱不特定對象，可以讓我們在設計程式時更為精簡表達。讀者剛開始也許覺得陌生，但隨著本書章節的進行，應該能逐漸體會到為何程式要設定變數的道理。

2. ShCount = Sheets.Count

   和英文文法一樣，VBA主要句型為「主詞+動詞」，在程式裡寫法是「對象.指令」，所以，這裡的「Sheets.Count」便是計算工作表的意思，計算結果作為變數「ShCount」的值。

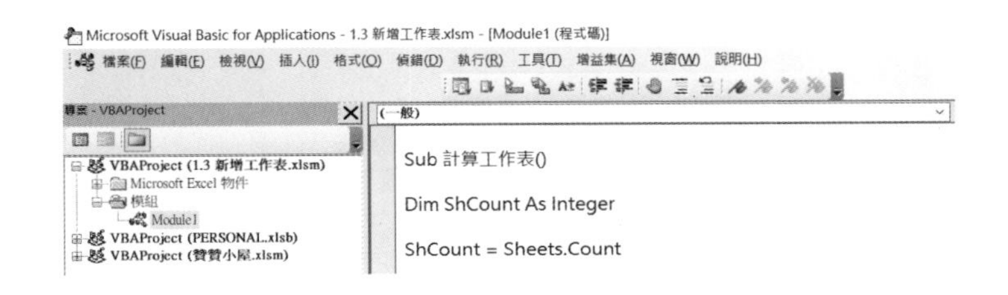

步驟二、編譯錯誤

接下來使用MsgBox指令，它在VBA的作用是可以叫出一個顯示訊息的小對話方塊。這裡希望顯示的訊息是有多少個工作表，所以，先是一個文字字串「"本活頁簿共有"」，空一格，文字連結符號「&」，再空一格。本來是想選取ShCount複製過去，可是當我們游標離開目前這一行時，VBA會以為我們程式輸入完了，而自動幫我們檢查程式，於是它會發現到MsgBox的顯示參數並不完整，跳出錯誤提醒。

這裡其實我們很清楚，是因為想要到其他地方進行複製的緣故，是故意中斷的，待會將繼續輸入，因此，可以不用理會這個編譯錯誤的提醒。

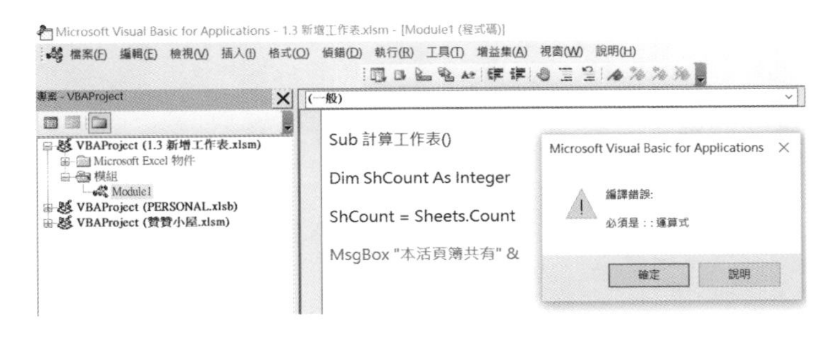

步驟三、MsgBox指令

- MsgBox “本活頁簿共有” & ShCount & “個工作表”

  上述是完整的MsgBox指令行。注意到「ShCount」是從上一行程式碼選取複製過來的，因為它是一個VBA會進行程式讀取的變數，所以，左右不用加英文雙引號把它括起來。相對而言，像「“個工作表”」就必須表明為純粹文字的符號，VBA才知道它不是程式碼。

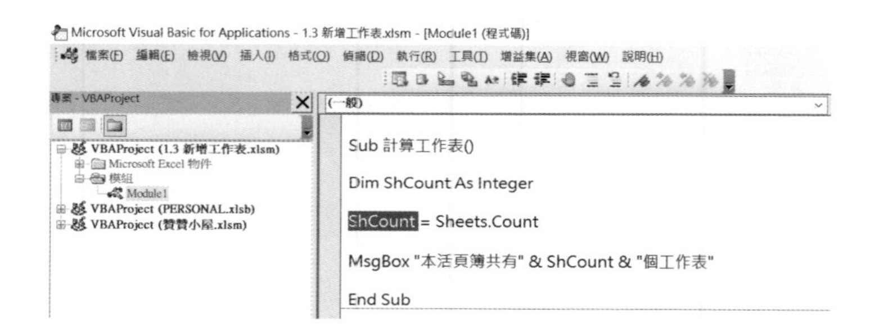

步驟四、檢視巨集

VBA程式碼輸入完後回到Excel，在上方功能區的「開發人員>程式碼」這裡擊點「巨集」。

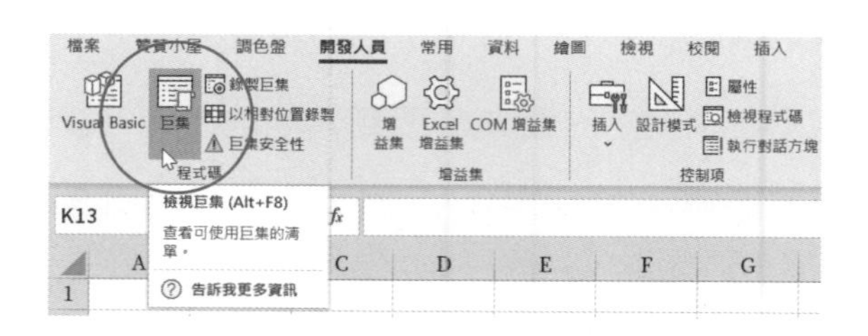

步驟五、執行巨集

在「巨集」視窗會看到先前步驟寫好的「計算工作表」程式，直接按「執行」。

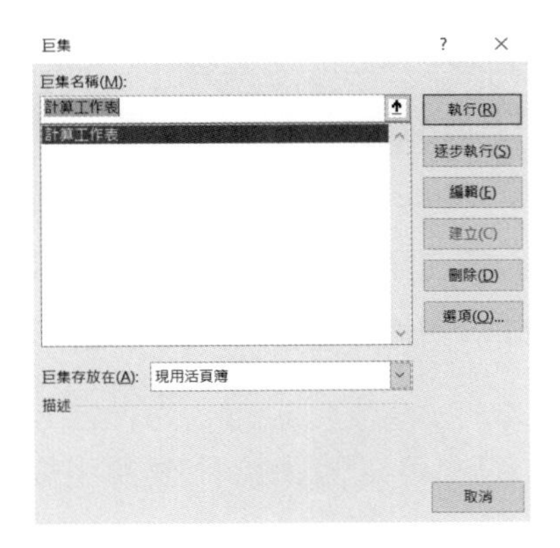

步驟六、VBA程式碼

果然跳出一個小對話方塊，顯示訊息為「本活頁簿共有2個工作表」。截圖可以看到作者將VBA程式碼複製到Excel工作表上，這是為了說明方便。接下來，讀者如果看到Excel工作表上有VBA程式碼，表示在VBA編輯環境也已經寫好了同樣的程式碼。

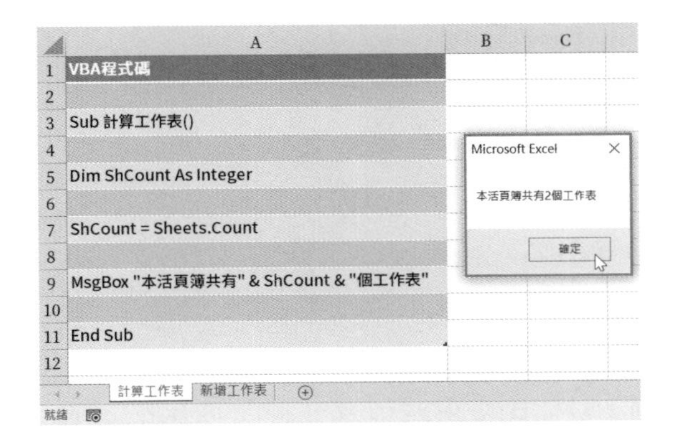

步驟七、Worksheets.Add

1. Worksheets.Add after:=Sheets(ShCount)

   同樣用到VBA文法裡「主詞.動詞」的結構。主詞是工作表（Worksheets），動作是新增（Add）。

這裡比較特別的是後面還加了一個副詞來描述這個動作，希望把新增的工作表放在最後面。參考上個步驟的巨集程式，Sheets (ShCount) 等同於 Sheets(2)，意思是第二個工作表；after:=Sheets (ShCount)，表示是在第二個工作表之後。如截圖所示，效果就是最後一個工作表（「新增工作表」）的後面，再新增一個工作表（工作表3）。

從這簡單的程式範例可以知道為什麼要用變數「ShCount」，它並沒有特定的值或指定對象，但它都是表示活頁簿的工作表總數。因此，不管在執行程式的時候，活頁簿裡面有多少個工作表，都會在最後的位置新增一個工作表。

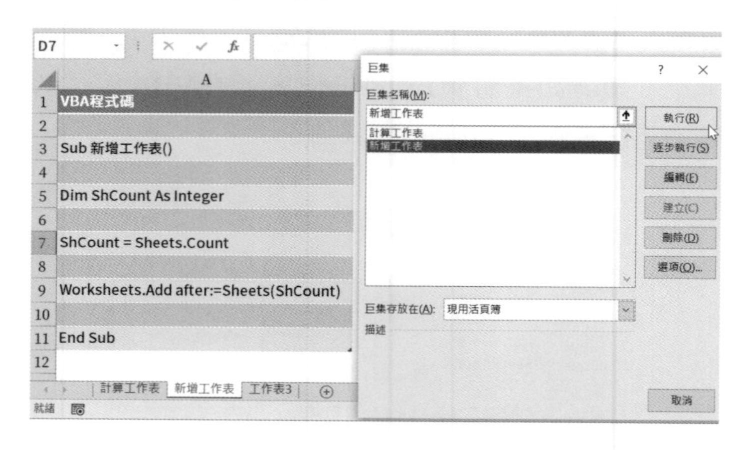

這一節用到了VBA裡面的變數和MsgBox指令，其實VBA還有很多其他的變數類型，MsgBox也有很多其他可使用的參數。本書主要是以VBA大數據分析實務應用為主，不會針對單項有細節完整的介紹。不過，只要有用到的程式，作者都會說明，讀者從實務範例切入，這也是一種學習熟悉VBA程式的有效方式。

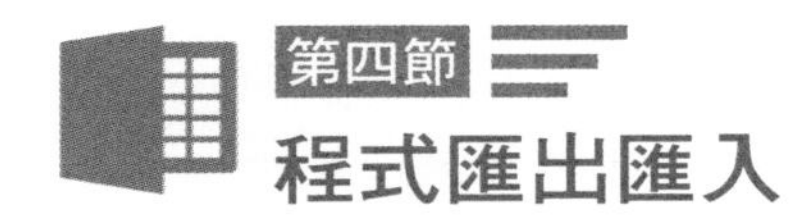

第四節 程式匯出匯入

本書到這裡寫了幾個VBA程式，這些程式以模組形式內嵌在某個Excel檔案中。很多時候需要將某個程式單獨取出來，也許是為了儲存備份，也許是提供給他人或其他Excel檔案使用，這些都可以藉由VBA匯出匯入的方式完成，本節將具體介紹如何操作。

步驟一、移除模組

VBA編輯環境中，游標移到第二節檔案專案視窗，在模組資料夾的「Module1」按下滑鼠右鍵，點選「移除Module1」。

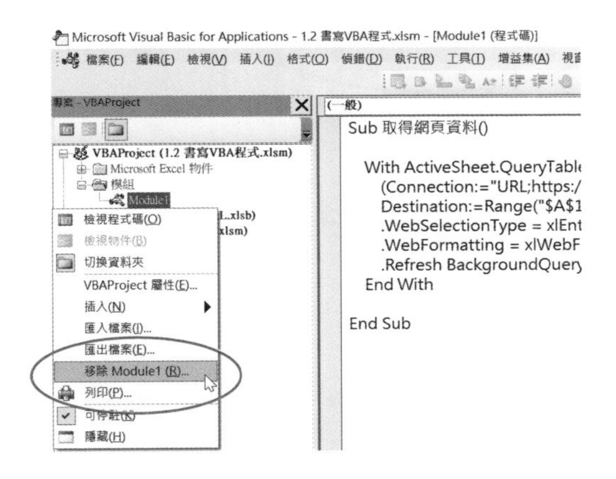

步驟二、是否匯出

移除模組的同時，裡面所有程式也會被刪除，因此，VBA將提示是否先將模組匯出做個備份，這裡點選「是」。

步驟三、匯出檔案（模組）

出現Windows資料夾視窗，選擇適當的路徑後按「存檔」，其檔案類型為「Basic檔案(*.bas)」。

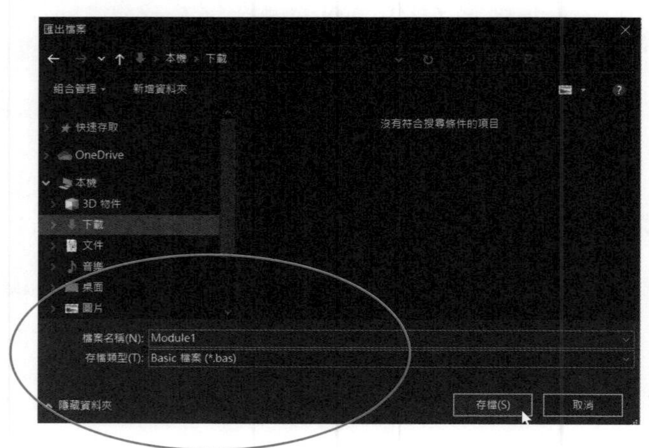

步驟四、匯入檔案（模組）

在一個新的活頁簿或者其他任何的Excel檔案，於上方命令列將「檔案」下拉，選擇「匯入檔案」。

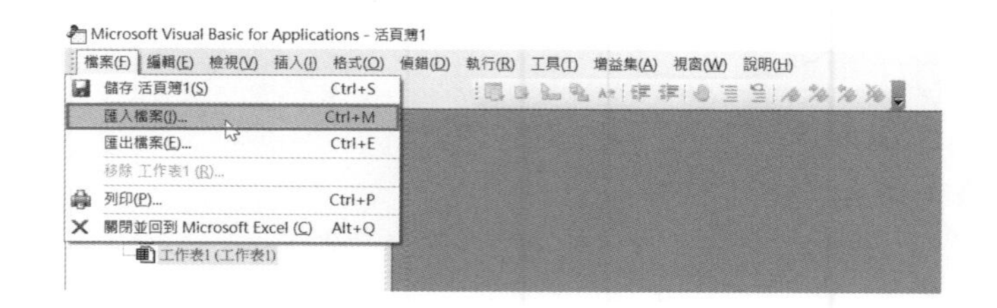

步驟五、選擇bas檔案

選擇第三步驟所匯出的檔案：「Module1.bas」，按「開啟」。

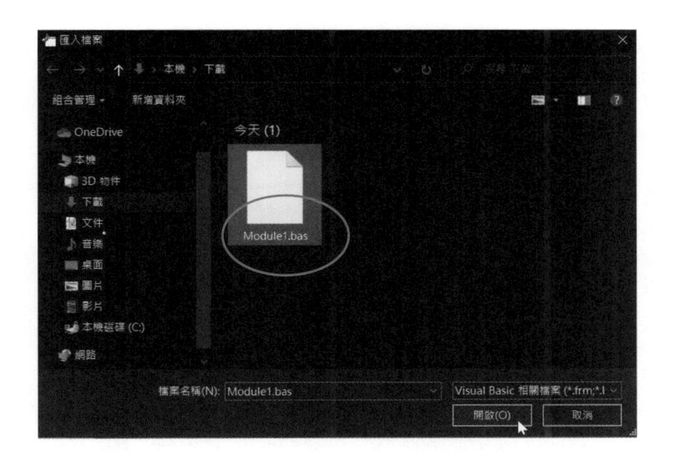

步驟六、取得網頁資料程式

成功地將取得網頁資料的程式匯入到新的Excel檔案。

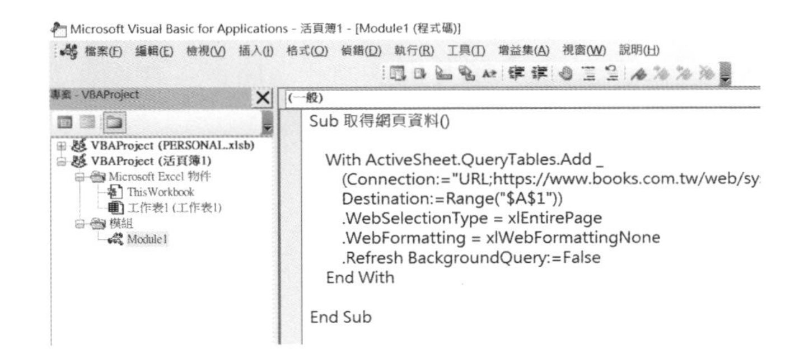

步驟七、啟用巨集的活頁簿

Excel預設的檔案類型為「Excel活頁簿」，這個類型的檔案是沒辦法儲存巨集程式的，記得要「另存新檔」，將「存檔類型」拉開，選擇「Excel啟用巨集的活頁簿」。

這一節的操作仔細體會的話，它是以某一個模組作為匯出匯入的單位。在以模組作為對象的層級裏，最上面是模組資料夾集合，裡面是一個個獨立的模組，模組裡面是一段段獨立的Sub程序。

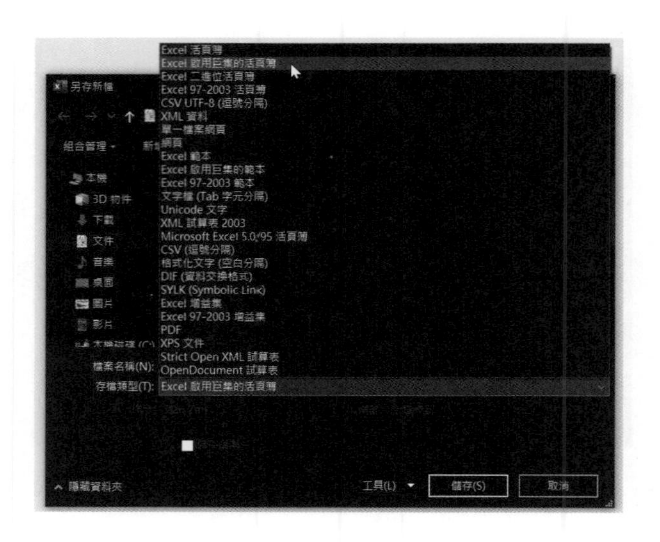

像這樣子的物件結構在Excel很多地方都是如此。最熟悉的就是活頁簿>工作表>儲存格。因為大部分程式語言都是以物件為導向，以某個對象為對象編寫一行程式語式，VBA也是如此，所以，在操作Excel和編寫程式時，保留物件層級的意識是相當有幫助的。

第五節 取得網頁資料

這一章在先前的章節介紹了網頁資料和新建工作表的程式，也介紹如何將程式匯出匯入，在這裡要將這些東西整合，設計一個自動取得網頁資料，並且將資料放到新增的工作表上的程式。除此之外，因為資料大多數是持續取得的，所以，要以日期做為新工作表的名稱。

步驟一、Dim…As Date、Date函數

1. Dim Today As Date

   定義一個Today變數，它的類型是Date，表示是日期。

2. Today = Date

   這裡的「Date」是一個函數，和Excel一樣，VBA也有快速執行功能的函數，少部分函數是Excel和VBA共通，大部分是VBA特有的函數。這裡的Date便是VBA裡傳回系統的日期函數，作用等於Excel的Today函數。請注意這一行的Date和上一行的Date雖然是同一個單字，但一個是變數類型，一個是VBA函數。就像Today在此是VBA的變數，在Excel裡可能是一個函數，只是剛好名稱相同，必須看上下文確認它的功用，這在寫程式裡很重要。

3. MsgBox "今天是" & Today

   MsgBox函數在本章第三節有介紹過，這裡仍然是使用「文字+變數」的結構。

截圖是完整的程式和執行結果，簡單三行程式碼，可以做出Excel做不到的效果。

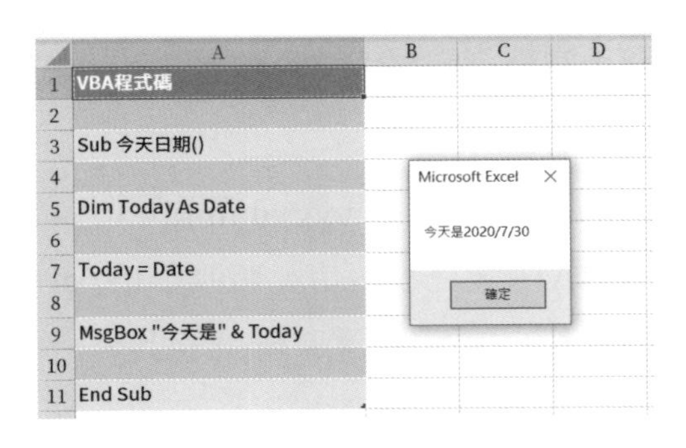

步驟二、（跨活頁簿）複製程式

上一節介紹以匯出匯入的方式取得寫好的程式，其實還有一個更快的方法，就是把兩個檔案都開啟，直接在VBA專案視窗執行複製貼上的操作，把每個模組當作是一個Word文書處理即可，差別只在於內容是程式碼而已。

例如這裡先選取「1-3 新增工作表」的「Module1」裡的「Sub 新增工作表()」全部程式碼，反白之後按滑鼠右鍵，快捷選擇「複製」，操作流程和Excel或是Word是完全一樣的。

步驟三、Format函數、ActiveSheet.Name

「新增工作表」是根據上個步驟所複製的「新增工作表」修改，程序名稱相同，但卻是存在不同檔案的程式。在此，針對較為特別的程式說明如下：

1. Today2 = Format(Today1, “yyyymmdd”)

   Format也是VBA函數之一，功用類似於Excel的TEXT函數，可以轉換數值類型。在第一個步驟就可以知道Date函數會得到「2020/7/30」，但有在Excel新增工作表的讀者，應該瞭解工作表名稱不可以是像「/」這樣的特殊符號，因此，在此把它轉換成20200730（“yyyymmdd”）。

2. Worksheets.Add after:=Sheets(Sheets.Count)

原始程式「新增工作表」中是以ShCount變數指稱工作表數目，這裡為簡化程式起見，直接將其內建到Sheets集合對象的參數，表示指定所有Sheets集合中的某一個工作表，亦即最後一張工作表。

3. ActiveSheet.Name = Today2

除了主詞+動詞，英語裡還有一個基本句型是主詞+Be動詞+形容詞，用來說明主詞的性質。程式語言則是「對象.屬性」，用來設定對象的屬性值，這一行程式碼意思是將目前工作表（ActiveSheet）的名稱（）設定為變數值（Today2）。因為上一行程式碼是新增工作表，Excel會把剛新增的工作表指定為目前的工作表，配合這裡的ActiveSheet，便是將新增的工作表重新命名。

執行「新增工作表」巨集之後，果然在Excel活頁簿多了一個「20200730」工作表。

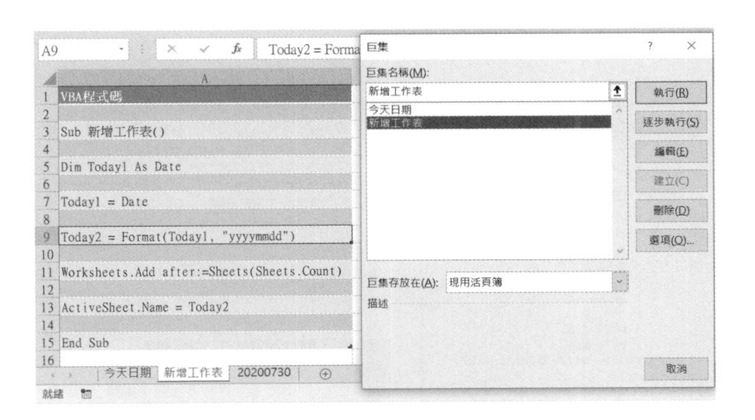

步驟四、模組名稱修改

用上一節介紹的方法，將這一章「取得網頁資料」的程式模組匯入。由於原模組名稱為「Module1」，和目前活頁簿專案的「Module1」名稱衝突，VBA會自動將名稱改為「Module11」。

VBA編輯介面中左上區域是專案視窗，左下區域是所選取專案對象的屬性視窗，例如「Module11」的「Name」屬性欄位，選取「Module11」，可以在這裡直接更改。

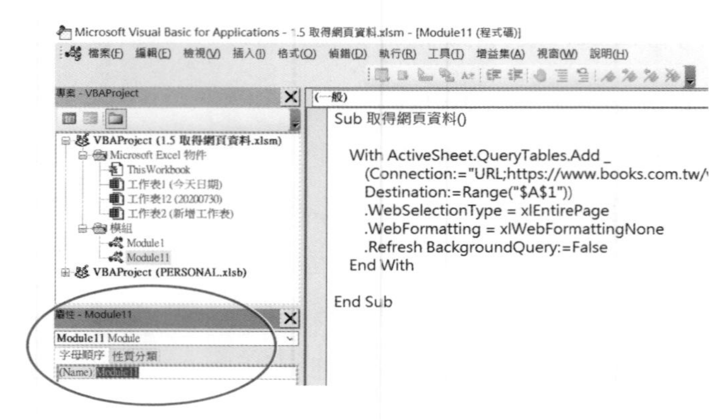

步驟五、合併Sub程式

沿續上個步驟，先複製整個「新增工作表」程式碼，將「Sub 新增工作表」改為「Sub 新增工作表並取得網路資料」，然後將「Module11」名

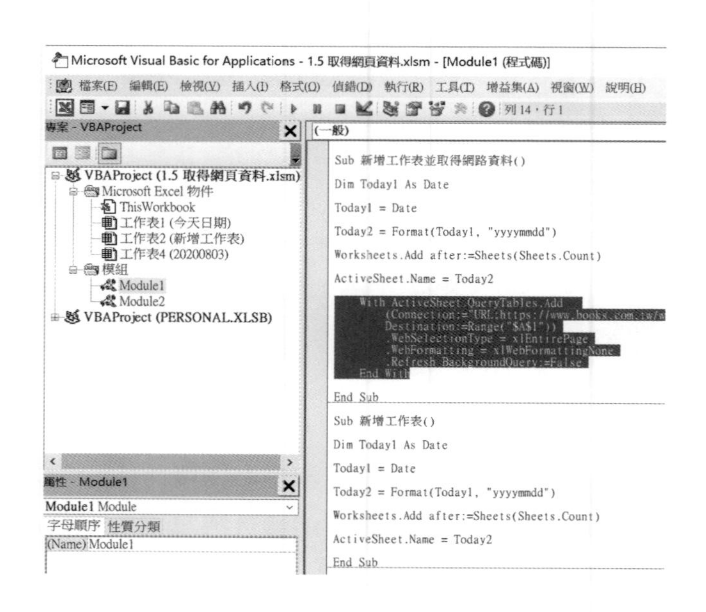

稱更改為「Module2」，把「取得網頁資料」中With…End With的程式碼複製貼到「Sub 新增工作表並取得網路資料」的下面。只要瞭解VBA程序Sub…End Sub和一行一行依序執行程式的性質，就能清楚地進行像這樣的操作。

步驟六、執行階段錯誤

執行「新增工作表並取得網路資料」巨集會提示錯誤，這個錯誤很容易理解，解決方法也很簡單，就是先把現有的「20200730」工作表刪除，接著就可以順利執行程式了。

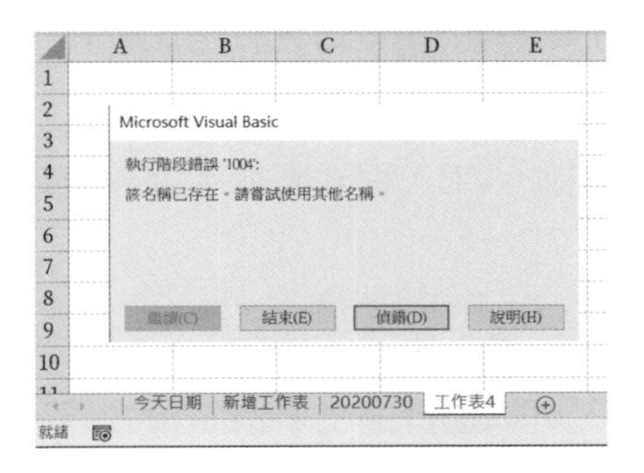

步驟七、取得網頁資料程式

刪除名稱重複的工作表後再次執行巨集，果然成功新增一個以當天日期為名稱的工作表，而且這個工作表上已經下載好了所需要的網頁資料。

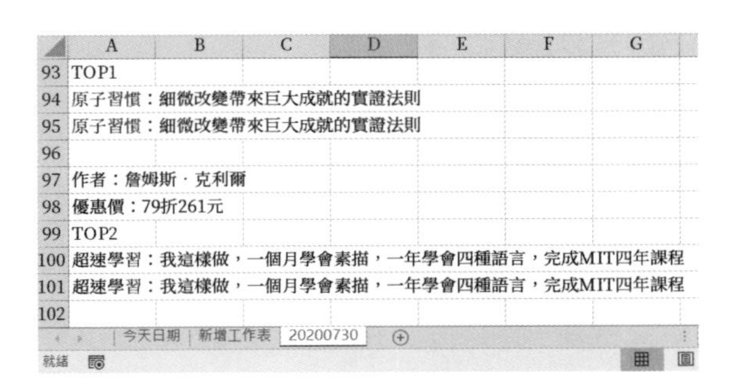

最後有三個要點要補充：

1. 程式碼精簡：

   第三步驟有利用Sheets(Sheets.Count)簡化程式，如此的做法隨著程式碼越來越多是蠻重要的操作，不過，對於程式初學者或者以實務用途為主而言，不用急著要精簡程式，只要依照思惟邏輯設計，養成像是設定變數的良好習慣即可。隨著程式經驗的累積，自然會知道怎樣寫程式比較好，這個跟寫文章是一樣的道理。

2. Excel操作：

   VBA本質上仍然是操作Excel，只是比較特別以程式碼方式執行，所以，這一節遇到的名稱不可有特殊符號、名稱不可重複，這是Excel本身的限制，VBA程式碼並不會突破Excel範圍進行操作。

3. 程式優化：

   這一節程式範例如果工作表名稱相同會跳出錯誤，其實隨著程式設計功力的強化，可以進行優化，例如預先偵錯是否有相同名稱的工作表，有的話，會跳出對話方塊提醒操作者，並且提供是否刪除或覆蓋等選項，這個和程式碼精簡一樣，不必操之過急，本書後面章節有適當範例，會說明如何優化程式執行體驗。

Chapter 2

用 VBA 把雜亂資料整理成你要的型式

上一章介紹如何利用VBA網路爬蟲，而通常所取得的資料會有一些多餘的東西，而且資料會一直不斷的累積，本章將介紹如何設計VBA程式清理所取得的資料，並在經過整理後將資料合併。

第一節

原始資料分析

一個完整網頁必然會有很多內容，包括網站介紹、產品分類、服務說明等，通常網站內容越多，越是需要有一個布局架構，瞭解這個布局後，才能進一步活用。本節將介紹如何分析所取得的網頁資料的整體規則，進而設計對應的執行程式。

步驟一、原始資料規則

以博客來排行榜資料為例，每個排行是以TOP1、TOP2接續下去，每個TOP規則一致，都是6行，而這6行再以計算公式分析，以 6 行中的第一行作為基準，0是排行，1是書名，4是作者，5是價格。這樣子就完成了100筆排行資料的分析，接下來便是如何設計程式了。

I94 =H94-$H$94

	A	B	C	D	E	F	G	H	I
92	新書榜								
93	預購榜							序號	資訊
94	TOP1						排行	1	0
95	原子習慣：細微改變帶來巨大成就的實證法則						書名	2	1
96	原子習慣：細微改變帶來巨大成就的實證法則							3	
97								4	
98	作者：詹姆斯．克利爾						作者	5	4
99	優惠價：79折261元						價格	6	5
100	TOP2						排行	1	0
101	《蒼之炎》珍藏書盒套裝版（博客來獨家贈羽生結弦海報）						書名	2	1
102	《蒼之炎》珍藏書盒套裝版（博客來獨家贈羽生結弦海報）							3	
103								4	
104	作者：羽生結弦						作者	5	4
105	優惠價：780元						價格	6	5
106	TOP3						排行	1	0
107	超速學習：我這樣做，一個月學會素描，一年學會四種語言，完成M						書名	2	1
108	超速學習：我這樣做，一個月學會素描，一年學會四種語言，完成MIT四年課程							3	
109								4	

步驟二、Worksheers(“…”)、Cells(y,x)、Value

- Worksheets(“20200808”).Cells(94, 5).Value = “保留行”

  Worksheets(“20200808”)指的是名稱為「20200808」的工作表，Cell是儲存格對象，Cell(94,5)表示第94列、第5欄的儲存格，在Excel工作表的座標為94E，Value是儲存格值。因此綜合起來，「Worksheets(“20200808”).Cells(94, 5).Value = “保留行”」，意思是在20200808這張工作表的94E儲存格輸入「保留行」這個文字。

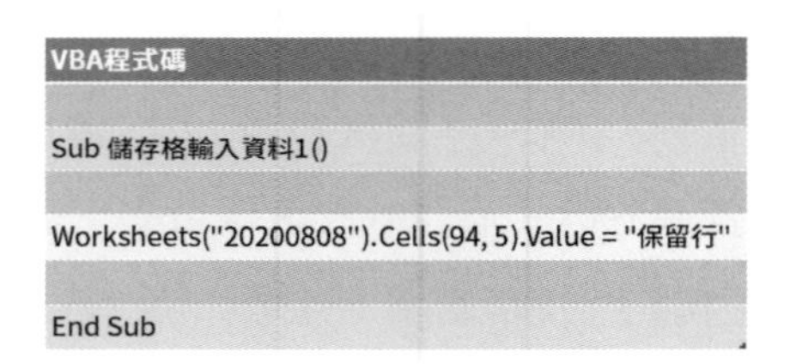

```
VBA程式碼

Sub 儲存格輸入資料1()

Worksheets("20200808").Cells(94, 5).Value = "保留行"

End Sub
```

步驟三、儲存格輸入資料

VBA執行「儲存格輸入資料1」，果然在特定工作表的特定儲存格出現「保留行」。由於之後會統一將整個工作表清理，這裡依照需求標記保留行，表示是想保留的資料在後來執行程式清理工作表的過程中，預先標記好的會被保留下來，其餘的刪除。

E94 | 保留行

	A	B	C	D	E	F	G	H	I
92	新書榜								
93	預購榜							序號	資訊
94	TOP1				保留行		排行	1	0
95	原子習慣：細微改變帶來巨大成就的實證法則						書名	2	1
96	原子習慣：細微改變帶來巨大成就的實證法則							3	
97								4	
98	作者：詹姆斯．克利爾						作者	5	4
99	優惠價：79折261元						價格	6	5
100	TOP2						排行	1	0
101	《蒼之炎》珍藏書盒套裝版（博客來獨家贈羽生結弦海報）						書名	2	1
102	《蒼之炎》珍藏書盒套裝版（博客來獨家贈羽生結弦海報）							3	
103								4	

資料規則 | 儲存格輸入資料 | 20200808

步驟四、Worksheers(變數)，Cells(變數)

先前是特定文字和列、欄座標指定工作表與儲存格，在此用變數方式指定不確定的工作表和儲存格，這樣無形中便擴充了程式的執行範圍，為之後大規模的執行做準備。

```
Dim Today1 As Date, TOP As Integer
Today1 = Date
Today2 = Format(Today1, "yyyymmdd")
TOP = 94
```

以上程式先前章節有介紹過，TOP = 94是直接賦予變數值特定值。

```
Worksheets(Today2).Cells(TOP, 5).Value = "保留行"
Worksheets(Today2).Cells(TOP + 1, 5).Value = "保留行"
Worksheets(Today2).Cells(TOP + 4, 5).Value = "保留行"
Worksheets(Today2).Cells(TOP + 5, 5).Value = "保留行"
```

在此，變數指定工作表和儲存格。變數Today2已經以VBA函數設定當天的日期，也就是當天執行網路爬蟲取得資料的工作表名稱，Worksheets(Today2)便是那張工作表。

另外，這裡的變數TOP的值為94，所以，Cells(TOP, 5)便是工作表上第94列、第5欄的儲存格，Cells(TOP, 5).Value = "保留行"是在這個儲存格寫入「保留行」文字，後面的TOP + 1、TOP + 4、TOP + 5是以(TOP,5)為起點往下第1、第4、第5個儲存格，這是配合第一步驟所分析的資料規則。

這裡的程式分成兩大階段，第一階段是設定變數，第二階段是輸入資料，這兩個階段都用「文字說明」的方式在第一行作說明。當設計的程式越來越複雜時，建議可以維持這樣的分段和說明的習慣，整個程式便容易閱讀理解，更重要的是如有問題，方便自行偵錯。

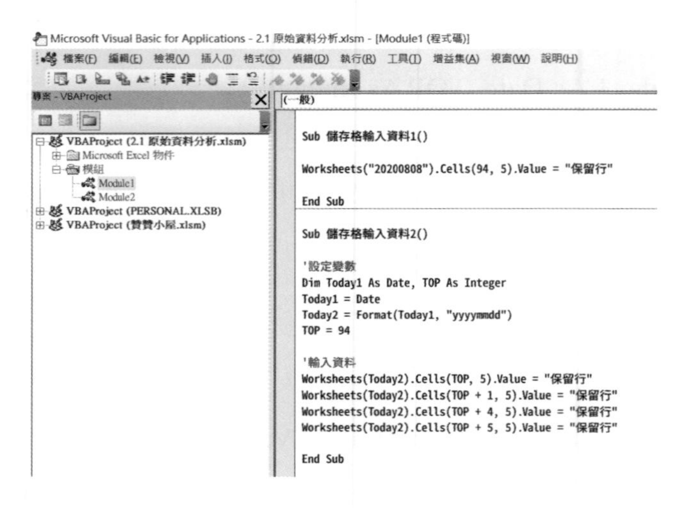

步驟五、儲存格標記保留行

執行程式後，果然第一本書的資料區域，TOP1、書名、作者、優惠價這四行在第E欄都標記了「保留行」，這就是在之後整個工作表全部程

	A	B	C	D	E	F	G	H	I
92	新書榜								
93	預購榜							序號	資訊
94	TOP1				保留行		排行	1	0
95	原子習慣：細微改變帶來巨大成就的實證法則				保留行		書名	2	1
96	原子習慣：細微改變帶來巨大成就的實證法則							3	
97								4	
98	作者：詹姆斯．克利爾				保留行		作者	5	4
99	優惠價：79折261元				保留行		價格	6	5
100	TOP2						排行	1	0
101	《蒼之炎》珍藏書盒套裝版（博客來獨家贈羽生結弦海報）						書名	2	1
102	《蒼之炎》珍藏書盒套裝版（博客來獨家贈羽生結弦海報）							3	
103								4	
104	作者：羽生結弦						作者	5	4
105	優惠價：780元						價格	6	5
106	TOP3						排行	1	0
107	超速學習：我這樣做，一個月學會素描，一年學會四種語言，完成M						書名	2	1
108	超速學習：我這樣做，一個月學會素描，一年學會四種語言，完成MIT四年課程							3	

式清零後要保留的資料行。

步驟六、For…Next迴圈事件

排行榜有100項，程式設計上不可能像第四步驟那樣寫100次，果真如此的話，又何必設計程式呢。在第四步驟已經將工作表和儲存格設定為不確定變數，在這裡可以輕鬆運用VBA迴圈事件，依照規則順序把第四步驟的輸入資料執行100次。

```
For i = 1 To 100

TOP = 94 + (i - 1) * 6

Worksheets(Today2).Cells(TOP, 5).Value = "保留行"
Worksheets(Today2).Cells(TOP + 1, 5).Value = "保留行"
Worksheets(Today2).Cells(TOP + 4, 5).Value = "保留行"
Worksheets(Today2).Cells(TOP + 5, 5).Value = "保留行"

Next i
```

建立一個i = 1 To 100的迴圈事件，TOP = 94 + (i-1)*6是配合第一步驟的資料結構分析，i = 1時，TOP是94，i = 2時，TOP是100，i = 3時，TOP是106，剛好是第一步驟標黃色的工作表列號，可以想見，當i一直累加到100，便是100個排行榜項目的各個第一行。Cells(TOP, 5)、Cells(TOP + 1, 5)、Cells(TOP + 4, 5)、Cells(TOP + 5, 5)，則是各個排行的排行、書名、作者、價格。

這裡的迴圈事件是先設定i = 1，執行For…Next中間的程式行，最後到了Next i，再跳回到For設定i = 2，再執行一次，最後再到Next，再跳回For。讀者稍微思考一下，這裡相對簡單的程式和排行榜範例，應該可以瞭解VBA迴圈事件的作用和妙用。

VBA程式碼

```
Sub 儲存格輸入資料3()

'設定變數

Dim Today1 As Date, TOP As Integer
Today1 = Date
Today2 = Format(Today1, "yyyymmdd")

'迴圈事件輸入資料

For i = 1 To 100

  TOP = 94 + (i - 1) * 6

  Worksheets(Today2).Cells(TOP, 5).Value = "保留行"
  Worksheets(Today2).Cells(TOP + 1, 5).Value = "保留行"
  Worksheets(Today2).Cells(TOP + 4, 5).Value = "保留行"
  Worksheets(Today2).Cells(TOP + 5, 5).Value = "保留行"

Next i

End Sub
```

步驟七、儲存格依規則輸入100次

	A	B	C	D	E	F	G	H	I
92	新書榜								
93	預購榜							序號	資訊
94	TOP1				保留行		排行	1	0
95	原子習慣：細微改變帶來巨大成就的實證法則				保留行		書名	2	1
96	原子習慣：細微改變帶來巨大成就的實證法則							3	
97								4	
98	作者：詹姆斯．克利爾				保留行		作者	5	4
99	優惠價：79折261元				保留行		價格	6	5
100	TOP2				保留行		排行	1	0
101	《蒼之炎》珍藏書盒套裝版（博客來獨家贈羽				保留行		書名	2	1
102	《蒼之炎》珍藏書盒套裝版（博客來獨家贈羽生結弦海報）							3	
103								4	
104	作者：羽生結弦				保留行		作者	5	4
105	優惠價：780元				保留行		價格	6	5
106	TOP3				保留行		排行	1	0
107	超速學習：我這樣做，一個月學會素描，一年				保留行		書名	2	1
108	超速學習：我這樣做，一個月學會素描，一年學會四種語言，完成MIT四年課程							3	
109								4	

這一節是以書籍排行榜為範例，介紹大量資料結構分析，運用VBA迴圈事件依照規則標記目標對象。熟悉了這個過程之後，不管實際工作上遇到的案例為何，相信讀者都能夠著手進行。當然狀況有可能更為複雜，標記之後當然是要進一步處理，這些將在之後再繼續介紹。

第二節 多餘資料刪除

VBA程式的好處在於批次大量的依照規則重複執行Excel操作，其中最關鍵的是上一節介紹的迴圈事件。上一節範圍是很簡單的1到100，可是實務上每次處理的資料筆數不同，如果每份資料都要在程式裡設定一個特定的迴圈次數，顯然不是很聰明。

這一節將介紹如何在設計VBA程式前先確定資料的筆數，再自動決定迴圈範圍。另外，當然也希望執行每一趟迴圈時程式能做一些思考及判斷，因此，也會跟各位介紹If邏輯判斷事件，它和迴圈事件兩者可說是VBA程式自動化的兩大支柱。

步驟一、處理網頁變動

上一節程式執行後發現有點問題。「TOP1」並沒有出現「保留行」，資料錯位了，應該是從93列開始，現在是從94列開始。這是因為網頁結構本身有所改變，「TOP1」出現位置從94列變成93列，程式是固定常數94，因此會出錯。

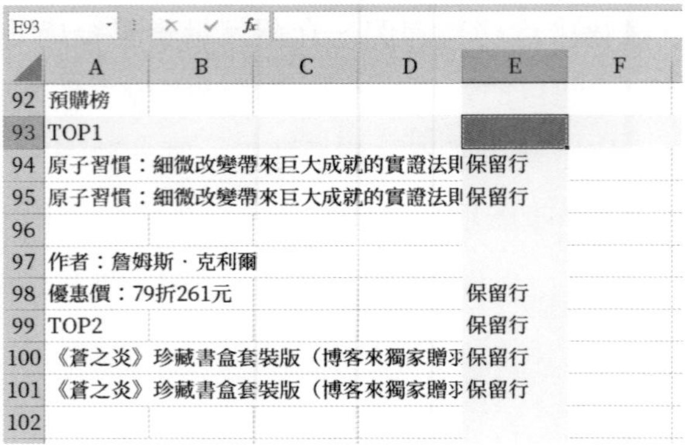

E93 | × ✓ fx

	A	B	C	D	E	F
92	預購榜					
93	TOP1					
94	原子習慣：細微改變帶來巨大成就的實證法則				保留行	
95	原子習慣：細微改變帶來巨大成就的實證法則				保留行	
96						
97	作者：詹姆斯．克利爾					
98	優惠價：79折261元				保留行	
99	TOP2				保留行	
100	《蒼之炎》珍藏書盒套裝版（博客來獨家贈on				保留行	
101	《蒼之炎》珍藏書盒套裝版（博客來獨家贈on				保留行	
102						

步驟二、X＝ActiveSheet.Cells(y, x).Value（VBA取得儲存格值）及If Then…End If邏輯判斷事件

先前介紹過設定變數的好處是不特定代名詞，為了避免上個步驟的錯誤，在此把「TOP1」設定為不確定的變數，並且運用If邏輯判斷事件。

1. KeyW = ActiveSheet.Cells(i, 1).Value
   將目前工作表Cell(i,1)的值設定為變數KeyW值。

2. If KeyW = “TOP1” Then
   在「If＋條件式Then」隔行後，是符合條件時要執行的程式，最後以「End If」結束。VBA是以一行一行程式碼作為單位，注意要遵守固定的隔行規則。

綜合起來，「TOP1標記」程序是目前工作表從1到100行逐行執行迴圈，如果有儲存格內容是「TOP1」的話，依照先前規則，會在同一行相對第五欄寫入「保留行」。

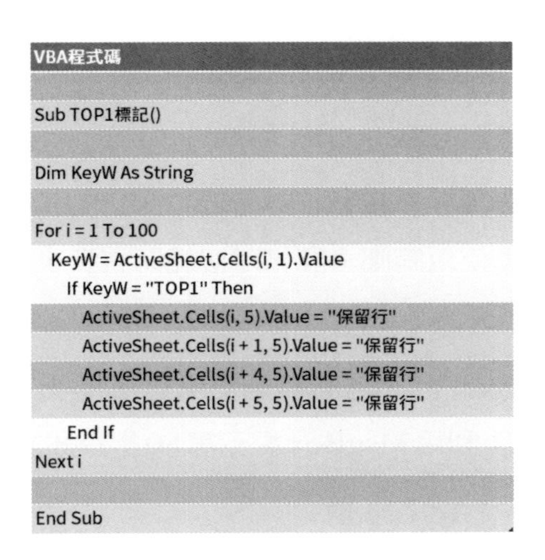

VBA程式碼

```
Sub TOP1標記()

Dim KeyW As String

For i = 1 To 100
  KeyW = ActiveSheet.Cells(i, 1).Value
    If KeyW = "TOP1" Then
      ActiveSheet.Cells(i, 5).Value = "保留行"
      ActiveSheet.Cells(i + 1, 5).Value = "保留行"
      ActiveSheet.Cells(i + 4, 5).Value = "保留行"
      ActiveSheet.Cells(i + 5, 5).Value = "保留行"
    End If
Next i

End Sub
```

步驟三、特定範圍標記特定文字

執行程式後，果然在1到100行的範圍內，有出現「TOP1」的關鍵行，該行連同接著的第1、4、5行都寫入了「保留行」，程式在這裡成功執行了邏輯判斷。

E93 　 保留行

	A	B	C	D	E
91	新書榜				
92	預購榜				
93	TOP1				保留行
94	原子習慣：細微改變帶來巨大成就的實證法則				保留行
95	原子習慣：細微改變帶來巨大成就的實證法則				
96					
97	作者：詹姆斯．克利爾				保留行
98	優惠價：79折261元				保留行
99	TOP2				
100	《蒼之炎》珍藏書盒套裝版（博客來獨家贈羽生結弦海報）				
101	《蒼之炎》珍藏書盒套裝版（博客來獨家贈羽生結弦海報）				

步驟四、UsedRange使用範圍及Left函數

先前程式主要是介紹If邏輯判斷事件的用法，設定的迴圈只有100列，在此要把範圍擴大。首先，要先確定資料的範圍有多少，這個可以利用VBA的UsedRange指令。另外，先前是以「TOP1」作為判斷條件，配合現在範圍擴大，而且TOP1到TOP100都有相同的「TOP」，這可以

使用VBA的Left函數進行文字轉換。

隨著本書程式碼越來越多，為方便說明起見，把程式碼都標上列號：

1. 80｜UsedR = Worksheets(Today2).UsedRange.Rows.Count
   確定工作表上使用範圍，計算這個範圍有多少列，將列數作為變數值（UsedR）。

2. 100｜MsgBox "這個工作表的使用範圍有多少欄" & UsedR：利用MsgBox提示第80行程式計算的列數。

3. 130｜For i = 1 To UsedR
   設定1到UsedR（資料列數）的迴圈事件，等於會涵蓋整個資料表。

列號	VBA程式碼
10	
20	Sub TOP100標記()
30	
40	'定義變數
50	Dim Today1 As Date, UsedR As Integer, KeyW As String
60	Today1 = Date
70	Today2 = Format(Today1, "yyyymmdd")
80	UsedR = Worksheets(Today2).UsedRange.Rows.Count
90	
100	MsgBox "這個工作表的使用範圍有多少欄：" & UsedR
110	
120	(迴圈)有用資訊標記
130	For i = 1 To UsedR
140	
150	KeyW = Worksheets(Today2).Cells(i, 1).Value
160	KeyW = Left(KeyW, 3)
170	
180	If KeyW = "TOP" Then
190	Worksheets(Today2).Cells(i, 5).Value = "保留行"
200	Worksheets(Today2).Cells(i + 1, 5).Value = "保留行"
210	Worksheets(Today2).Cells(i + 4, 5).Value = "保留行"
220	Worksheets(Today2).Cells(i + 5, 5).Value = "保留行"
230	End If
240	Next i
250	
260	End Sub

4. 160｜KeyW = Left(KeyW, 3)

VBA的Left函數取得左邊起三個文字，作用和Excel的LEFT函數相同。所以，如果TOP1、TOP2、…TOP100的話，經過函數轉換後都是TOP。

5. 180｜If KeyW = "TOP" Then

配合設定好的TOP關鍵字作為判斷條件。

步驟五、全部資料範圍標記文字

執行結果果然跳出視窗，提示目前資料範圍總共有758列，成功地把100個排行榜項目都依照規則標記「保留行」。

E692 保留行

	A	B	C	D	E	F	G	H
685	作者：E · K · 尚多				保留行			
686	優惠價：79折198元				保留行			
687	TOP100				保留行			
688	十年一講，為夢想				保留行			
689	十年一講，為夢想							
690								
691	作者：江秀真				保留行			
692	優惠價：79折308元				保留行			
693	中文書							
694	總榜							

Microsoft Excel
這個工作表的使用範圍有多少欄：758
確定

步驟六、迴圈事件Step參數、< >不等於條件、Rows(i)或Columns(i).Delete刪除資料

1. 230｜For i = UsedR To 1 Step -1

先前迴圈事件都是從1開始的順序，其實也可以做其他變化。這裡將Step等差設定為-1，會從UsedR（使用範圍758列）遞減到1執行迴圈程式。

2. 260｜If KeyW<>"保留行" Then

VBA裡設定不等於的方式和Excel相同，都是< >。

3. 270｜Rows(i).Delete

刪除第i列。VBA裡沒有特地指定的話，表示是目前活頁簿的工作表，也可以把它理解成是省略了ThisWorkbook和ActiveSheet。

4. 310｜Columns(5).Delete

刪除第5欄。

列號	VBA程式碼
10	
20	Sub 多餘資料刪除()
30	
40	'定義變數
50	Dim Today1 As Date, UsedR As Integer, KeyW As String
60	Today1 = Date
70	Today2 = Format(Today1, "yyyymmdd")
80	UsedR = Worksheets(Today2).UsedRange.Rows.Count
90	
100	'(迴圈1)有用資訊標記
110	For i = 1 To UsedR
120	KeyW = Worksheets(Today2).Cells(i, 1).Value
130	KeyW = Left(KeyW, 3)
140	If KeyW = "TOP" Then
150	Worksheets(Today2).Cells(i, 5).Value = "保留行"
160	Worksheets(Today2).Cells(i + 1, 5).Value = "保留行"
170	Worksheets(Today2).Cells(i + 4, 5).Value = "保留行"
180	Worksheets(Today2).Cells(i + 5, 5).Value = "保留行"
190	End If
200	Next i
210	
220	'(迴圈2)多餘資訊刪除
230	For i = UsedR To 1 Step -1
240	KeyW = Worksheets(Today2).Cells(i, 5).Value
250	KeyW = Left(KeyW, 3)
260	If KeyW <> "保留行" Then
270	Rows(i).Delete
280	End If
290	Next i
300	
310	Columns(5).Delete
320	
330	End Sub

步驟七、多餘資料刪除

經過實際測試，這個程式成功地完成本小節目標，將所取得的網頁的多餘資料刪除。

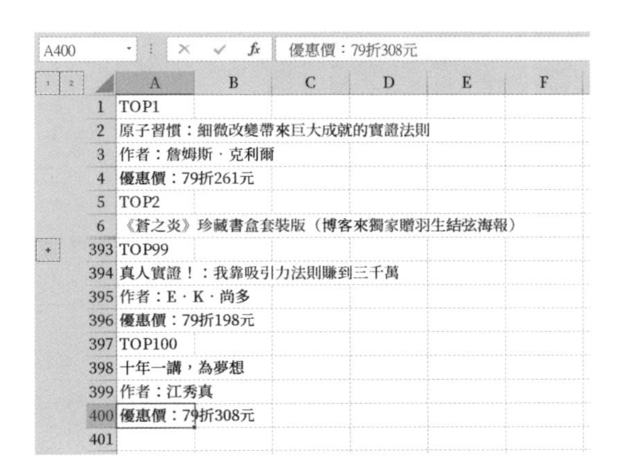

本節因為是承接上一節程式作為擴充，同時也為了方便依序講解VBA重要指令的需要，程式的編寫比較符合循序漸進的思惟邏輯，但有可能不是那麼精簡且有效率。以範例程式來說，先在工作表上標記資料，然後依照標記資料進行刪除，最後再把標記資料刪掉。其實應該也可以在程式設計中不用標記，直接刪掉多餘的資料。

像上述情況，設計VBA本來就跟Excel函數公式一樣，可能有很多種方法都可以達到相同的任務，不過，基本原則是一樣的。在VBA裡，就是迴圈事件和邏輯判斷，讀者有興趣可以試看看，用不同的程式碼實現和本節相同的效果。

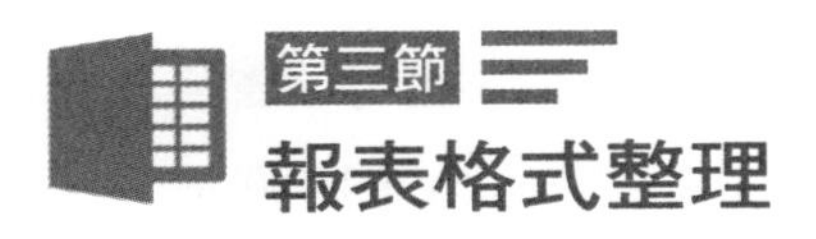

第三節 報表格式整理

本章到目前為止，已經把所取得的多餘資料刪除，剩下來的資料雖然都是所需要的資料，但不是很適合直接作為統計分析的報表，頂多只能說是取得篩選後的原始資料。這一節將進一步介紹如何把資料重新排列組合，整理成容易處理的正規化報表格式。

步驟一、Excel資料正規化

資料庫程式設計裡有個基本的資料表正規化的概念（Database Normalization），大意是將資料以規範好的格式呈現，使得程式比較好處理，Excel也可以沿用這個概念。

Excel在進行資料處理分析的時候，報表最好的格式是第1列是標題列，為標題欄位，第2列開始是一筆一筆的資料。上一節最後得到的報表顯然需要正規化，如圖所示，希望VBA能自動整理成規範格式。

	A	B	C	D	E	F
1	TOP1		排行	書名	作者	價格
2	原子習慣：細微改變帶		TOP1	原子習慣	作者：詹姆斯	優惠價：79折261元
3	作者：詹姆斯・克利爾		TOP2	超速學習	作者：史考特	優惠價：79折300元
4	優惠價：79折261元		TOP3	被討厭的	作者：岸見一	優惠價：79折237元
5	TOP2					
6	超速學習：我這樣做，一個月學會素描，一年學會四種語言，完成MIT四年課程					

步驟二、Cells(y, x).Value = Cells(y, x).Value

先前學過如何用VBA程式ActiveSheet.Cells(y, x).Value在Excel特定儲存格寫入資料，在Excel資料正規化整理的過程中，可以利用這個簡單的方式執行。固定的標題列直接以文字寫入，排行榜TOP1和TOP2其實只是儲存格內容的複製貼上，等於是將特定的儲存格內容指定在另一個特定的儲存格，亦即Cells(y, x).Value = Cells(y, x).Value的程式語法。請注意VBA預設是目前的工作表，所以，「ActiveSheet .」也可以省略，像這一個步驟的程式範例一開始沒有省略，但後來省略，效果將會是一樣的。

```
Sub 報表格式整理1()

'固定標題列
ActiveSheet.Cells(1, 3).Value = "排行"
ActiveSheet.Cells(1, 4).Value = "書名"
ActiveSheet.Cells(1, 5).Value = "作者"
ActiveSheet.Cells(1, 6).Value = "價格"

'排行榜1
Cells(2, 3).Value = Cells(1, 1).Value
Cells(2, 4).Value = Cells(2, 1).Value
Cells(2, 5).Value = Cells(3, 1).Value
Cells(2, 6).Value = Cells(4, 1).Value

'排行榜2
Cells(3, 3).Value = Cells(5, 1).Value
Cells(3, 4).Value = Cells(6, 1).Value
Cells(3, 5).Value = Cells(7, 1).Value
Cells(3, 6).Value = Cells(8, 1).Value

End Sub
```

步驟三、小範圍測試

小範圍程式執行測試，果然像第1步驟那樣得到TOP1和TOP2正規化報表。

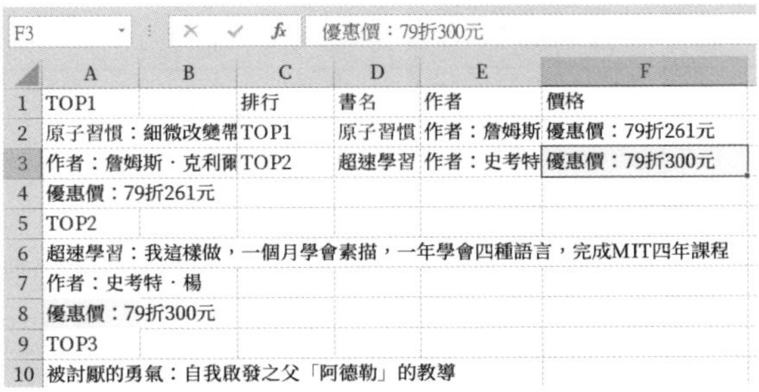

F3 優惠價：79折300元

	A	B	C	D	E	F
1	TOP1		排行	書名	作者	價格
2	原子習慣：細微改變帶		TOP1	原子習慣	作者：詹姆斯	優惠價：79折261元
3	作者：詹姆斯．克利爾		TOP2	超速學習	作者：史考特	優惠價：79折300元
4	優惠價：79折261元					
5	TOP2					
6	超速學習：我這樣做，一個月學會素描，一年學會四種語言，完成MIT四年課程					
7	作者：史考特．楊					
8	優惠價：79折300元					
9	TOP3					
10	被討厭的勇氣：自我啟發之父「阿德勒」的教導					

步驟四、雙迴圈事件

Excel可以設計兩個以上的函數組合成巢狀公式，VBA程式事件也是如此。本節範例有100項排行榜項目，每個項目相對應4個資料值，因此，設計雙迴圈事件：「For i＝1 To 100」和「For j＝1 To 4」，並且利用簡單的數學等差計算公式，讓原始資料依照正規化要求，重新組合複製。

設計的數學公式：「ActiveSheet.Cells(i + 1, j + 2).Value = ActiveSheet.Cells((i - 1) * 4 + j, 1).Value」，也許一開始無法掌握如此設計的用意，可以利用先前步驟的方式，先以TOP1和TOP2模擬兩個迴圈變數i及j的執行過程，會比較容易理解。

```
Sub 報表資料重整2()

'固定標題列
ActiveSheet.Cells(1, 3).Value = "排行"
ActiveSheet.Cells(1, 4).Value = "書名"
ActiveSheet.Cells(1, 5).Value = "作者"
ActiveSheet.Cells(1, 6).Value = "價格"

'迴圈一：100筆排行榜項目
For i = 1 To 100

'迴圈二：每項目取得四個資料值
For j = 1 To 4
ActiveSheet.Cells(i + 1, j + 2).Value = ActiveSheet.Cells((i - 1) * 4 + j, 1).Value
Next j

Next i

End Sub
```

步驟五、全範圍測試

執行程式之後，100個榜行榜項目正規化表達了。

D101 | 寵物終老前，還能為心愛的牠做什麼 末期寵物的心情安寧照護指南

	A	B	C	D	E	F	G	H
93	TOP24		TOP92	成為這樣的我：	作者：蜜雪兒．	優惠價：79折442元		
94	活學：終生受用的人生		TOP93	矽谷阿雅 追不到	作者：鄭雅慈	優惠價：79折300元		
95	作者：金惟純		TOP94	學習如何學習：	作者：芭芭拉．	優惠價：79折261元		
96	優惠價：79折363元		TOP95	轉念，與自己和	作者：許瑞云	優惠價：79折253元		
97	TOP25		TOP96	比鬼故事更可怕	作者：少女老王	優惠價：79折261元		
98	以為長大就會好了：幸		TOP97	倒著走的人生：	作者：鋼鐵爸（	優惠價：79折221元		
99	作者：金惠男,朴鐘錫		TOP98	哈佛法學院的情	作者：羅傑．費	優惠價：79折316元		
100	優惠價：79折300元		TOP99	松浦彌太郎的大	作者：松浦彌太	優惠價：79折237元		
101	TOP26		TOP100	寵物終老前，還	作者：張婉柔	優惠價：79折379元		
102	非暴力溝通：愛的語言（全新增訂版）							

步驟六、Call、EntireColumn.AutoFit、ColumnWidth

成功正規化之後，調整前的資料可以刪除了，調整後的表格要適當設置欄寬。Call指令可以呼叫引用其他程序，在此是引用第4步驟的程序，如此本書補充說明的參考圖片較為簡潔，讀者有需要可以在所提供的範例檔案中，用先前章節方式將「報表資料重整2」的程式碼複製貼上，效果和Call指令引用是一樣的。

另外，這裡用到了兩個調整欄寬的指令，EntireColumn.AutoFit是快速依照儲存格內容適當調整欄寬，ColumnWidth＝30是精準設定欄寬為30，Columns(“B:C”)是針對B到C欄的意思，這些都是很基本普遍的Excel操作，只不過現在是以VBA程式碼書寫執行。

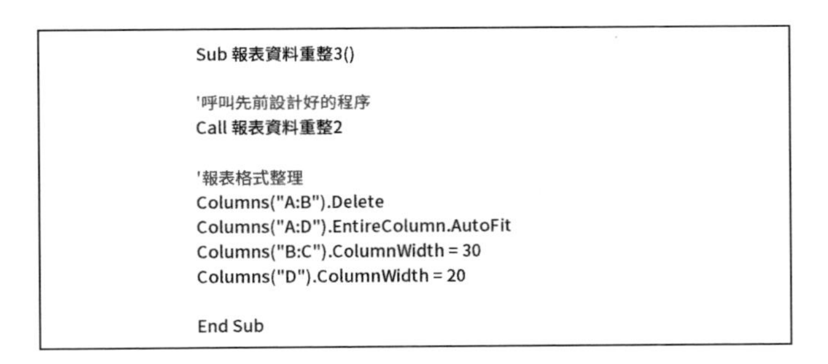

```
Sub 報表資料重整3()

'呼叫先前設計好的程序
Call 報表資料重整2

'報表格式整理
Columns("A:B").Delete
Columns("A:D").EntireColumn.AutoFit
Columns("B:C").ColumnWidth = 30
Columns("D").ColumnWidth = 20

End Sub
```

步驟七、正規化Excel報表

最後得到了正規化報表，Excel可以很方便的進行資料整理統計分析。

D11 | 優惠價：79折253元

	A	B	C	D
1	排行	書名	作者	價格
2	TOP1	原子習慣：細微改變帶來巨大成就的	作者：詹姆斯．克利爾	優惠價：79折261元
3	TOP2	超速學習：我這樣做，一個月學會素	作者：史考特．楊	優惠價：79折300元
4	TOP3	被討厭的勇氣：自我啟發之父「阿德	作者：岸見一郎,古賀史健	優惠價：79折237元
5	TOP4	心念自癒力：突破中醫、西醫的心療	作者：許瑞云,鄭先安	優惠價：79折300元
6	TOP5	創造力的激發：吳靜吉的七十堂創造	作者：吳靜吉	優惠價：79折316元
7	TOP6	我想跟你好好說話：賴佩霞的六堂「	作者：賴佩霞	優惠價：79折284元
8	TOP7	心念自癒力：突破中醫、西醫的心療	作者：許瑞云,鄭先安	優惠價：79折300元
9	TOP8	這世界很煩，但你要很可愛	作者：萬特特 等	優惠價：79折261元
10	TOP9	也許你該找人聊聊：一個諮商心理師	作者：蘿蕊‧葛利布	優惠價：79折473元
11	TOP10	功勞只有你記得，老闆謝過就忘了：	作者：黃大米	優惠價：79折253元
12	TOP11	《蒼之炎》珍藏書盒套裝版（博客來	作者：羽生結弦	優惠價：780元

專業的資料庫軟體，例如Access、MySQL等，它在輸入介面時已經設計好了格式，操作者一開始就只能依照既定的格式輸入，因此，不會有正規化的問題。Excel是開放的試算表軟體，在空白工作表上輸入沒有任何的限制，開放的另外一面是可能不那麼正規，從網頁所取得的資料更是如此，所以，這一節範例的處理原則在很多地方都適用。

第四節

分析欄位設置

上一節整理好了報表格式，即使如此，報表內容本身可能不適合進行統計分析。例如，每一天的排行榜報表沒有日期欄位，無法依照日期彙總，「TOP1」的數值意義為1，前面有「TOP」卻會將資料類型變成文字，又例如「作者：詹姆斯.克利爾」，前面的「作者：」雖然適合網頁呈現，分析報表時通常不需要。諸如此類的情形，有必要依照分析需求進一步處理報表欄位，本節將具體介紹這個過程。

步驟一、Excel函數公式

沒有VBA程式的話，通常是設計Excel函數公式，在此簡單說明範例如何設計公式：

1. 日期：「＝TODAY( )」

   注意它是取得目前電腦系統的日期，所以到了明天就會變了。

2. 排行：「＝RIGHT(B2,LEN(B2)-3)」

   先以LEN函數計算長度，再以RIGHT函數取得右邊三位文字。

3. 作者：「＝RIGHT(E2,LEN(E2)-3)」

   和排行的函數公式一樣。

4. 價格:「＝IFERROR(MID(G37,FIND(“折”,G37)＋1,LEN(G37)-FIND(“折”,G37)-1),MID(G37,FIND(“：”,G37)＋1,LEN(G37)-FIND(“：”,G37)-1))」

   價格的函數公式較為複雜，原始資料大部分是「優惠價：79折261元」，分析時只要其中的「261」，所以，要先以FIND函數確定「折」的位置，而後面都是「元」，因此，以MID函數取得中間的價格數字。

   遇到少部分沒有打折的「優惠價：780元」情況，先以IFERROR判斷是否有此情形，有的話，稍微修改公式，以「：」定位取得價格數字。

H37　=IFERROR(MID(G37,FIND("折",G37)+1,LEN(G37)-FIND("折",G37)-1),MID(G37,FIND("：",G37)+1,LEN(G37)-FIND("：",G37)-1))

	B	C	D	E	F	G	H
1	排行	排行	書名	作者	作者	價格	價格
2	TOP1	1	原子習慣：細微改變帶來	作者：詹姆斯．克利爾	詹姆斯．克利爾	優惠價：79折261元	261
3	TOP2	2	超速學習：我這樣做，一	作者：史考特．楊	史考特．楊	優惠價：79折300元	300
4	TOP3	3	被討厭的勇氣：自我啟發	作者：岸見一郎,古賀史	岸見一郎,古賀史	優惠價：79折237元	237
36	TOP35	35	控制脫鉤：游祥禾的14堂	作者：游祥禾	游祥禾	優惠價：79折237元	237
37	TOP36	36	《蒼之炎》珍藏書盒套裝	作者：羽生結弦	羽生結弦	優惠價：780元	780
38	TOP37	37	斷捨離：斷絕不需要的東	作者：山下英子	山下英子	優惠價：79折198元	198
39	TOP38	38	再難過，也終會度過：絕	作者：吳若權	吳若權	優惠價：79折284元	284
40	TOP39	39	比句點更悲傷	作者：大師兄	大師兄	優惠價：79折253元	253
41	TOP40	40	你好，我是接體員	作者：大師兄	大師兄	優惠價：79折253元	253

步驟二、Private定義變數、Columns().Insert插入欄

隨著本書程式碼逐漸變多，以及所定義的變數增加，因此，為了方便說明起見，目前章節是依次擴充程式，當中有很多共用變數，若不想要每次都在Sub設定一次相同的變數，這裡將介紹可以在一個模組的最前面以Private宣告變數，而如此宣告的變數是同一個模組所有Sub程序共用的。

Columns(1).Insert：在第一欄插入一欄。

其他的VBA程式先前章節都有介紹過，不再特地說明，這個Sub程序會在最左邊新增一欄，報表範圍內將該欄每一個項目都輸入目前日期。

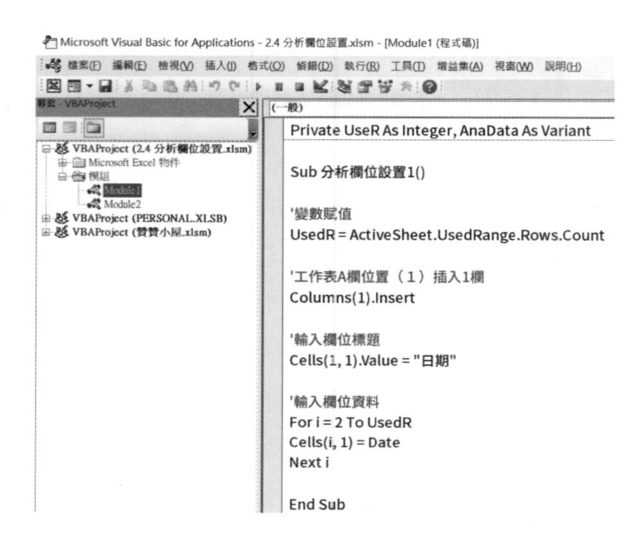

步驟三、日期欄位

執行程式後，報表最前面增加了一個日期欄位，資料內容都是今天。

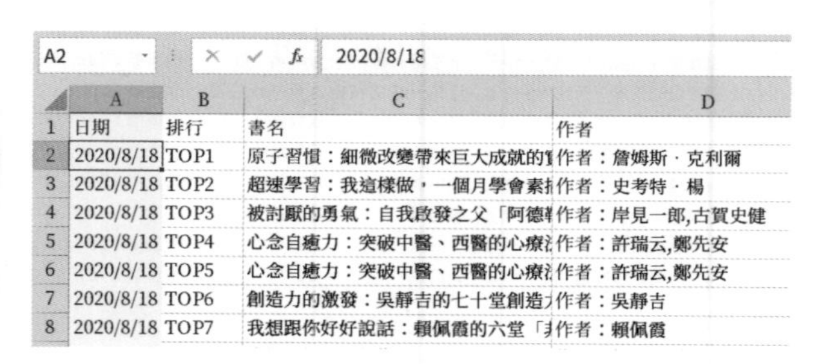

A2 2020/8/18

	A	B	C	D
1	日期	排行	書名	作者
2	2020/8/18	TOP1	原子習慣：細微改變帶來巨大成就的	作者：詹姆斯・克利爾
3	2020/8/18	TOP2	超速學習：我這樣做，一個月學會素	作者：史考特・楊
4	2020/8/18	TOP3	被討厭的勇氣：自我啟發之父「阿德	作者：岸見一郎,古賀史健
5	2020/8/18	TOP4	心念自癒力：突破中醫、西醫的心療	作者：許瑞云,鄭先安
6	2020/8/18	TOP5	心念自癒力：突破中醫、西醫的心療	作者：許瑞云,鄭先安
7	2020/8/18	TOP6	創造力的激發：吳靜吉的七十堂創造	作者：吳靜吉
8	2020/8/18	TOP7	我想跟你好好說話：賴佩霞的六堂「	作者：賴佩霞

步驟四、Len函數、Right函數

程式中使用到VBA的Len和Right函數。Excel函數是全大寫英文，VBA是首字大寫，雖然寫法有點不同，但這兩個函數剛好在Excel和VBA是同名同義。本節第一個步驟是Excel函數公式，這裡是VBA程式，兩者所使用的函數相同，思惟架構也是一樣的，很適合作為VBA函

數用法的學習範例。

迴圈1是把文字轉換的過程分行進行，迴圈2是把整個過程結合在一起，這個和設計Excel函數公式時是一樣的，可以分欄位切割計算，也可以使用組合公式把所有函數連在一起。如果對於VBA函數熟悉了，為精簡程式碼，可以直接合併即可，這樣的函數思惟在Excel和VBA也是共通的。

```
Sub 分析欄位設置2()

UsedR = ActiveSheet.UsedRange.Rows.Count

Columns(3).Insert
Cells(1, 3).Value = "排行"

'迴圈1：取得TOP排行中去掉「TOP」的部份
For i = 2 To UsedR
AnaData1 = Cells(i, 2).Value
AnaData2 = Len(Cells(i, 2).Value) - 3
AnaData3 = Right(AnaData1, AnaData2)
Cells(i, 3) = AnaData3
Next i

Columns(6).Insert
Cells(1, 6).Value = "作者"

'迴圈2：取得作者中去掉「作者：」的部份
For i = 2 To UsedR
AnaData = Right(Cells(i, 5).Value, Len(Cells(i, 5).Value) - 3)
Cells(i, 6) = AnaData
Next i

End Sub
```

步驟五、新增排名及作者欄位

VBA程式執行後，雖然看起來和第一步驟的Excel函數公式相同，兩者還是有所差別，這個在本節結語時補充說明。

F2 　 fx 詹姆斯．克利爾

	A	B	C	D	E	F	
1	日期	排行	排行	書名	作者	作者	價格
2	2020/8/18	TOP1	1	原子習慣：細微改變帶來巨大成就的	作者：詹姆斯．克利爾	詹姆斯．克利爾	優惠價
3	2020/8/18	TOP2	2	超速學習：我這樣做，一個月學會素	作者：史考特．楊	史考特．楊	優惠價
4	2020/8/18	TOP3	3	被討厭的勇氣：自我啟發之父「阿德	作者：岸見一郎,古賀史健	岸見一郎,古賀史健	優惠價
5	2020/8/18	TOP4	4	心念自癒力：突破中醫、西醫的心療	作者：許瑞云,鄭先安	許瑞云,鄭先安	優惠價
6	2020/8/18	TOP5	5	心念自癒力：突破中醫、西醫的心療	作者：許瑞云,鄭先安	許瑞云,鄭先安	優惠價
7	2020/8/18	TOP6	6	創造力的激發：吳靜吉的七十堂創造	作者：吳靜吉	吳靜吉	優惠價

步驟六、：冒號合併程式行、If Then…Else…End If若P則Q否則R、InStr函數、Mid函數、Range("A:B,B:B").Delete刪除分散多欄

針對第一次出現的VBA指令說明如下：

1. Call 分析欄位設置1: Call 分析欄位設置2

   這裡其實應該是兩行程式碼：Call 分析欄位設置1」和「Call 分析欄位設置2」，分別是呼叫執行「分析欄位設置1」和「分析欄位設置2」程序。因為這兩行程式碼相對較簡短，用「:」合併為一行，後續如果有已經介紹的程式，為節省篇幅也會採用「:」合併。

2. If Then…Else…End If

   先前章節介紹過VBA If Then…End If語句，這裡多了一個Else，作用和第一步驟的Excel IFERROR相同，當條件不成立時，執行Else和End If之間的程式。

```
Sub 分析欄位設置3()
'以「:」將兩行短程式碼合併為一行
Call 分析欄位設置1: Call 分析欄位設置2
UsedR = ActiveSheet.UsedRange.Rows.Count
Columns(8).Insert: Cells(1, 8).Value = "價格"

For i = 2 To UsedR
'以價格資料中是否包含「折」作為條件
AnaData1 = InStr(Cells(i, 7).Value, "折")
'0表示沒有包含折，此情形以「：」作為提取文字基準，否則以「折」提取
If AnaData1 = 0 Then
AnaData2 = InStr(Cells(i, 7).Value, "：")
AnaData3 = Len(Cells(i, 7).Value)
AnaData4 = Mid(Cells(i, 7).Value, AnaData2 + 1, AnaData3 - AnaData2 - 1)
Else
AnaData2 = InStr(Cells(i, 7).Value, "折")
AnaData3 = Len(Cells(i, 7).Value)
AnaData4 = Mid(Cells(i, 7).Value, AnaData2 + 1, AnaData3 - AnaData2 - 1)
End If
Cells(i, 8).Value = AnaData4
Next i
'刪除B、E、G欄
Range("B:B,E:E,G:G").Delete
End Sub
```

3. Range("B:B,E:E,G:G").Delete

先前章節有介紹過Columns(i).Delete單獨刪除一整欄，這裡因為要把已經被轉換成功的欄位刪掉，原來的「排行」、「作者」、「價格」分別在B、E、G欄，因此，使用Range選取分散範圍再執行刪除。也許第一次看到這樣的指令有點陌生，但就英文語句而言，應該不難理解其文法。

步驟七、分析欄位設置

執行後會把重點放在第37列，因為其他排行榜的書都有打折，就這本書沒有打折，所以，在程式裡特別設定對應的規則，這裡可以確認VBA程式已經進行判斷，並且完美處理好了。

E37 780

	A	B	C	D	E
1	日期	排行	書名	作者	價格
2	2020/8/20	1	原子習慣：細微改變帶來巨大成就的	詹姆斯・克利爾	261
3	2020/8/20	2	超速學習：我這樣做，一個月學會素	史考特・楊	300
4	2020/8/20	3	被討厭的勇氣：自我啟發之父「阿德	岸見一郎,古賀史健	237
36	2020/8/20	35	控制脫鉤：游祥禾的14堂人生課，從	游祥禾	237
37	2020/8/20	36	《蒼之炎》珍藏書盒套裝版（博客來	羽生結弦	780
38	2020/8/20	37	斷捨離：斷絕不需要的東西，捨棄多	山下英子	198
39	2020/8/20	38	再難過，也終會度過：總有那些迷惘	吳若權	284

VBA程式會直接將執行結果寫入Excel儲存格，Excel函數則是會把公式一直留在儲存格中，因此，如果是Excel函數的話，每次工作表有任何操作，所有儲存格會再重算一次，而且報表有結構可能公式會亂掉，從這個角度而言，VBA函數是相對較有效率而且穩定的。

第五節

多工作表合併

本書上一節的程式已經把取得的網路整理成可以進行分析的報表格式，可是還是有一個問題，依照目前的程式，每一天或每一次所取得的資料都是在各自分散的工作表上，雖然資料的儲存架構很清楚，可是在資料處理和分析時卻是不太方便，對於Excel而言，更是如此。因此，本節將介紹如何把每次所取得的資料累積彙總在同一張工作表上。

步驟一、Call合併程序

本書到目前已經有一系列取得資料及整理的VBA程序，首先利用Call指令將這些程序串起來，一鍵執行。

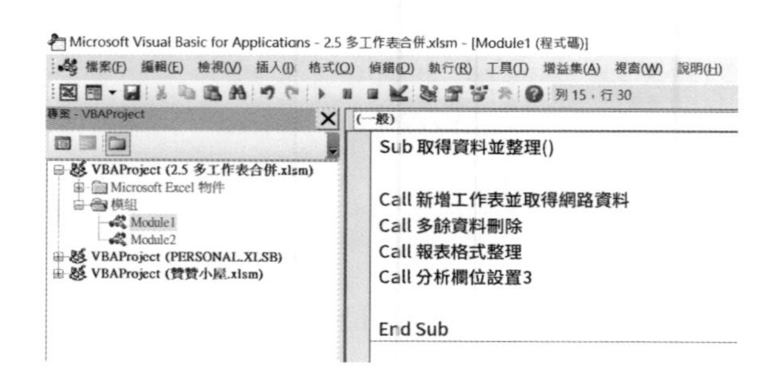

步驟二、建立匯總報表

上個步驟程式成功地取得20200821的資料，可是如同本節一開始所述，希望將20200820和20200821的資料自動匯總起來，而且之後每一天都是如此處理。所以，先複製20200820工作表，重新命名為「匯總報表」。

日期	排行	書名	作者
2020/8/20	1	原子習慣：細微改變帶來巨大成就的	詹姆斯．克利爾
2020/8/20	2	心念自癒力：突破中醫、西醫的心療	許瑞云,鄭先安
2020/8/20	3	超速學習：我這樣做，一個月學會素	史考特．楊
2020/8/20	4	被討厭的勇氣：自我啟發之父「阿德	岸見一郎,古賀史健
2020/8/20	5	心念自癒力：突破中醫、西醫的心療	許瑞云,鄭先安
2020/8/20	6	創造力的激發：吳靜吉的七十堂創造	吳靜吉
2020/8/20	7	我想跟你好好說話：賴佩霞的六堂「	賴佩霞
2020/8/20	8	這世界很煩，但你要很可愛	萬特特 等
2020/8/20	9	也許你該找人聊聊：一個諮商心理師	蘿蕊‧葛利布
2020/8/20	10	所有相遇，都是靈魂的思念：用十一	黃淑文
2020/8/20	11	人生中的廢棒，我又廢又棒：IG厭世	dooing（初生之犢）

步驟三、Dim Worksheet宣告工作表變數、Set設定工作表變數值、UsedRange複製使用範圍

1. Dim SumRan As Integer, Sumsht As Worksheet

   本書先前所宣告的變數類型，像是日期、文字、整數等，都是一般程式語言共通都會有的變數類型。不過，VBA作為操作Excel的程式語言，當然也會有專屬於Excel、其他程式語言沒有的對象及變數類型，例如這裡的Worksheet，便是以Excel操作對象的變數，接下來會看到Excel對象在VBA指定值的時候也會有特別的作法。

2. Set Sumsht = Sheets(“匯總報表”)

   先前設定變數值都是直接編寫X = Y這樣的結構，其實VBA有專門設定值的指令Let，只是在一般變數類型的情況可以省略，通常不會特別去編寫。但如果是針對物件特殊的變數，例如這一節的Excel工作表，不但不能省略，而且要改用Set指令。

3. Worksheets(Today).UsedRange.Copy Sumsht.Cells(SumRan + 1, 1)

   Excel在匯總工作表時，先選取範圍、複製，最後是在目的地的儲存格貼上。這裡是VBA程式語言的表達方式。

```
Public Sub 工作表匯總1()
'定義變數
Dim SumRan As Integer, Sumsht As Worksheet
Today = Format(Date, "yyyymmdd")
'指定工作表及確定報表範圍
Set Sumsht = Sheets("匯總報表")
SumRan = Sumsht.UsedRange.Rows.Count
'工作表匯總並刪除重複的標題列
Worksheets(Today).UsedRange.Copy Sumsht.Cells(SumRan + 1, 1)
Sumsht.Rows(SumRan + 1).Delete

End Sub
```

步驟四、匯總報表

執行結果，原本兩個日期的工作表匯總成功。

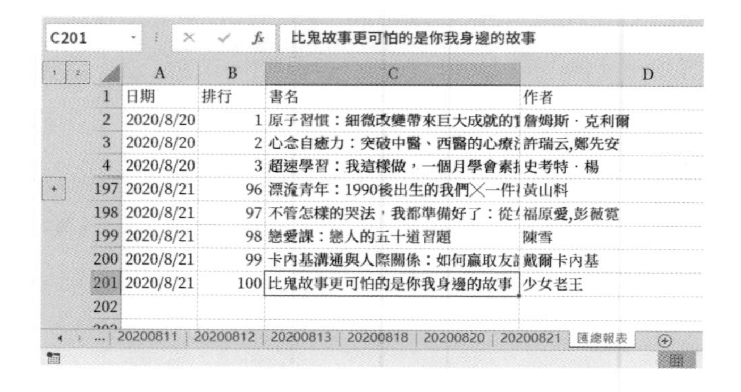

C201 比鬼故事更可怕的是你我身邊的故事

	A	B	C	D
1	日期	排行	書名	作者
2	2020/8/20	1	原子習慣：細微改變帶來巨大成就的	詹姆斯・克利爾
3	2020/8/20	2	心念自癒力：突破中醫、西醫的心療	許瑞云,鄭先安
4	2020/8/20	3	超速學習：我這樣做，一個月學會素	史考特・楊
197	2020/8/21	96	漂流青年：1990後出生的我們╳一件	黃山料
198	2020/8/21	97	不管怎樣的哭法，我都準備好了：從	福原愛,彭薇霓
199	2020/8/21	98	戀愛課：戀人的五十道習題	陳雪
200	2020/8/21	99	卡內基溝通與人際關係：如何贏取友	戴爾卡內基
201	2020/8/21	100	比鬼故事更可怕的是你我身邊的故事	少女老王
202				

步驟五、ActiveSheet.Copy 工作表複製、ActiveWorkbook.SaveAs 活頁簿另存新檔、ActiveWorkbook.Close 關閉活頁簿

當天所取得的資料已經整理到匯總報表了，所以，檔案中原來每一天的工作表裡的資料和匯總報表裡的資料是重複的。為避免每一天的工作表日積月累變得越來越多，想直接刪除，但又希望保留原始資料，以便將來有需要時可使用，因此，在第一步驟相對應的「新增工作表並取得網路資料」這個程序裡，最下面再新增4行程式。這4行指令是簡單的英文，所代表的Excel操作應該也很容易理解，就是複製另存所取得的資料。

```
Sub 新增工作表並取得網路資料()

Dim Today1 As Date
Today1 = Date
Today2 = Format(Today1, "yyyymmdd")
Worksheets.Add after:=Sheets(Sheets.Count)
ActiveSheet.Name = Today2
  With ActiveSheet.QueryTables.Add _
    (Connection:="URL;https://www.books.com.tw/web/sys_salet
    Destination:=Range("$A$1"))
    .WebSelectionType = xlEntirePage
    .WebFormatting = xlWebFormattingNone
    .Refresh BackgroundQuery:=False
  End With
'複製另存所取得的資料
ActiveSheet.Copy
Filnam = "C:\Users\b8810\Downloads\" & Today2 & ".xlsx"
ActiveWorkbook.SaveAs Filnam
ActiveWorkbook.Close

End Sub
```

步驟六、另存新檔資料夾

前往VBA程式所設定的電腦資料夾，果然有當日的原始資料檔案。

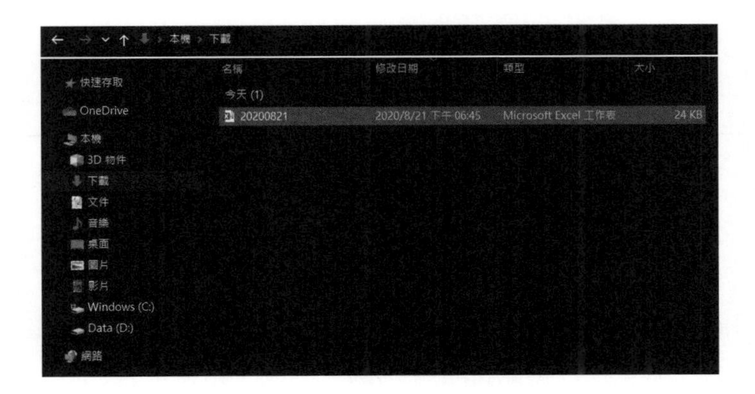

步驟七、Application.DisplayAlerts不顯示提醒訊息、Worksheets().Delete刪除工作表

既然原始資料已經保留，將重複的工作表刪除。因為Excel在刪除工作表時會出現提醒訊息，為了讓VBA程式順利執行，不要被提醒訊息打斷，這裡先將是否提醒關掉：「Application.DisplayAlerts = False」，刪

除工作表：「Worksheets(Today).Delete」，最後再把訊息機置開啟：「Application.DisplayAlerts = True」。

```
Sub 取得資料並整理彙總()

Call 新增工作表並取得網路資料
Call 多餘資料刪除
Call 報表格式整理
Call 分析欄位設置3
Call 工作表匯總2
End Sub

Public Sub 工作表匯總2()
'定義變數
Dim SumRan As Integer, Sumsht As Worksheet
Today = Format(Date, "yyyymmdd")
'指定工作表及確定報表範圍
Set Sumsht = Sheets("匯總報表")
SumRan = Sumsht.UsedRange.Rows.Count
'工作表匯總並刪除重複的標題列
Worksheets(Today).UsedRange.Copy Sumsht.Cells(SumRan + 1, 1)
Sumsht.Rows(SumRan + 1).Delete
'刪除已經匯總過的工作表
Application.DisplayAlerts = False
Worksheets(Today).Delete
Application.DisplayAlerts = True
End Sub
```

總結

本書到第二章已完整介紹了Excel VBA取得網路資料、整理、彙總的程式設計，雖然是以書籍排行榜為例，不過，這個流程應該可以適用到所有能取得的外部資料。以Excel作為工具，是因為它非常普遍，而且功能強大，藉助VBA則是為了在資料量越來越多的情況下，勢必要將操作流程自動化執行。本書後續章節將會介紹如何使用所取得的資料。

Chapter 3

如何利用程式（VBA）自動下載海量資料

本書前兩章已經介紹如何利用VBA取得網路資料，範例為單一網頁，通常在提到這方面的應用，會比較希望大批量取得網路資料，自動化針對多網頁執行程式，可稱之為網路爬蟲。VBA雖然方便，畢竟是Excel附加應用，在執行網路爬蟲有些先天限制，本章沿續先前兩章範例，介紹VBA如何設計網路爬蟲程式、可能會遇到什麼困難、可以怎麼樣因應克服。

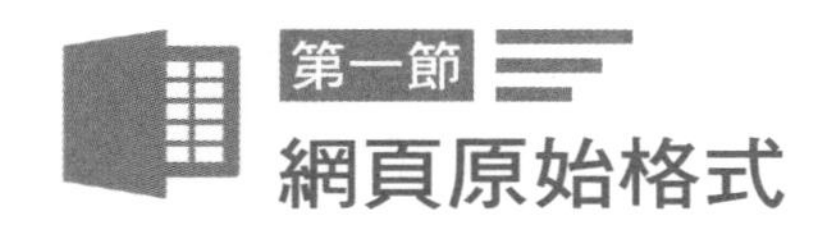

第一節 網頁原始格式

前兩章所取得的都是純粹的網頁資料，其實，實際在瀏覽網頁時，很多文字是超連結，可以連結開啟另外一個相關的網頁，通常會有更多詳細的資訊。以書籍排行榜為例，在排行榜上面雖然有了書名、作者、價格等資訊，但如果透過連結進入某一本書的專門頁面，還會有那本書的系統分類和出版社等補充資訊。所以，取得資料的過程只有排行榜是不夠的，還希望能取得各個書籍的網頁資料，這樣子整個待分析資料會比較完整。這一章介紹如何以排行榜網頁資料為基礎，進一步取得單一書籍的網頁資料，並且自動執行資料整理。

步驟一、WebFormatting保留網頁格式

第一章第二節所介紹的取得網頁資料程式，有個屬性WebFormatting一直都設定為xlWebFormattingNone，作用是不取得網頁格式，這裡在前面加一個英文單引號，讓它變成單純文字，如此VBA在執行QueryTables.Add的時候，這個屬性會回復到預設值，也就是會取得網頁格式。

```
Sub 取得網路資料1()

Dim Today1 As Date
Today1 = Date
Today2 = Format(Today1, "yyyymmdd")
Worksheets.Add after:=Sheets(Sheets.Count)
ActiveSheet.Name = Today2
  With ActiveSheet.QueryTables.Add _
    (Connection:="URL;https://www.books.com.tw/web/sys_saletopb/books/07/?loc=P_0002_008", _
    Destination:=Range("$A$1"))
    .WebSelectionType = xlEntirePage

    '取得網頁格式
    '.WebFormatting = xlWebFormattingNone

    .Refresh BackgroundQuery:=False
  End With

End Sub
```

步驟二、保留格式的網頁資料

Excel執行程式所取得的資料格式和先前不太一樣，游標停留在書名上面，會出現那本書的網址，以及下面一行字「按一下以追蹤」。

A94 原子習慣：細微改變帶來巨大成就的實證法則

	A	B	C	D	E	F	G
90	30日暢銷榜						
91	新書榜						
92	預購榜						
93	TOP1						
94	原子習慣：細微改變帶來巨大成就的實證法則						
95	原子習慣：細微改變帶來巨大成就的實證法則						
96							
97	作						
98	優惠價：79折261元						
99	TOP2						
100	心念自癒力：突破中醫、西醫的心療法						
101	心念自癒力：突破中醫、西醫的心療法						

http://www.books.com.tw/products/0010822522?loc=P_0003_001 -
按一下以追蹤。
按住以選取此儲存格。

步驟三、書籍網頁

上個步驟超連結點一下，便會跳到瀏覽器那本書的網頁，如同本節一開始所述，讀者實際瀏覽網頁，可以看到它的分類，還有出版社等較為完整的資訊。

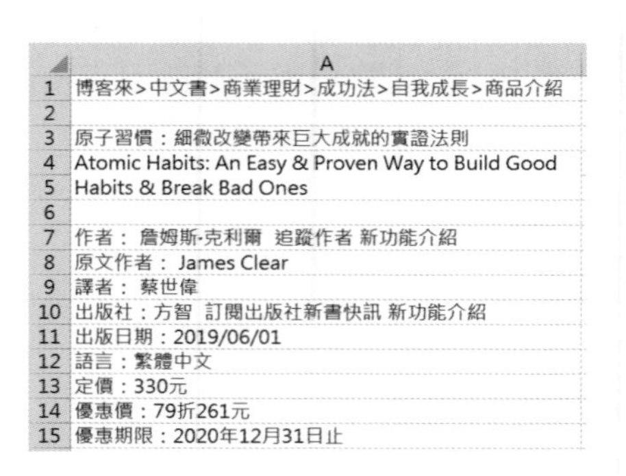

	A
1	博客來>中文書>商業理財>成功法>自我成長>商品介紹
2	
3	原子習慣：細微改變帶來巨大成就的實證法則
4	Atomic Habits: An Easy & Proven Way to Build Good
5	Habits & Break Bad Ones
6	
7	作者： 詹姆斯·克利爾 追蹤作者 新功能介紹
8	原文作者： James Clear
9	譯者： 蔡世偉
10	出版社：方智 訂閱出版社新書快訊 新功能介紹
11	出版日期：2019/06/01
12	語言：繁體中文
13	定價：330元
14	優惠價：79折261元
15	優惠期限：2020年12月31日止

步驟四、修改程式網址

VBA編輯區域複製第一個步驟的程式碼，將其中的網址更改為第三個步驟的書籍網址。

```
Sub 取得網路資料2()

'取得單一書籍資料
Dim Today1 As Date
Today1 = Date
Today2 = Format(Today1, "yyyymmdd")
Worksheets.Add after:=Sheets(Sheets.Count)
ActiveSheet.Name = Today2
  With ActiveSheet.QueryTables.Add _
    (Connection:="URL;https://www.books.com.tw/products/0010822522?loc=P_0003_001", _
    Destination:=Range("$A$1"))
    .WebSelectionType = xlEntirePage
    .WebFormatting = xlWebFormattingNone
    .Refresh BackgroundQuery:=False
  End With

End Sub
```

步驟五、名稱已存在錯誤

執行程式之後會跳出「執行階段錯誤」的訊息，提示「該名稱已存在，請嘗試使用其他名稱」，VBA會將「ActiveSheet.Name = Today2」這一行標記黃色，表示執行到這裡時異常。

在操作Excel時，讀者也許有經驗，Excel同一本活頁簿是不能新增名稱重複的工作表。本節在第二個步驟有新增了以當天日期為名稱的工作表，這裡如果再執行的話，工作表名稱會重複，因此，VBA在跑程式操作Excel時會跳異常。

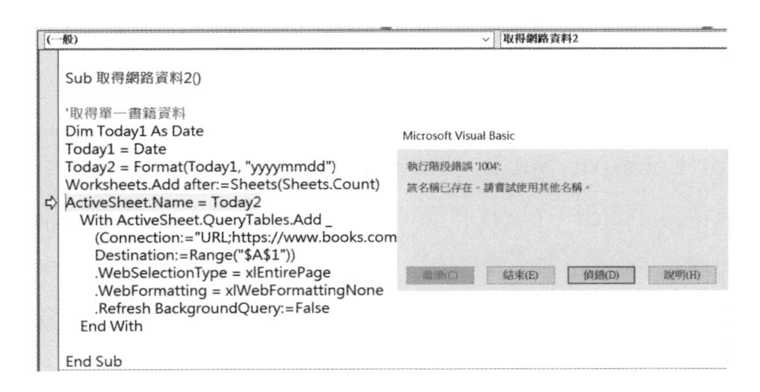

步驟六、建立一個檢查工作表名稱是否重複的程式（VBA Function自定義函數、Dim…As Boolean邏輯值變數、For Each…Next集合迴圈、Exit Sub結束程序）

為了避免上個步驟所遇到的錯誤，設計新增工作表的VBA程式時，通常都會配套設計一個檢查機制。這裡利用VBA新建函數的方式，檢查是否存在名稱相同的工作表。

1. Function 有工作表嗎（ShtNam）

   建立一個「有工作表嗎」的VBA函數，有一個引數為「ShtNam」。Excel的函數很方便，其實函數就是微軟開發好的一段小程式，有輸入引數、有計算規則、最後有計算結果。VBA可以自行開發函數，先前的程式都是Sub開頭，表示一個程序，VBA建立函數是以Function開頭，括號裡面是類似Excel函數的引數。

2. 定義變數

   - Dim AnySht As Worksheet, ShtExt As Boolean：電腦最原始值為真或假，Boolean 源自於Boolean algebra（布林運算式），是十九世紀英國數學家所發現的一套邏輯代數系統，後來延伸引用在電腦科學中，最常用是代表真（1）與假（0）的兩種情況。電腦程式語言中，一般Boolean變數便是代表這兩邏輯值的資料型態。
   - ShtExt = False：先預設ShtExt的布林值為假。
   - For Each AnySht In Worksheets：For Each…Next可以理解一種特殊的For…Next迴圈事件，它主要是以集合中每個元素作為迴圈順序。這裡的意思是以目前活頁簿中的所有工作表作為集合，從第一個工作表到最後一個工作表依序迴圈執行程式。

整個VBA「有工作表嗎」函數作用是以「ShtNam」作為條件，檢查活頁簿是否有該名稱工作表，有的話，函數值為真，沒有為假。

所以，在接下來的「Sub 取得網路資料2 ( )」中，「If 有工作表嗎(Today2) Then」便是藉用VBA定義好的「有工作表嗎」這個函數，以變數「Today2」的值作為函數引數。有的話，條件成立，以MsgBox指令提示「程式想新增的工作表已存在，請確認」，並直接以「Exit Sub」提前結束程式。

```
Function 有工作表嗎(ShtNam)
'定義變數
Dim AnySht As Worksheet, ShtExt As Boolean
ShtExt = False
'判斷工作表是否存在
For Each AnySht In Worksheets
If AnySht.Name = ShtNam Then
ShtExt = True
End If
Next
有工作表嗎 = ShtExt
End Function

Sub 取得網路資料2()

'取得單一書籍資料
Dim Today1 As Date
Today1 = Date
Today2 = Format(Today1, "yyyymmdd")

'判斷工作表是否存在
If 有工作表嗎(Today2) Then
MsgBox "程式想新增的工作表已存在，請確認。"
Exit Sub
End If
```

步驟七、程式檢查工作表

設計好偵錯程式之後，如果當天已經有跑過程式，再執行時便會跳出提醒訊息。

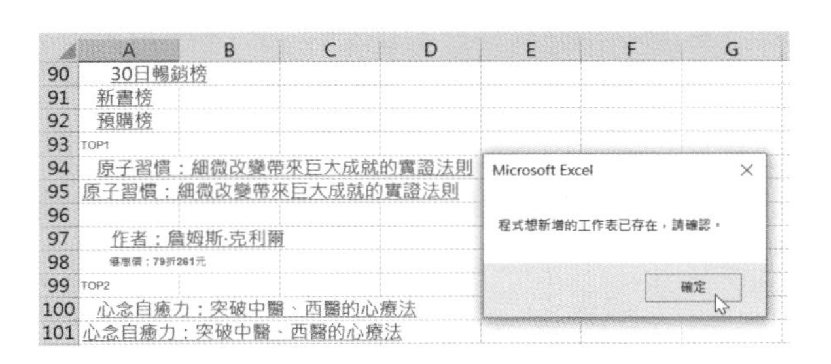

程式偵錯機制與VBA函數

這一節先介紹如何修改程式取得原始網頁格式，接著是如何設計VBA函數檢查工作表是否存在。先前章節的程式其實也需要像這樣的檢查機制，因為如果程式是寫給自己用的，就算沒有檢查機制也不會造成困擾，但如果是提供給別人使用，別人在不知情的情況下，遇到VBA執行錯誤可能會無法理解和解決，所以儘量在程式設計加上偵錯機制，如此可以加強使用者的體驗。

這個檢查也可以直接寫在程式裡，這裡特別設計以函數執行，一方面是藉範例介紹VBA函數功能，另一方面也是由於工作表檢查機制很多地方都用得到，可以說只要有新增工作表的場合就需要，因此，設計成VBA函數較有擴充性。

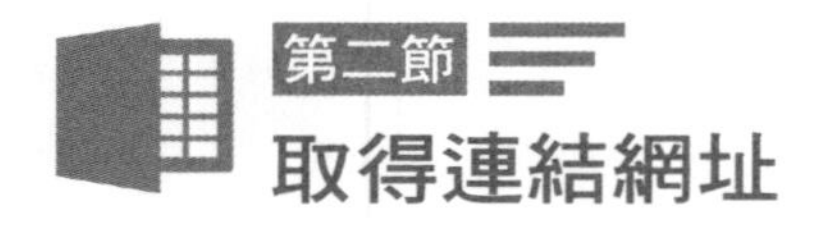

第二節 取得連結網址

上一節為了避免同一天執行兩次的問題，設計確認是否已經有工作表存在的程式，編寫為函數，機制是在遇到有相同工作表時，自動跳出提醒視窗並結束程式。這樣雖然增加偵錯機制，避免重複，但實務上也有可能第二次再執行是想更新資料，這一節將先介紹修改程式檢查機制，接著再加入取得網頁超連結的功能，為建立更完整的分析資料庫作準備。

步驟一、Application.DisplayAlerts提醒機制

重新整理並且合併上一節的程式，如同本節引言所述，修改檢查機制，如果發現已經存在工作表，表示有執行過，直接將這個工作表刪除。

這裡在刪除的前後都執行了Application.DisplayAlerts屬性變更的程式，它的作用為控制Excel是否有提醒訊息。

正常在刪除帶有資料的工作表時，Excel會善意地彈出視窗再次確認。雖然善意，但在明知不需要的情況下顯得多餘，而且會影響自動化程式的執行，所以，在設計自動化流程時，通常會有像下面這樣的代碼。

1. Application.DisplayAlerts = False
   關閉Excel提示訊息。
2. Sheets(Today2).Delete
   刪除工作表（不會跳出確認視窗）。
3. Application.DisplayAlerts = True
   開啟Excel提示訊息。

```
Private Today1 As Date, Today2 As String
Sub 取得原網頁格式資料()

'定義變數
Today1 = Date
Today2 = Format(Today1, "yyyymmdd") & "-附網址"

'刪除原有工作表
If 有工作表嗎(Today2) Then
Application.DisplayAlerts = False
Sheets(Today2).Delete
Application.DisplayAlerts = True
End If

'取得網頁格式資料
Worksheets.Add after:=Sheets(Sheets.Count)
ActiveSheet.Name = Today2
  With ActiveSheet.QueryTables.Add _
    (Connection:="URL;https://www.books.com.tw/web/sys_saletopb/books/07/?loc=P_0002_008", _
    Destination:=Range("$A$1"))
    .WebSelectionType = xlEntirePage
    .Refresh BackgroundQuery:=False
  End With

End Sub
```

步驟二、附網址工作表

既然工作表名稱是由程式所設定，視情況可作修改。上個步驟有在日期後面加了「-附網址」，測試執行果然如此，可以和先前章節單純取得不帶格式的工作表做個區隔。

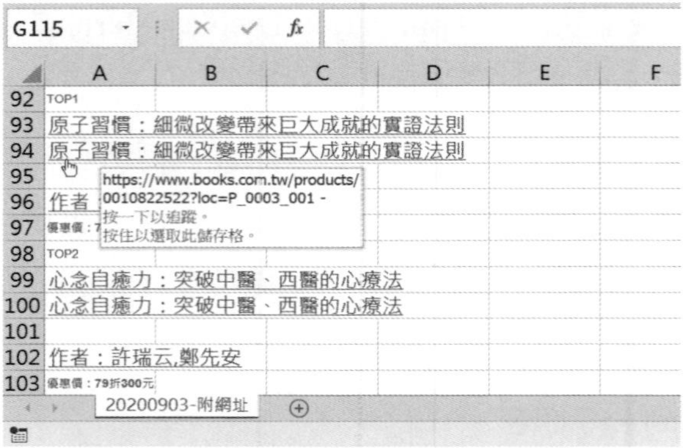

G115						
	A	B	C	D	E	F
92	TOP1					
93	原子習慣：細微改變帶來巨大成就的實證法則					
94	原子習慣：細微改變帶來巨大成就的實證法則					
95						
96	作者					
97	優惠價：7					
98	TOP2					
99	心念自癒力：突破中醫、西醫的心療法					
100	心念自癒力：突破中醫、西醫的心療法					
101						
102	作者：許瑞云,鄭先安					
103	優惠價：79折300元					

https://www.books.com.tw/products/0010822522?loc=P_0003_001 -
按一下以追蹤。
按住以選取此儲存格。

20200903-附網址

步驟三、多餘資料刪除程式

這裡延用本書第二章第二節相同的程式設計概念，標記想保留的資料行。由於重點是書籍所附帶的網址，連結兩行都是內附網址的書名，因此，取「i + 1」，其餘「i」、「i + 4」、「i + 5」都在前面加上英文單引號，作用和Excel函數公式一樣。加單引號會變成是單純文字，不會執行程式。

```
Sub 多餘資料刪除()

'定義變數
  Today1 = Date
  Today2 = Format(Today1, "yyyymmdd") & "-附網址"
  UsedR = Worksheets(Today2).UsedRange.Rows.Count

'(迴圈1)有用資訊標記
For i = 1 To UsedR
  KeyW = Worksheets(Today2).Cells(i, 1).Value
  KeyW = Left(KeyW, 3)
    If KeyW = "TOP" Then
'       Worksheets(Today2).Cells(i, 5).Value = "保留行"
        Worksheets(Today2).Cells(i + 1, 5).Value = "保留行"
'       Worksheets(Today2).Cells(i + 4, 5).Value = "保留行"
'       Worksheets(Today2).Cells(i + 5, 5).Value = "保留行"
    End If
Next i

'(迴圈2)多餘資訊刪除
For i = UsedR To 1 Step -1
  KeyW = Worksheets(Today2).Cells(i, 5).Value
  KeyW = Left(KeyW, 3)
    If KeyW <> "保留行" Then
      Rows(i).Delete
    End If
Next i
Columns(5).Delete

End Sub
```

步驟四、清理過後的工作表

執行程式後，得到資料乾淨的工作表。

	A
1	原子習慣：細微改變帶來巨大成就的實證法則
2	心 心療法
3	超 會素描，一年學會四種語言，完成MIT四年課程
4	創 創造力短講
5	被討厭的勇氣：自我啟發之父「阿德勒」的教導
6	我想跟你好好說話：賴佩霞的六堂「非暴力溝通」入門課
7	電影限定套書《可不可以，你也剛好喜歡我？》+《謝謝你，也剛好喜歡我》
8	也許你該找人聊聊：一個諮商心理師與她的心理師,以及我們的生活
9	這世界很煩，但你要很可愛
10	你所說的都將成為呈堂證供
11	人生中的廢棒，我又廢又棒：IG厭世金句手寫人dooing首部作品——寫給心累的你
12	所有相遇，都是靈魂的思念：用十一萬個大禮拜，獻給讀者的生命之書
13	拖延心理學：為什麼我老是愛拖延？是與生俱來的壞習慣，還是身不由己？【暢銷35
14	你不是失敗，你是值得更好的
15	最高學習法：12個改變你如何思考、學習與記憶的核心關鍵

https://www.books.com.tw/products/0010822522?loc=P_0003_001 -
按一下以追蹤。
按住以選取此儲存格。

步驟五、儲存格網頁超連結整理（Cells.Hyperlinks.Address儲存格連結網址、Columns.HorizontalAlignment = xlLeft向左（縮排）、Cells.Font.Name字型、Cells.Font.Size字型大小）

Excel儲存格裡的連結網址可以複製出來，相對應的，也可以設計VBA程式大量執行。如下的程式碼是在提取出第一欄儲存格裡的連結網址內容，設定為第二欄儲存格的值。

1. For i = 1 To UsedR

   依資料範圍的迴圈事件

2. Cells(i, 2) = Cells(i, 1).Hyperlinks(1).Address

   複製儲存格裡的網址連結

3. Next

   依順序迴圈執行

這裡沿用先前章節的方法，以Call指令合併程式，同時也在最後調整報表格式。相關指令其實就是簡單的英文句子，只要掌握VBA基本的對象屬性語法，應該不難理解。

```
Sub 取得網頁網址()

Call 取得原網頁格式資料
Call 多餘資料刪除

'定義變數
  Today1 = Date
  Today2 = Format(Today1, "yyyymmdd") & "-附網址"
  UsedR = Worksheets(Today2).UsedRange.Rows.Count

'取得儲存格所帶的網址連結
For i = 1 To UsedR
   Cells(i, 2) = Cells(i, 1).Hyperlinks(1).Address
Next

'調整報表格式
With Worksheets(Today2)
.Columns("A:A").ColumnWidth = 40
.Columns("A:A").HorizontalAlignment = xlLeft
.Columns("B:B").ColumnWidth = 55
.Cells.Font.Name = "微軟正黑體"
.Cells.Font.Size = 12
End With

End Sub
```

步驟六、取得網頁網址

執行程式的結果如圖所示，成功取得排行榜書籍的網址清單。

步驟七、可能的程式執行錯誤（Worksheet的Delete方法失敗）

上個步驟可以看到活頁簿裡只有一張工作表，此時如果再執行程式，由於Excel活頁簿裡至少要有一張工作表，設計的程式會將同名工作表刪除，因此，執行程式會嘗試將活頁簿裡唯一的工作表刪除，並提示「Class Worksheet的Delete方法失敗」，意思是工作表集合裡的唯一元素不可刪除。

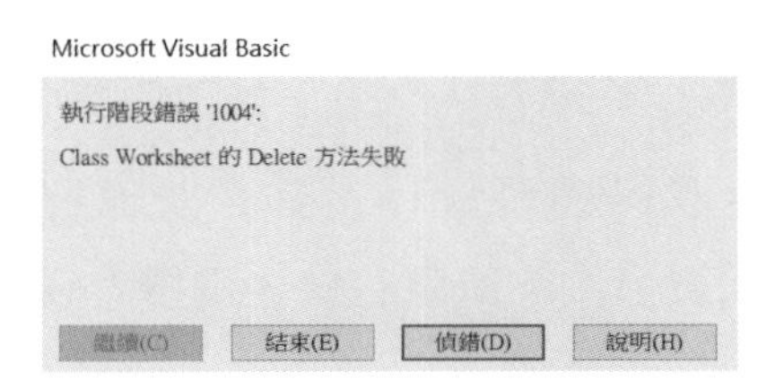

上一節是將同名工作表的偵查機制設定為結束執行，這一節修改為刪掉後再重新建立。雖然可以達到資料重新更新的效果，但如同這一節最後步驟所示，在活頁簿僅有單一工作表時，會導致執行失敗。針對這種情況，可以將兩個情境結合起來，再加一個條件，如果遇到單一工作表時結束程式，在此不多作示範，讀者有興趣可自行嘗試。這裡特別補充說明，只是讓讀者體會實際在設計程式時都會遇到類似的情況。

第三節 跨網頁特定資料取得的方法

先前章節的程式架構是先取得全部資料再標記刪除，其實在程式設計也可以在取得網頁時即精準地設定所需資料，這會使用到另一種VBA網路爬蟲的技術。兩種技術各有適用的情況，如果只有單一網頁，網頁上大部分資料都是所需要的。使用原先第一種，如果有很多網頁，各個網頁只需要取得其中某一小部分的資料，這時候使用第二種技術較為合適。本節即以取各個書籍的出版社及分類為例，介紹第二種技術。

步驟一、單一書籍網頁

書籍排行榜已經有很多資訊了，可是有時候需要進入個別書籍頁面，才能得到統計分析所需要的補充資訊。例如這裡看到的書籍分類和出版社，便是排行榜沒有的，必須要在書籍本身的網頁才有的資訊。

為了比較精準地取得網頁資料，有必要瞭解原始內容，所以，在Chrome瀏覽器這個網頁上按下滑鼠右鍵，選擇「檢視網頁原始碼」。

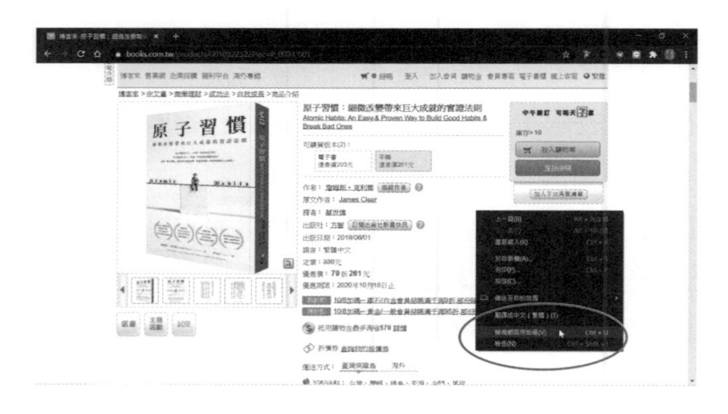

步驟二、HTML標籤

原始的網頁文件都是HTML語法，它是由一個個標籤所組成的。標籤格式分為成對與非成對，成對標籤的格式為「<標籤名稱>內容</>」，非成對標籤的格式為「<標籤名稱 屬性值=”…”>」。

例如截圖所示，出版社資訊是在「<meta name=”description” content =”…”>裡，分類資訊是在這兩個標籤裡面的<ul class=”container_24 type04_breadcrumb”>…</ul>當中。

網頁HTML並非這本書主題，一本書篇幅有限，所以，在此不再更細節的說明，讀者大概有個觀念就好了。

步驟三、設定引用項目

先前的VBA程式是使用Excel本身的取得網頁功能，接下來再用另外一種方法取得網頁資料，也就是讓程式去開啟微軟的IE瀏覽器，再把瀏覽器所取得的網頁資料回傳給VBA，再寫入Excel。因此，要開放VBA的IE外掛，在VBA編輯環境的上方指令列裡，點選「工具」裡面的「設定引用項目」。

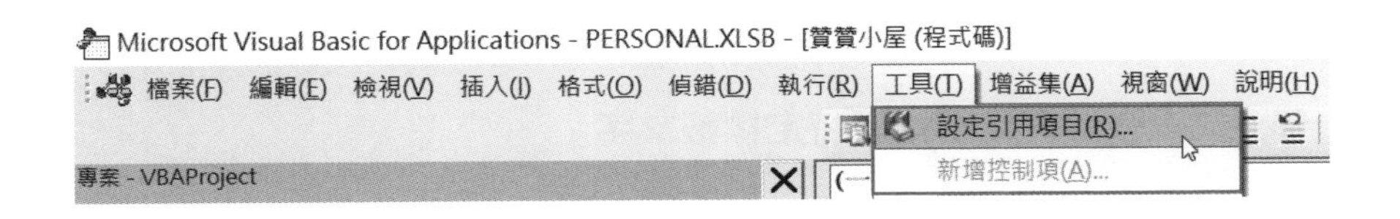

步驟四、Microsoft Internet Controls微軟IE瀏覽器

在依照字母排序的清單裡面找到「Microsoft Internet Controls」，並將這個選項勾選，按「確定」。請注意，設定引用項目並不是統一設定的，而是每個Excel檔案個別引用的，也就是雖然在這個檔案已經設定引用了，但在其他舊檔案或新檔案要使用IE物件，必須再次把「Microsoft Internet Controls」設定為「可引用的項目」。

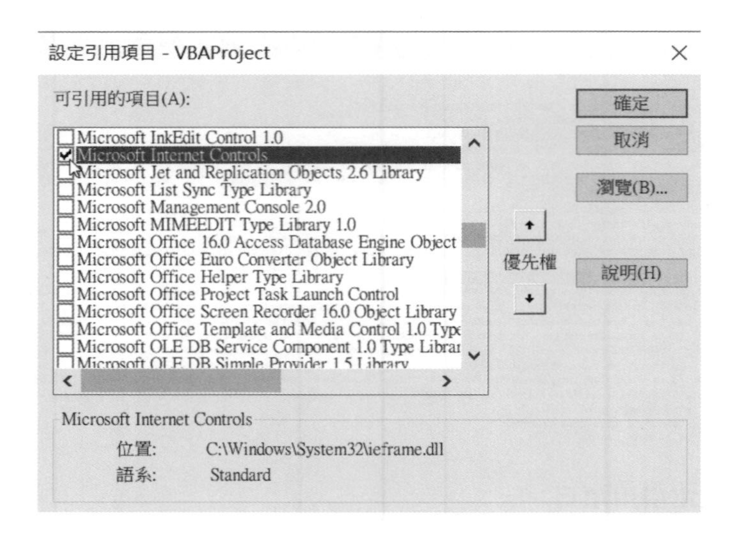

步驟五、取得出版社程式（本書以出版社為例）

（InternetExplorer.Application瀏覽器應用、getElementsByTagName.Outerhtml網頁標籤、Object.Quit退出應用、Set Object=Nothing關閉應用、Split陣列分割、Replace文字取代）

程式分成兩個段落：

第一部分：「取得網頁原始碼特定標籤文字」

建立一個微軟IE瀏覽器應用程式（InternetExplorer.Application），它在背後運作不顯現（Visible = False），請瀏覽這一節第一步驟的網頁（Navigate），為避免出錯，設定為取得完整網頁文件再繼續下一行程式（Do Until…Loop）。

取得整個網頁原始碼後（With ExlIE.Document），擷取其中摘要的部分（WebTxt）。這裡先取得所有「TagName」為「meta」的標籤集合，再限定其中的「description」標籤項目，「outerhtml」意思是連同標籤文字本身也要。最後關閉瀏覽器（ExlIE.Quit），結束VBA引用IE的狀態（Set ExlIE = Nothing）。

第二部分：「處理所取得網頁標籤文字」

宣告兩個變數，逐步處理並寫入Excel儲存格，先以「，」將網頁文字分割（Split），這樣會取得多個項目的陣列資料。把整個陣列分別寫入單一儲存格（Cells(2,2)）和儲存格範圍（Range(“B3:L3”)），這樣會比較清楚陣列的多項目特性，接著取得陣列中的第5個項目（BookDes(5)），最後項目中不必要的文字「出版社：」以空白取代，等同於刪除的作用（Replace）。

```
(一般)                                取得書籍摘要中的出版社
Sub 取得書籍摘要中的出版社()

'取得網頁原始碼特定標籤文字
Dim ExlIE As Object, WebTxt As String
Set ExlIE = CreateObject("InternetExplorer.Application")
With ExlIE
    .Visible = False
    .Navigate "https://www.books.com.tw/products/0010822522?loc=P_0003_001"
    Do Until .ReadyState = READYSTATE_COMPLETE
    Loop
End With
With ExlIE.Document
    WebTxt = .getElementsByTagName("meta")("description").outerhtml
End With
ExlIE.Quit
Set ExlIE = Nothing

'處理所取得網頁標籤文字
Dim BookDes, BookPub
Cells(1, 2) = WebTxt
BookDes = Split(WebTxt, "，")
Cells(2, 2) = BookDes
Range("B3:L3") = BookDes
BookPub = BookDes(5)
Cells(4, 2) = BookPub
BookPub = Replace(BookDes(5), "出版社：", "")
Cells(5, 2) = BookPub

End Sub
```

步驟六、下載原始碼以取得需求資料（以取得出版社名稱為例）

執行程式後，在工作表上可以依序看到取得的資料內容，第三列是前5個陣列值，最終整理得到出版社「方智」。

G3 fx 出版社：方智

	A	B	C	D	E	F	G
1	原始網頁完整標籤	<meta name="description" content="書名：原子習慣：細微改變帶來巨大成就的實證法則，原文名稱：Atomic Habits: An Ea					
2	以「，」分割得到陣列	<meta name="description" content="書名：原子習慣：細微改變帶來巨大成就的實證法則					
3	將陣列資料寫入Excel	<meta name="description" content="書名：原子習慣：細微改變帶來巨大成就的實證法則	原文名稱：Atomic Habits: An Easy & Proven Way to Build Good Habits & Break Bad Ones	語言：繁體中文	ISBN：9789861755267	頁數：304	出版社：方智
4	取得第五個陣列	出版社：方智					
5	第五個陣列文字處理	方智					

步驟七、下載原始碼以取得需求資料（以取得圖書分類資訊為例）

（Dim Array(n)固定陣列變數宣告、Join陣列合併、LTrim去除左邊空格、RTrim去除右邊空格）

程式同樣分成兩個段落：

第一部分：「取得網頁原始碼特定標籤文字」

程式架構和第五步驟相同，差別在於取得的標籤不同（getElementsByClassName(“container_24 type04_breadcrumb”)(0).innerText）。利用「ClassName」限定某一名稱標籤集合後，因為該網頁應該只有這麼一個標籤，再設定「(0)」取得第一個標籤項目，最後是以「innerText」取得標籤內容文字即可。這裡和第五步驟相比較，會更加瞭解取得網頁標籤資料的語法。

第二部分：「處理所取得網頁標籤文字」

同樣先宣告變數，這裡比較特別的是「CatSet(10)」，表示有10個項目的陣列變數。

Split(WebTxt, vbNewLine, -1)：有三個參數，分別是要分割的文字，由於這幾個陣列值在網頁中有換行符，所以是用VBA裡的換行指令「vbNewLine」分割。第三個參數「-1」，表示所有子字串都要傳回，這個也是因應網頁特性設定的。

由於網頁是以分類導航的形式呈現，同時會帶有並不需要的分類項目文字，因此利用迴圈事件，針對原始網頁分類集合的每個項目（For Each TxtEle In TxtSet）。如果是「博客來」、「中文書」、「商品介紹」（If… Then），把這些項目設定為空格（TxtEle = “”），遇到真正的分類文字時（Else），先以m記錄有幾項（m = m + 1），再把這些真正的分類項目寫入新的集合（CatSet(m) = TxtEle）。

得到精準的分類集合後，先以Join函數將集合各項連結在一起，另外，由於先前程式將不想要的分類項目設定為空格，這裡再以LTrim和RTrim將兩邊的空格刪除掉，最終得到以空格隔開的分類項目。

```
Sub 取得書籍分類()

'取得網頁原始碼特定標籤文字
Dim ExlIE As Object, WebTxt As String
Set ExlIE = CreateObject("InternetExplorer.Application")
With ExlIE
  .Visible = False
  .Navigate "https://www.books.com.tw/products/0010822522?loc=P_0003_001"
  Do Until .ReadyState = READYSTATE_COMPLETE
  Loop
End With
With ExlIE.Document
  WebTxt = .getElementsByClassName("container_24 type04_breadcrumb")(0).innerText
End With
ExlIE.Quit
Set ExlIE = Nothing


'處理所取得網頁標籤文字
Dim TxtEle, TxtSet, CatSet(10), BookCat, m As Integer
Cells(1, 2) = WebTxt
TxtSet = Split(WebTxt, vbNewLine, -1)
Range("B2:H2") = TxtSet
  For Each TxtEle In TxtSet
    If TxtEle = "博客來" Or TxtEle = "中文書" Or TxtEle = "商品介紹" Then
    TxtEle = ""
    Else
    m = m + 1
    CatSet(m) = TxtEle
    End If
  Next
Range("B3:H3") = CatSet
BookCat = Join(CatSet)
Cells(4, 2) = BookCat
BookCat = RTrim(LTrim(BookCat))
Cells(5, 2) = BookCat

End Sub
```

步驟八、下載原始碼以取得需求資料（以取得圖書分類資訊為例）

同樣在執行程式後，在工作表上可以依序看到取得的資料內容，最終得到書籍分類「商業理財成功法自我成長」。

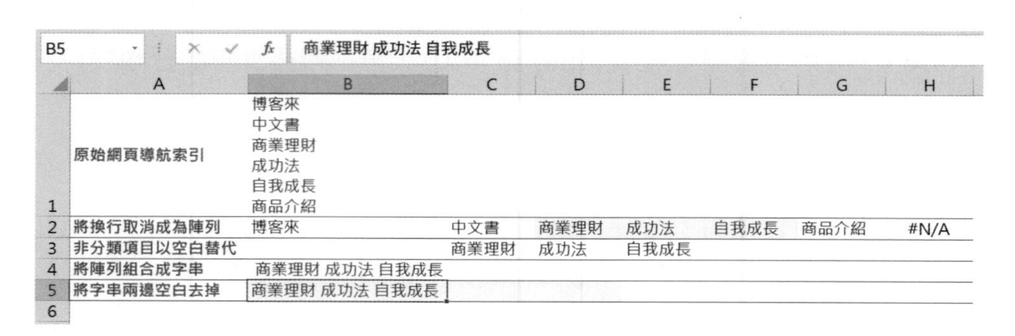

B5 | fx 商業理財 成功法 自我成長

	A	B	C	D	E	F	G	H
1	原始網頁導航索引	博客來 中文書 商業理財 成功法 自我成長 商品介紹						
2	將換行取消成為陣列	博客來	中文書	商業理財	成功法	自我成長	商品介紹	#N/A
3	非分類項目以空白替代		商業理財	成功法	自我成長			
4	將陣列組合成字串	商業理財 成功法 自我成長						
5	將字串兩邊空白去掉	商業理財 成功法 自我成長						
6								

這一節主要用到IE外掛物件和陣列資料處理，這兩項都是相對進階的VBA程式設計，讀者在一開始看到這些程式也許會感到陌生。不過，程式都是簡單的邏輯和簡單的英文，經過本節講解後應該至少能看懂這些程式碼，能應用在和這一節類似架構的網頁上，但如果想要能活用到其他的網路爬蟲上，還是需要有紮實的VBA程式基礎。本書著重於取得資料進行分析，對VBA程式知識不多作探討，有興趣者請參考贊贊小屋其他相關著作。

第四節 自動在大量網頁下載資料

上一節已經成功地於單一網頁取得特定資料，例如書籍頁面的出版社及分類。實務情況常常需要取得大量相同性質的網頁資料，以本書範例而言，每天有100本書的排行榜，為了取得更完整分析所需資料，有必要依次訪問100個各別書籍網頁，取得100組出版社及分類，這便是一般所謂的網路爬蟲。本節分享在上一節VBA程式碼的基礎，利用先前章節介紹的迴圈流程，循環執行大量網頁爬蟲取得資料。

步驟一、自動化下載多個網頁（ByVal傳遞參數）

隨著VBA程式專案的發展，常常用不同的模組和程序共同合作，例如這裡的「取得大量網頁資料1()」和「出版社1(WebUrl,1)」，前者是以本章第二節所建立的連結網址為主，執行1到100的迴圈控制流程，後者則是第三節取得書籍網頁出版社的程式碼。在第i次迴圈執行時，先將Excel工作表上的連結網址設定為變數WebUrl的值，透過「Call 出版社1(WebUrl,i)」和「Sub 出版社1(WebUtl,i)」的設定，讓「(WebUtl,i)」兩個變數在不同程序之間傳遞，取得出版社資料後，寫入Excel的「Cells(i,3)」的位置。

關於VBA傳遞參數，其實分為ByVal及ByRef，差別在於單純傳遞值（ByVal）或者傳遞參照位址（ByRef），這裡沒有特地標記，作用相當於預設的ByVal。這裡的範例只是純粹減少程式碼，避免一再重複地設定日期，因此，直接簡化處理。

Sub 取得大量網頁資料1()

=>建立程序。

For i = 1 To 10

=>建立1到10迴圈，原始排行榜有100筆，這裡迴圈只設到10，主要作為程式測試使用。

WebUrl = Cells(i, 2).Value

=>設定變數為特定的儲存格值。

Call 出版社 1(WebUrl, i)

=>呼叫執行程式「出版社 1」，同時傳遞 WebUrl 及 i 兩個變數值。

Next i

=>迴圈是執行下一個 i。

End Sub

=>結束程序。

Sub 出版社 1(WebUrl, i)

=>建立程序。

‘取得網頁原始碼特定標籤文字

Dim ExlIE As Object, WebTxt As String

=>定義物件及文件變數。

Set ExlIE = CreateObject(“InternetExplorer.Application”)

=>設定要引用的 IE 瀏覽器外掛程式。

With ExlIE

=>針對 ExlIE 這個 IE 瀏覽器外掛設定屬性。

.Visible = False

=>將瀏覽器可見性設為假，測覽器執行時將隱藏。

.Navigate WebUrl

=>IE 瀏覽器前往 WebUrl 這個網址。

Do Until .ReadyState = READYSTATE_COMPLETE

=>一直迴圈執行直到取得能完整瀏覽的網頁。

Loop

=>配合上一行程式形成迴圈，直到取得完整網頁。

End With

=>結束針對ExlIE這個IE瀏覽器外掛的設定。

With ExlIE.Document

=>針對ExlIE所取得的網頁原始文件作設定。

WebTxt = .getElementsByTagName("meta")("description"). outerhtml

=>先取得所有「TagName」為「meta」的標籤集合，再限定其中的「description」標籤項目，「outerhtml」意思是連同標籤文字本身也要。

End With

=>結束ExlIE對象的設定。

ExlIE.Quit

=>關閉ExlIE瀏覽器。

Set ExlIE = Nothing

=>將ExlIE從電腦記憶體空間中移除。

'處理所取得網頁標籤文字

Dim BookDes, BookPub

=>定義沒有預設資料型態的變數。

BookDes = Split(WebTxt, "，")

=>以「，」資料剖析切割WebTxt變數。

BookPub = BookDes(5)

=> BookDes陣列資料中取第5項為變數值。

BookPub = Replace(BookDes(5), "出版社：", "")

=>將「出版社：」以空白取代，實質效果為刪除。

Cells(i, 3) = BookPub

=>最後將出版社資料寫入儲存格中。

End Sub

=>結束程序。

步驟二、錯誤排除（出版社資訊錯誤）

雖然是延用上一節成功取得出版社的程式，本節將資料擴大到100筆，馬上發現原有程式的問題，大部分是出版社（方智），但也有一部分是作者（作者：黃越綏）。

實際比較兩本書籍網頁，會發現一個是英文書、一個是中文書。英文書會多一個原文名稱，而程式是單純取得第5項陣列資料「BookPub = BookDes(5)」，因此造成錯誤。

C2 | 作者：許瑞云,鄭先安

	B	C
1	https://www.books.com.tw/products/0010822522?loc=P_0003_001	方智
2	https://www.books.com.tw/products/0010865137?loc=P_0003_002	作者：許瑞云,鄭先安
3	https://www.books.com.tw/products/0010867592?loc=P_0003_003	作者：條子鴿
4	https://www.books.com.tw/products/0010853918?loc=P_0003_004	早安財經
5	https://www.books.com.tw/products/0010867756?loc=P_0003_005	方智
6	https://www.books.com.tw/products/0010867774?loc=P_0003_006	方智
7	https://www.books.com.tw/products/0010871924?loc=P_0003_007	作者：黃越綏
8	https://www.books.com.tw/products/0010871282?loc=P_0003_008	寶瓶文化
9	https://www.books.com.tw/products/0010871141?loc=P_0003_009	時報出版

步驟三、錯誤排除（網路爬蟲中斷）

除了出版社問題，還有可能跑到一半中斷，回應「執行階段錯誤' 91」，錯如截圖畫面。經過幾次測試，這並不是程式設計本身有問題，而是要讓VBA跑100遍IE取得網頁資料，程式會變得不太穩定，因此必須再優化。

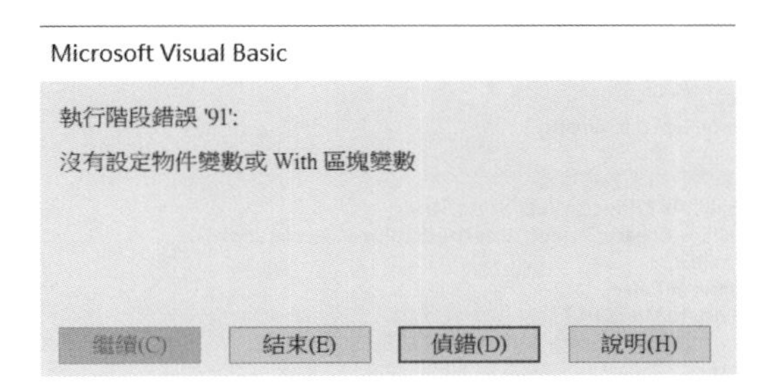

步驟四、程式錯誤預防機制（On Error GoTo錯誤流程控制、Filter陣列篩選）

「出版社2(WebUrl, i)」相較於「出版社1(WebUrl, i)」有兩個變動：

第一個變動是多了「On Error GoTo」、「Exit Sub」、「IEWrong: i = i – 1」的架構

1. On Error GoTo：在執行網路爬蟲出現錯誤時，直接跳到程序最後特定位置，也就是程式最後的「IEWrong: i = i – 1」，這個稍後第三項有補充說明。

2. Exit Sub：作用是強制結束程式，這裡代表如果沒有錯誤的話，在還沒執行到最後就先行中斷結束。

3. IEWrong: i = i – 1：作用是當網路爬蟲出現錯誤，可想而知，並沒有順利得到第i本書籍的出版社資料，所以將i-1之後，回到「取得大量網頁資料」的程序，繼續i + 1的迴圈。在一減一加的過程中，等於會再重複執行第i次的迴圈。

第二個變動是「BookPub = Filter(BookDes, “出版社：”, , vbBinaryCompare)」

這裡為了避免以特定位置定位出版社，可能會出現像本節第二步驟中英書籍類型的錯誤，因此改為以關鍵字定位，篩選含有「出版社：」的項

```
Sub 出版社2(WebUrl, i)

On Error GoTo IEWrong

'取得網頁原始碼特定標籤文字
Dim ExlIE As Object, WebTxt As String
Set ExlIE = CreateObject("InternetExplorer.Application")
With ExlIE
   .Visible = False
   .Navigate WebUrl
   Do Until .ReadyState = READYSTATE_COMPLETE
   Loop
End With
With ExlIE.Document
   WebTxt = .getElementsByTagName("meta")("description").outerhtml
End With
ExlIE.Quit
Set ExlIE = Nothing

Dim BookDes, BookPub
BookDes = Split(WebTxt, "，")
BookPub = Filter(BookDes, "出版社：", , vbBinaryCompare)
BookPub = Replace(BookPub(0), "出版社：", "")
Cells(i, 3) = BookPub2

Exit Sub

IEWrong: i = i - 1

End Sub
```

目建立新的陣列，或者可稱之為文字數列，再因為VBA程式中的陣列是0, 1, 2, 3, …這樣從0開始的，所以取第0個陣列項目將「出版社：」去掉，得到剩下的出版社資料：「BookPub = Replace(BookPub(0), "出版社：", "")」。

步驟五、大量網路爬蟲程式暫停緩衝機制（Do…Loop Until條件迴圈、Application.Wait Now + TimeValue("00:00:10")等待暫停時間）

「取得大量網頁資料2」相較於「取得大量網頁資料1」也有兩個主要的變動：

第一個變動是Do…Loop迴圈事件

它和For…Next同樣都是迴圈控制流程，差別在於For…Next是固定次數迴圈，Do…Loop則是依照特定條件是否成立，決定是否再繼續執行迴圈，因此是不定次數的迴圈。在VBA程式中，Do…Loop搭配While或者Until有四種型式，這四種型式各自的程式和英文意思是相對應的。

例如原有程式裡已經有的「Do Until .ReadyState = READYSTATE_COMPLETE Loop」架構，意思是一直到整個網頁開啟完畢才結束迴圈。這裡也是Do…Loop Until的型式，意思是直到i>100條件成立時才結束迴圈。配合上個步驟「出版社2(WebUrl, i)」中的「On Error GoTo…IEWrong: i = i – 1）」，等於是控制程式重複迴圈直到全部100個網頁出版社資訊都得到才結束。

第二個變動是「Application.Wait Now + TimeValue(“00:00:10”)」

作用是程式執行到這裡時暫時中止，等待10秒鐘的時間，這是為了避免大量網路爬蟲出現第三步驟時的防衛機制。讓程式在每取得一次網頁之後，暫停10秒鐘。雖然整個程式執行時間會變得很久，但比較穩定一點。

```
Sub 取得大量網頁資料2()

Do
   i = i + 1
   WebUrl = Cells(i, 2).Value
   Call 出版社2(WebUrl, i)
   Application.Wait Now + TimeValue("00:00:10")
Loop Until i > 100

End Sub
```

步驟六、更多資料取得（以進一步取得書籍分類資料為例）

有了取得100個出版社網頁資料的基礎，要再設計取得100個書籍分類的VBA程式相同容易。將原來取得一個網頁的程式碼，依照100個分類程式的思惟架構加以擴充即可。

```
Sub 取得大量網頁資料3()
Do
  i = i + 1
WebUrl = Cells(i, 2).Value
Call 書籍分類(WebUrl, i)
Application.Wait Now + TimeValue("00:00:10")
Loop Until i > 100
End Sub
--------------------------------------------------------------------------------
Sub 書籍分類(WebUrl, i)

Dim ExIIE As Object, WebTxt As String
Set ExIIE = CreateObject("InternetExplorer.Application")
With ExIIE
   .Visible = False
   .Navigate WebUrl
   Do Until .ReadyState = READYSTATE_COMPLETE
   Loop
End With
With ExIIE.Document
   WebTxt = .getElementsByClassName("container_24 type04_breadcrumb")(0).innerText
End With
ExIIE.Quit
Set ExIIE = Nothing
Dim TxtEle, TxtSet, CatSet(10), BookCat, m As Integer
TxtSet = Split(WebTxt, vbNewLine, -1)
   For Each TxtEle In TxtSet
      If TxtEle = "博客來" Or TxtEle = "中文書" Or TxtEle = "商品介紹" Then
      TxtEle = ""
      Else
      m = m + 1
      CatSet(m) = TxtEle
      End If
   Next
BookCat = Join(CatSet)
BookCat = RTrim(LTrim(BookCat))
Cells(i, 4) = BookCat
End Sub
```

步驟七、完整程式執行

將這一節修改後的程式全部執行完畢，順利取得當日排行榜100本書的出版社及書籍分類資料。

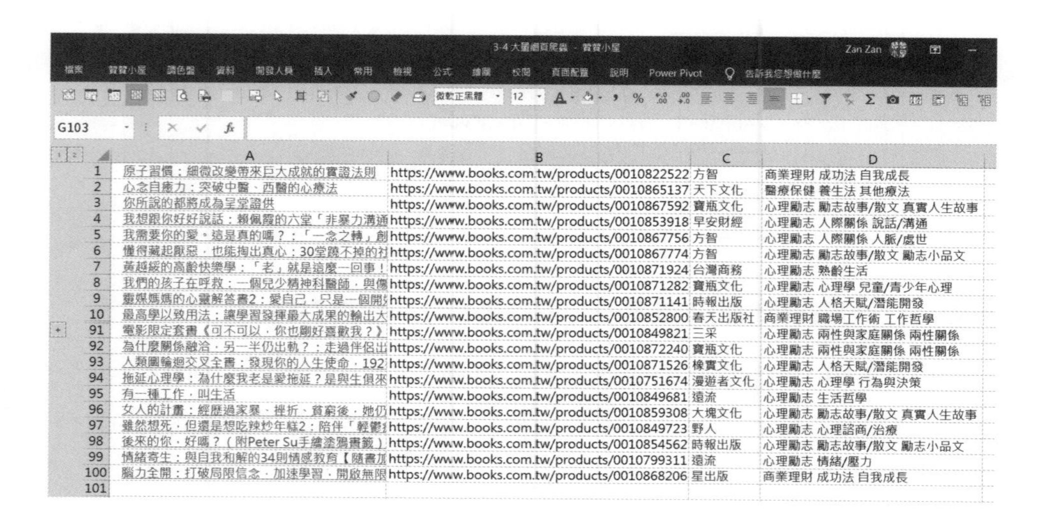

	A	B	C	D
1	原子習慣：細微改變帶來巨大成就的實證法則	https://www.books.com.tw/products/0010822522	方智	商業理財 成功法 自我成長
2	心念自癒力：突破中醫、西醫的心療法	https://www.books.com.tw/products/0010865137	天下文化	醫療保健 養生法 其他療法
3	你所說的都將成為呈堂證供	https://www.books.com.tw/products/0010867592	寶瓶文化	心理勵志 勵志故事/散文 真實人生故事
4	我想跟你好好說話：賴佩霞的六堂「非暴力溝通	https://www.books.com.tw/products/0010853918	早安財經	心理勵志 人際關係 說話/溝通
5	我需要你的愛，這是真的嗎？：「一念之轉」創	https://www.books.com.tw/products/0010867756	方智	心理勵志 人際關係 人脈/處世
6	懂得藏起厭惡，也能掏出真心：30堂蹺不掉的社	https://www.books.com.tw/products/0010867774	方智	心理勵志 勵志故事/散文 勵志小品文
7	黃越綏的高齡快樂學：「老」就是這麼一回事！	https://www.books.com.tw/products/0010871924	台灣商務	心理勵志 熟齡生活
8	我們的孩子在呼救：一個兒少精神科醫師，與傷	https://www.books.com.tw/products/0010871282	寶瓶文化	心理勵志 心理學 兒童/青少年心理
9	靈媒媽媽的心靈解答書2：愛自己，只是一個開	https://www.books.com.tw/products/0010871141	時報出版	心理勵志 人格天賦/潛能開發
10	最高學以致用法：讓學習發揮最大成果的輸出大	https://www.books.com.tw/products/0010852800	春天出版社	商業理財 職場工作術 工作哲學
91	電影限定套書《可不可以，你也剛好喜歡我？》	https://www.books.com.tw/products/0010849821	三采	心理勵志 兩性與家庭關係 兩性關係
92	為什麼關係融洽，另一半仍出軌？：走過伴侶出	https://www.books.com.tw/products/0010872240	寶瓶文化	心理勵志 兩性與家庭關係 兩性關係
93	人類圖輪迴交叉全書：發現你的人生使命，192	https://www.books.com.tw/products/0010871526	橡實文化	心理勵志 人格天賦/潛能開發
94	拖延心理學：為什麼我老是愛拖延？是與生俱來	https://www.books.com.tw/products/0010751674	漫遊者文化	心理勵志 心理學 行為與決策
95	有一種工作，叫生活	https://www.books.com.tw/products/0010849681	遠流	心理勵志 生活哲學
96	女人的計畫：經歷過家暴、挫折、貧窮後，她仍	https://www.books.com.tw/products/0010859308	大塊文化	心理勵志 勵志故事/散文 真實人生故事
97	雖然想死，但還是想吃辣炒年糕2：陪伴「輕鬱	https://www.books.com.tw/products/0010849723	野人	心理勵志 心理諮商/治療
98	後來的你，好嗎？（附Peter Su手繪塗鴉書籤）	https://www.books.com.tw/products/0010854562	時報出版	心理勵志 勵志故事/散文 勵志小品文
99	情緒寄生：與自我和解的34則情感教育【隨書加	https://www.books.com.tw/products/0010799311	遠流	心理勵志 情緒/壓力
100	腦力全開：打破局限信念，加速學習，開啟無限	https://www.books.com.tw/products/0010868206	星出版	商業理財 成功法 自我成長
101				

這一節特地保留原始程式測試、思考、修正、完成的過程，一方面是網頁結構隨著時間變動，有可能要因應情況而有所調整，因此，在此也無法保證本節程式在往後期間也能正常地發揮作用。不過設計的原理是相同的，如真有需要的話，請讀者參考本節修正。另外，本書在後面預計會介紹機器學習，人在面對變化時必須修正調整，像這一節的過程如果能教給機器去嘗試學習，是在更高一層次善用機器提高作業效率。也許沒辦法完全替代，但至少是個值得努力的方向。

第五節 只下載新資料以提升效率

上一節成功網路爬蟲取得100個網頁的特定資料，雖然設計好了緩衝等候時間和重複嘗試的機制，但一次要花很多時間。以本書範例而言，每天排行榜中只有少部分是新書，大部分是昨天的書今天仍掛在排行榜上。這些「舊書」，其實直接取昨天爬蟲所得資料即可，毋須再抓一次，很多時間可以節省下來。本節將介紹如何設計相關程式，進而彙總全部所需資料。

步驟一、當日資料與原有資料比對（不要每天抓取重複的資料）

由於每天都是和先前所取得的資料比對，確認是否有新書上榜，因此先將上一節所取得100本書籍資料整理成清單，工作表名稱設定為「書籍補充資訊列表」，當作是已收集過的資料庫清單。

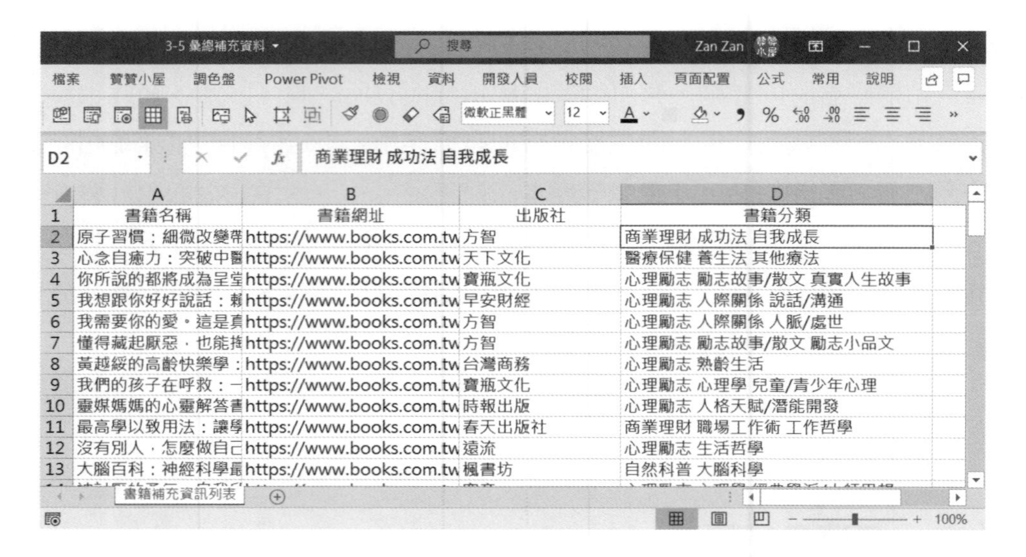

	A	B	C	D
1	書籍名稱	書籍網址	出版社	書籍分類
2	原子習慣：細微改變帶	https://www.books.com.tw	方智	商業理財 成功法 自我成長
3	心念自癒力：突破中醫	https://www.books.com.tw	天下文化	醫療保健 養生法 其他療法
4	你所說的都將成為呈堂	https://www.books.com.tw	寶瓶文化	心理勵志 勵志故事/散文 真實人生故事
5	我想跟你好好說話：賴	https://www.books.com.tw	早安財經	心理勵志 人際關係 說話/溝通
6	我需要你的愛。這是真	https://www.books.com.tw	方智	心理勵志 人際關係 人脈/處世
7	懂得藏起厭惡，也能接	https://www.books.com.tw	方智	心理勵志 勵志故事/散文 勵志小品文
8	黃越綏的高齡快樂學：	https://www.books.com.tw	台灣商務	心理勵志 熟齡生活
9	我們的孩子在呼救：一	https://www.books.com.tw	寶瓶文化	心理勵志 心理學 兒童/青少年心理
10	靈媒媽媽的心靈解答書	https://www.books.com.tw	時報出版	心理勵志 人格天賦/潛能開發
11	最高學以致用法：讓學	https://www.books.com.tw	春天出版社	商業理財 職場工作術 工作哲學
12	沒有別人，怎麼做自己	https://www.books.com.tw	遠流	心理勵志 生活哲學
13	大腦百科：神經科學最	https://www.books.com.tw	楓書坊	自然科普 大腦科學

步驟二、新資料標記（Dim Array() As Variant動態陣列變數、CurrentRegion目前範圍、Array=Region設定儲存格範圍為陣列）

建立「彙總書籍資訊」VBA程式，準備以這個程序作為樞紐，利用Call方式完成一系列自動操作。

「取得網頁網址(當天工作表)」的內容是本章第二節取得排行榜書籍網址的程式，基本上是完全一樣的程式碼，差別只在使用「當天工作表」作為參數傳遞，在此不再截圖展示，讀者有需要可參考本書所附程式範例。

「標記當天新書(當天工作表)」先以迴圈將當天帶網址的排行榜工作表第五欄依序都填入「新書」，再應用本章第三節介紹的VBA陣列功能，宣告動態不固定項目的陣列變數（「書籍資料庫()」），設定陣列值為上個步驟的資料清單（Range(“A1”).CurrentRegion）。這裡的Range(“A1”).CurrentRegion是以儲存格A1為基準向四周延伸的目前範圍，作用類似於Excel中Ctrl+A。

接著以這個陣列內容執行集合迴圈（「For Each book In 書籍資料庫）」，如果在書籍資料庫裡有任何一本書與當天書籍第i本書相同，表示並非新書，將相對應儲存格寫入空格，等於是清除原本「新書」的標記。

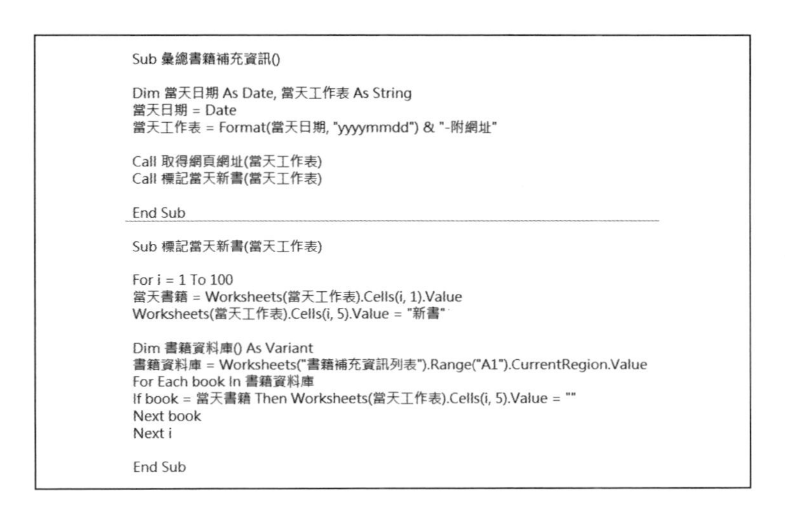

```
Sub 彙總書籍補充資訊()

Dim 當天日期 As Date, 當天工作表 As String
當天日期 = Date
當天工作表 = Format(當天日期, "yyyymmdd") & "-附網址"

Call 取得網頁網址(當天工作表)
Call 標記當天新書(當天工作表)

End Sub
```

```
Sub 標記當天新書(當天工作表)

For i = 1 To 100
當天書籍 = Worksheets(當天工作表).Cells(i, 1).Value
Worksheets(當天工作表).Cells(i, 5).Value = "新書"

Dim 書籍資料庫() As Variant
書籍資料庫 = Worksheets("書籍補充資訊列表").Range("A1").CurrentRegion.Value
For Each book In 書籍資料庫
If book = 當天書籍 Then Worksheets(當天工作表).Cells(i, 5).Value = ""
Next book
Next i

End Sub
```

步驟三、標記新書

執行程式之後，果然在第五欄（E欄）部門書籍標記新書，總共「項目個數:14」，相較於全部100本書少了許多。

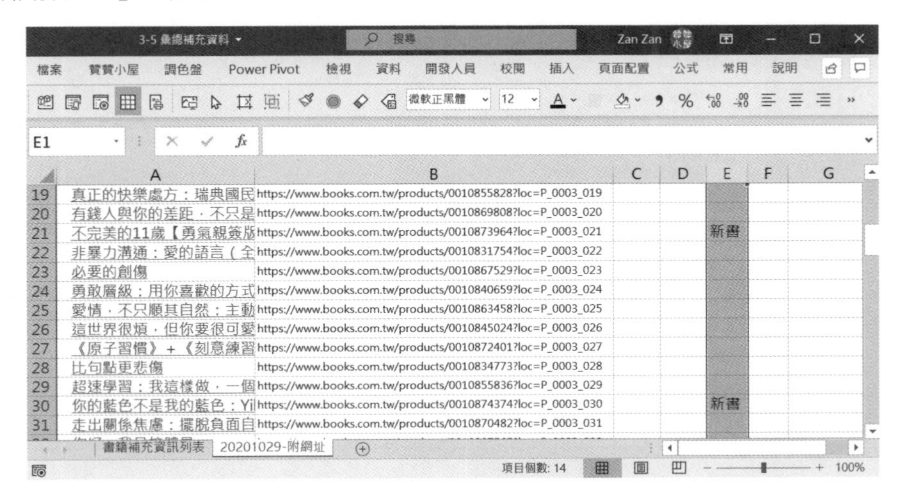

步驟四、有條件的網路爬蟲

沿用上一節「取得出版社資料(當天工作表)」程式，這裡因為是新書才抓取資料，因此，調整「Application.Wait Now + TimeValue("00:00:10")」的位置，在開啟IE之前先判斷是否為新書（「If Worksheets(當天工作表).Cells(i, 5) = ""」）。如不是的話，結束副程式（「Then Exit Sub」），如果是的話，暫停緩衝10秒鐘。

除了出版社資料，也需要分類資料，這部分主要的程式架構同樣沿用上一節內容，具體程式內容則是跟這個步驟一樣，在此不再細述，讀者有需要可參考本書範例。

```
Sub 取得出版社資料(當天工作表)
Do
   i = i + 1
   網頁網址 = Worksheets(當天工作表).Cells(i, 2).Value
   Call 單一出版社資料(網頁網址, i, 當天工作表)
   'Application.Wait Now + TimeValue("00:00:10")
Loop Until i = 100
End Sub

Sub 單一出版社資料(網頁網址, i, 當天工作表)

On Error GoTo IEWrong
'確認是否為新書
If Worksheets(當天工作表).Cells(i, 5) = "" Then Exit Sub
Application.Wait Now + TimeValue("00:00:10")
'取得網頁原始碼特定標籤文字
Dim IE瀏覽器 As Object, 網頁文件 As String
Set IE瀏覽器 = CreateObject("InternetExplorer.Application")
With IE瀏覽器
   .Visible = False
   .Navigate 網頁網址
   Do Until .ReadyState = READYSTATE_COMPLETE
   Loop
End With
With IE瀏覽器.Document
   網頁文件 = .getElementsByTagName("meta")("description").outerhtml
End With
IE瀏覽器.Quit
Set IE瀏覽器 = Nothing
'Excel寫入出版社
Dim 書籍摘要, 出版社
書籍摘要 = Split(網頁文件, "，")
出版社 = Filter(書籍摘要, "出版社：", , vbBinaryCompare)
出版社 = Replace(出版社(0), "出版社：", "")
Cells(i, 3) = 出版社
Exit Sub
IEWrong: i = i - 1
End Sub
```

步驟五、Cells.Hyperlinks.Delete移除儲存格連結

所有新書都取得所需資料之後，把非新書部分刪除，原輔助判斷是否為新書的第五欄刪掉，將新書都複製到工作表「書籍補充資訊列表」，這部分的主程式架構是沿用上一章最後第五節內容。最後有特別去除所有儲存格連結（Cells.Hyperlinks.Delete），同時設定字體（Cells.Font.Name = "Noto Sans CJK TC Medium"），這裡的Noto是作者習慣的Google免費字體，讀者也可以改為Windows系統內置的微軟正黑體。

```
Sub 非當日新書刪除(當天工作表)

'定義變數
Dim 當天報表資料筆數 As Integer, 確認新書 As String
當天報表資料筆數 = Worksheets(當天工作表).UsedRange.Rows.Count
'非新書刪除
For i = 當天報表資料筆數 To 1 Step -1
   確認新書 = Worksheets(當天工作表).Cells(i, 5).Value
      If 確認新書 <> "新書" Then
         Worksheets(當天工作表).Rows(i).Delete
      End If
Next i

Worksheets(當天工作表).Columns(5).Delete

End Sub
-----------------------------------------------------------------
Public Sub 工作表匯總(當天工作表)
'定義變數
Dim 資料筆數 As Integer
'指定工作表及確定報表範圍
資料筆數 = Sheets("書籍補充資訊列表").UsedRange.Rows.Count
'工作表匯總並刪除重複的標題列
Worksheets(當天工作表).UsedRange.Copy Sheets("書籍補充資訊列表").Cells(資料筆數 + 1, 1)
'刪除已經匯總過的工作表
Application.DisplayAlerts = False
Worksheets(當天工作表).Delete
Application.DisplayAlerts = True

Sheets("書籍補充資訊列表").Cells.Hyperlinks.Delete
Sheets("書籍補充資訊列表").Cells.Font.Name = "Noto Sans CJK TC Medium"  '
'亦可設置為"微軟正黑體"
End Sub
```

步驟六、Call合併程式專案

最後將所有副程式以Call合併，如此設置除了與先前章節銜接，同時讓整個專案架構更加清楚。分開也是有利於個別測試，因為實際在設計程式時，大部分的時候都不是一次寫好，而是修修改改，邊測試邊寫的。

這裡有兩個重點補充：首先因為排行榜是每天取得，因此「當天工作表」以傳遞參數的方式貫穿整個專案。另外，全部程式的執行時間較久，在最後特別加一行「**MsgBox“程式執行完畢”**」，有通知的作用。

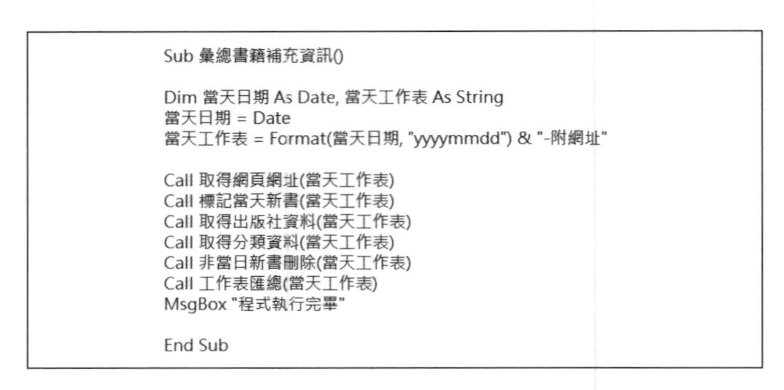

```
Sub 彙總書籍補充資訊()

Dim 當天日期 As Date, 當天工作表 As String
當天日期 = Date
當天工作表 = Format(當天日期, "yyyymmdd") & "-附網址"

Call 取得網頁網址(當天工作表)
Call 標記當天新書(當天工作表)
Call 取得出版社資料(當天工作表)
Call 取得分類資料(當天工作表)
Call 非當日新書刪除(當天工作表)
Call 工作表匯總(當天工作表)
MsgBox "程式執行完畢"

End Sub
```

步驟七、執行結果報表

全部專案執行完後，是以簡潔的報表呈現，過程中其實新建了工作表、取得資料進行很多條件判斷的處理。

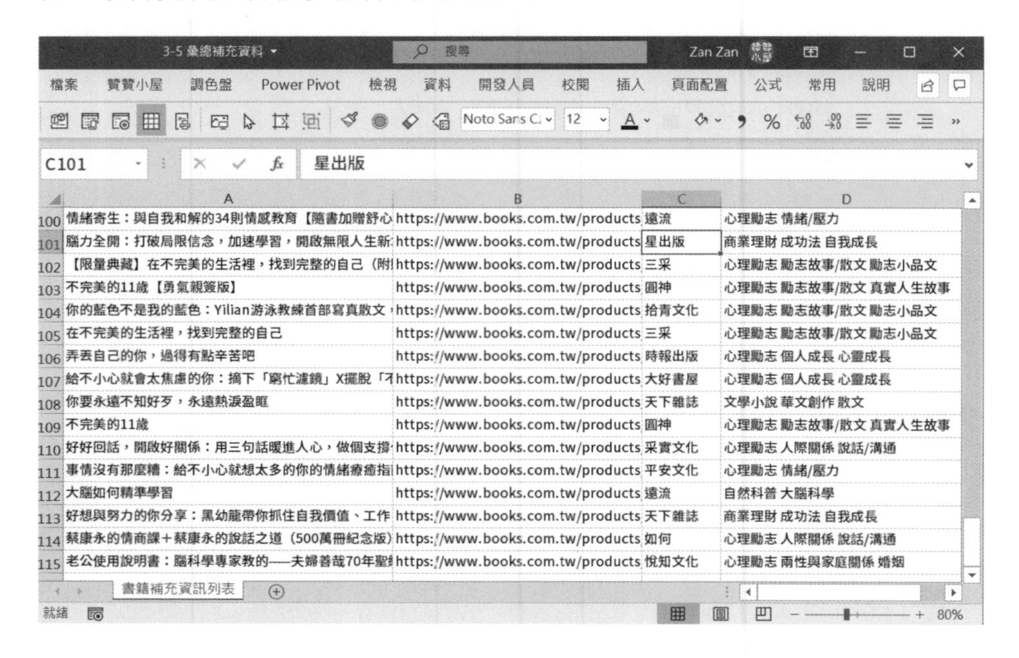

	A	B	C	D
100	情緒寄生：與自我和解的34則情感教育【隨書加贈舒心	https://www.books.com.tw/products	遠流	心理勵志 情緒/壓力
101	腦力全開：打破局限信念，加速學習，開啟無限人生新	https://www.books.com.tw/products	星出版	商業理財 成功法 自我成長
102	【限量典藏】在不完美的生活裡，找到完整的自己（附	https://www.books.com.tw/products	三采	心理勵志 勵志故事/散文 勵志小品文
103	不完美的11歲【勇氣親簽版】	https://www.books.com.tw/products	圓神	心理勵志 勵志故事/散文 真實人生故事
104	你的藍色不是我的藍色：Yilian游泳教練首部寫真散文	https://www.books.com.tw/products	拾青文化	心理勵志 勵志故事/散文 勵志小品文
105	在不完美的生活裡，找到完整的自己	https://www.books.com.tw/products	三采	心理勵志 勵志故事/散文 勵志小品文
106	弄丟自己的你，過得有點辛苦吧	https://www.books.com.tw/products	時報出版	心理勵志 個人成長 心靈成長
107	給不小心就會太焦慮的你：摘下「窮忙濾鏡」X擺脫「不	https://www.books.com.tw/products	大好書屋	心理勵志 個人成長 心靈成長
108	你要永遠不知好歹，永遠熱淚盈眶	https://www.books.com.tw/products	天下雜誌	文學小說 華文創作 散文
109	不完美的11歲	https://www.books.com.tw/products	圓神	心理勵志 勵志故事/散文 真實人生故事
110	好好回話，開啟好關係：用三句話暖進人心，做個支撐	https://www.books.com.tw/products	采實文化	心理勵志 人際關係 說話/溝通
111	事情沒有那麼糟：給不小心就想太多的你的情緒療癒指	https://www.books.com.tw/products	平安文化	心理勵志 情緒/壓力
112	大腦如何精準學習	https://www.books.com.tw/products	遠流	自然科普 大腦科學
113	好想與努力的你分享：黑幼龍帶你抓住自我價值、工作	https://www.books.com.tw/products	天下雜誌	商業理財 成功法 自我成長
114	蔡康永的情商課＋蔡康永的說話之道（500萬冊紀念版）	https://www.books.com.tw/products	如何	心理勵志 人際關係 說話/溝通
115	老公使用說明書：腦科學專家教的——夫婦善哉70年聖	https://www.books.com.tw/products	悅知文化	心理勵志 兩性與家庭關係 婚姻

這一節限縮了網路爬蟲在新書的範圍內，減少程式執行次數。其實如果考量分類或出版社可能改變，當然還是可以和上一節相同設定為跑100次。不過，可以合理判斷這種情形不太可能發生，基於範例特性及效率考量，配合調整程式即可。讀者如果有遇到真的必須大量網路爬蟲的需求，可參考上一節的方式設計程式。

最後補充一點，先前章節VBA程式範例都是英文名稱宣告變數，從這一節程式可以看到其實也可以中文命名變數。英文編寫是一般程式設計的習慣，因為幾乎所有程式的原生語言皆為英文，直接以英文設定變數很自然，而中文變數的好處是容易理解。不過，如果有可能會切換系統或者應用的語言環境的話，全英文還是最穩定的作法。

PART 2

網路資料
統計分析的方法

Chapter 4

Excel 分析工具

本書第一章到第三章為第一篇「建立分析資料庫」，主要介紹利用VBA程式網路爬蟲取得想分析的資料，建立Excel表格資料庫。本章開始第二篇「資料統計分析」，一開始先彙總第一篇所取得的資料，接著介紹善用Excel執行統計分析，重點在於表格和樞紐分析表的工具應用。

第一節 網路資料彙總

本書第二章已經將每天排行榜100筆資料彙總，第三章是以個別書籍為對象，取得補充的出版社及分類資訊，在這一節要介紹利用VBA的Call指令，將這兩章的內容整合成一個大型的程式專案，呼叫之前寫好的程式，一次完整執行，達到自動化的效果。

步驟一、資料整合

將第二章的「匯總報表」和第三章的「書籍補充資訊列表」兩張工作表整合在同一個Excel檔案。

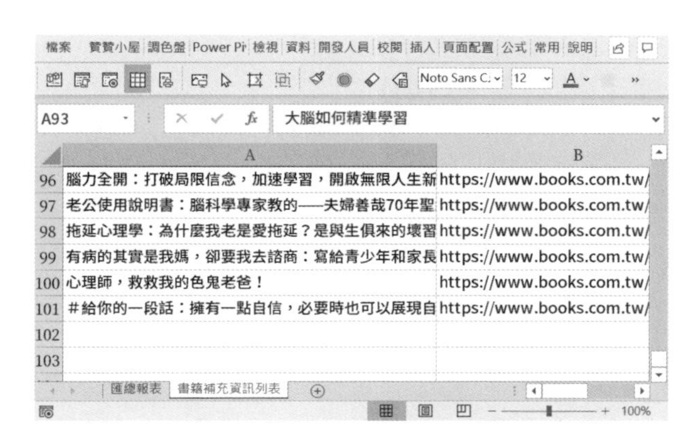

步驟二、VBA程式整合

沿用第二章第五節的程式，這裡主要多了「Call 彙總書籍補充資訊(當天日期)」和「Call 取得出版社及分類(當天日期)」，用意是利用VBA Call指令整合所有程式。

Sub 取得網路資料( )

=>建立Sub程序

Dim 當天日期 As String

=>宣告文字變數

當天日期 = Format(Date, “yyyymmdd”)

=>利用Format函數定義變數

Call 新增工作表並取得網路資料(當天日期)

=>呼叫副程式

Call 多餘資料刪除(當天日期)

=>呼叫副程式

Call 報表格式整理(當天日期)

=>呼叫副程式

Call 彙總書籍補充資訊(當天日期)

=>呼叫副程式

Call 取得出版社及分類(當天日期)

=>呼叫副程式

Call 分析欄位設置(當天日期)

=>呼叫副程式

Call 工作表匯總(當天日期)

=>呼叫副程式

MsgBox “程式執行完畢”

=>顯示訊息視窗

End Sub

=>結束Sub程序

```
Sub 取得網路資料()

Dim 當天日期 As String
當天日期 = Format(Date, "yyyymmdd")

Call 新增工作表並取得網路資料(當天日期)
Call 多餘資料刪除(當天日期)
Call 報表格式整理(當天日期)
Call 彙總書籍補充資訊(當天日期)
Call 取得出版社及分類(當天日期)
Call 分析欄位設置(當天日期)
Call 工作表匯總(當天日期)

MsgBox "程式執行完畢"

End Sub
```

步驟三、VBA副模組

配合本書章節及整體程式專案架構，「Module1」模組是工作表「匯總報表」更新所需要執行的主模組，其中涉及到取得各書籍出版社及分類的部分。由於程式較為複雜，另外放在「Module2」模組，等於是工作表「書籍補充資訊列表」更新所需要執行的副模組。

Sub 彙總書籍補充資訊(當天日期)

=>建立Sub程序，取得Call呼叫所傳遞的參數值

當天日期附網址 = 當天日期 & "-附網址"

=>宣告變數，以「&」符號合併參數及文字

Call 取得網頁網址(當天日期附網址)

=>呼叫其他Sub程序並傳遞參數值

Call 標記當天新書(當天日期附網址)

=>呼叫其他Sub程序並傳遞參數值

Call 取得出版社資料(當天日期附網址)

=>呼叫其他Sub程序並傳遞參數值

Call 取得分類資料(當天日期附網址)

=>呼叫其他Sub程序並傳遞參數值

Call 非當日新書刪除(當天日期附網址)

=>呼叫其他Sub程序並傳遞參數值

Call 工作表匯總(當天日期附網址)

=>呼叫其他Sub程序並傳遞參數值

End Sub

=>結束Sub程序

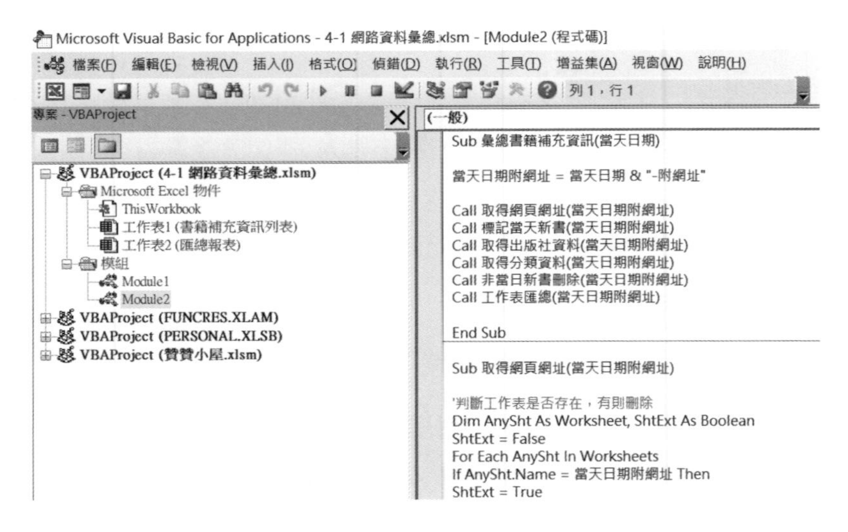

步驟四、優化程式

這裡的重點是將「資料筆數」從「UsedRange.Rows.Count」優化為「CurrentRegion.Rows.Count」，這是因為UsedRange是使用範圍，雖然資料被刪除了，在工作表上已經沒有了，但仍然算是使用過的範圍，在進行「UsedRange.Rows.Count」列數計算時仍然會納入，而實際執行時有可能會導致錯誤，因此改為CurrentRegion目前範圍，如此一來，就不用擔心已刪除資料的問題，因為它不會在目前範圍中。

Public Sub 工作表匯總(當天日期附網址)

=>這裡的「Public Sub」多了一個「Public」，意思是公共程序，可以被其他程序（Sub）呼叫引用。前面的程式只有一個「Sub」而不是「Public Sub」，其實結果是一樣的，因為VBA對於「Sub」的預設值便是「Public」，沒有特地寫的話，「Sub」一樣會是「Public Sub」。本節重點是Call呼叫指令，所以加以標註並說明會讓讀者更加清楚。

'定義變數

Dim 資料筆數 As Integer

=>定義「資料筆數」為整數型態的變數

'指定工作表及確定報表範圍

資料筆數 = Sheets(“書籍補充資訊列表”).Cells(1, 1).CurrentRegion.Rows.Count

=>以工作表「書籍補充資訊列表」的儲存格第一列第一欄為基準，Cells(1,1)指的就是第1列第1欄，Cells括號裡第一個「1」是表示列、第二個「1」表示欄，後面再加上「.CurrentRegion.Rows.Count」是以Cells(1,1)為左上角有向右向下有資料存在的儲存格範圍，計算此範圍有多少列(Rows.Count)，等於是計算有多少筆資料。

'工作表匯總並刪除重複的標題列

Worksheets(當天日期附網址).UsedRange.Copy Sheets(“書籍補充資訊列表”).Cells(資料筆數 + 1, 1)

=>程式新增取得資料的工作表為「當天日期附網址」，複製此工作表的已使用資料的表格範圍(Worksheets(當天日期附網址).UsedRange.

Copy)，貼到工作表「書籍補充資訊列表」，從目前資料最後一筆的下一列開始添加(Sheets(“書籍補充資訊列表”).Cells(資料筆數 + 1, 1))，這裡的Cells(資料筆數 + 1, 1)先前有說明過，其中「資料筆數+1」是第幾列、「1」是第一欄。

‘刪除已經匯總過的工作表

Application.DisplayAlerts = False

=>正在Excel刪除有資料的工作表時會提示是否確定要刪除，在此為加快程式自動化執行，暫時取消提醒視窗機制。

Worksheets(當天日期附網址).Delete

=>刪除以「當天日期附網址」作為變數名稱的工作，也就是刪除網路爬蟲程式取得資料的工作表。

Application.DisplayAlerts = True

=>恢復提醒視窗機制，和先前的「Application.DisplayAlerts = False」是相呼應的，暫時取消，程式自動刪除工作表不提示確認，再恢復機制。

Sheets(“書籍補充資訊列表”).Cells.Hyperlinks.Delete

=>將工作表中所有儲存格的連結刪除。

Sheets(“書籍補充資訊列表”).Cells.Font.Name = “Noto Sans CJK TC Medium”

=>設定工作表儲存格字型為「Noto Sans CJK TC Medium」，這是Google所開發的免費字型，贊贊小屋習慣使用此字型，讀者也可以更改為目前Windows系統常用的「微軟正黑體」。

End Sub

=>結束程序。

步驟五、多餘資料刪除程式的提醒

這裡要特別再提醒多餘資料刪除的程式，是以i、i+1、i+4、i+5作為條件，這是因應原始網頁的資料規則所設置的。如果在實際執行網頁格式有變更，需要同步更新。

Sub 多餘資料刪除(當天日期)

=>建立程式。

'定義變數

Dim UsedR As Integer, KeyW As String

=>宣告整數及文字變數。

UsedR = Worksheets(當天日期).UsedRange.Rows.Count

=>計算工作上使用範圍有多少列數。

'(迴圈1)有用資訊標記

For i = 1 To Worksheets(當天日期).UsedRange.Rows.Count

=>以工作表使用範圍變數建立迴圈。

If Left(Worksheets(當天日期).Cells(i, 1).Value, 3) = "TOP" Then

=>利用Left函數取得逐行資料左邊3個字元，如果是以TOP作為條件。

Worksheets(當天日期).Cells(i, 5).Value = "保留行"

=>條件成立的話，同一列的第5欄儲存格標記「保留行」。

Worksheets(當天日期).Cells(i + 1, 5).Value = "保留行"

=>條件成立的話，下一列的第5欄儲存格標記「保留行」。

Worksheets(當天日期).Cells(i + 4, 5).Value = "保留行"

=>條件成立的話，下面第4列的第5欄儲存格標記「保留行」。

Worksheets(當天日期).Cells(i + 5, 5).Value = "保留行"

=>條件成立的話，下面第5列的第5欄儲存格標記「保留行」。

End If

=>結束if條件子句。

Next i

=>執行下一筆迴圈。

'(迴圈2)多餘資訊刪除

For i = Worksheets(當天日期).UsedRange.Rows.Count To 1 Step -1

=>建立從報表最後一行到第一行的迴圈。

If Left(Worksheets(當天日期).Cells(i, 5).Value, 3) <> "保留行" Then

=>如果迴圈的某一行資料有等於「保留行」的話。

Rows(i).Delete

=>將該行刪除。

End If

=>結束條件式。

Next i

=>執行下一筆迴圈。

Columns(5).Delete

=>第5欄刪除。

End Sub

=>結束程序。

步驟六、整理最終彙總報表

這裡基本上是沿用本書第二章第五節的程式範例，不過，如先是設計像「Filnam = “C:\Users\b8810\Downloads\” & Today & “.xlsx”」這樣固定路徑的資料夾，跨電腦執行容易出問題，在此更改為「ThisWorkbook.Path」，表示是目前活頁簿路徑，如此較為靈活，在任何電腦上執行程式都不會出錯。

這裡使用到了VBA Dir命令查詢特定資料夾名稱，Dir的第一個參數為查詢對象，第二個參數vbDirectory表示查詢類型是目錄或資料夾，利用條件式判斷，如果查詢長度為零，表示這個資料夾不存在（If Len(Dir(檔案資料夾, vbDirectory)) = 0），那麼就以MkDir命令新增資料夾（Then MkDir 檔案資料夾），等於是加入自動偵錯的機制。

Public Sub 工作表匯總(當天日期)

=>建立程序。

Worksheets(當天日期).Copy

=>複製工作表到新活頁簿。

檔案資料夾 = ThisWorkbook.Path & “\原始檔案”

=>設定存檔路徑為目前活頁簿資料夾中的「原始檔案」子資料夾。

If Len(Dir(檔案資料夾, vbDirectory)) = 0 Then MkDir 檔案資料夾

=>如果資料夾不存在，建立資料夾。

Application.DisplayAlerts = False

=>取消提醒視窗機制。

ActiveWorkbook.SaveAs 檔案資料夾 & “\” & 當天日期 & “.xlsx”

=>將新增的活頁簿以當天日期為名稱儲存。

Application.DisplayAlerts = True

=> 恢復提醒視窗機制。

ActiveWorkbook.Close

=> 關閉目前活頁簿。

Dim SumRan As Integer, SumSht As Worksheet

=> 宣告整數及工作表變數。

Set SumSht = Sheets(“匯總報表”)

=> 定義SumSht變數為「匯總報表」工作表。

SumRan = SumSht.UsedRange.Rows.Count

=> 計算工作表使用範圍有多少列。

Worksheets(當天日期).UsedRange.Copy SumSht.Cells(SumRan + 1, 1)

=> 將「當天日期」工作表的使用範圍複製到SumSht的報表下面。

SumSht.Rows(SumRan + 1).Delete

=> 刪除新複製資料的標題列。

Application.DisplayAlerts = False

=> 取消提醒視窗機制。

Worksheets(當天日期).Delete

=> 刪除工作表。

Application.DisplayAlerts = True

=> 恢復提醒視窗機制。

SumSht.Select

=> 選取工作表

Columns(“A”).ColumnWidth = 10

Columns(“B”).ColumnWidth = 5

Columns(“C”).ColumnWidth = 40

Columns(“D”).ColumnWidth = 15

Columns(“E”).ColumnWidth = 5

Columns(“F”).ColumnWidth = 45

Columns(“G”).ColumnWidth = 15

Columns(“H”).ColumnWidth = 35

=>以上程式皆為設定欄寬。

Rows(“1:1”).HorizontalAlignment = xlCenter

=>特定列水平置中對齊。

Rows(“1:1”).Font.Bold = True

=>特定列字型粗體。

Columns(“B:B”).HorizontalAlignment = xlCenter

Columns(“E:E”).HorizontalAlignment = xlCenter

=>以上兩行程式碼為特定欄垂直置中對齊。

Cells.Font.Name = “Noto Sans CJK TC Medium”

=>設定工作表所有儲存格的字型。

End Sub

=>結束程式。

步驟七、成功取得資料

這一節程式全部都結合成單一的「取得網路資料」巨集，執行後果然得到新增當日資料的報表，包括出版社及分類。請注意，這裡的日期是10/30和11/14，表示即使中間有幾天斷掉了，程式仍然會自動前後彙總在一起。

C108 《原子習慣》＋《刻意練習》【雙書合購套組】

	A	B	C	D	E	F	G	H
1	日期	排行	書名	作者	價格	網址	出版社	分類
95	2020/10/30	94	一開口撩人又聊心：	瑪那熊（陳家維）	237	https://www.b	如何	心理勵志 人際關係 說話/溝通
96	2020/10/30	95	腦力全開：打破局限	吉姆・快克	356	https://www.b	星出版	商業理財 成功法 自我成長
97	2020/10/30	96	老公使用說明書：腦	黑川伊保子	261	https://www.b	悅知文化	心理勵志 兩性與家庭關係 婚姻
98	2020/10/30	97	＃給你的一段話：擁	阿飛	277	https://www.b	悅知文化	心理勵志 勵志故事/散文 勵志小品文
99	2020/10/30	98	拖延心理學：為什麼	珍・博克,萊諾拉・	300	https://www.b	漫遊者文化	心理勵志 心理學 行為與決策
100	2020/10/30	99	有病的其實是我媽，	大衛・古席翁,穆佐	237	https://www.b	究竟	心理勵志 心理諮商/治療
101	2020/10/30	100	心理師，救救我的色	呂嘉惠	284	https://www.b	心靈工坊	心理勵志 勵志故事/散文 心靈成長故事
102	2020/11/13	1	原子習慣：細微改變	詹姆斯・克利爾	261	https://www.b	方智	商業理財 成功法 自我成長
103	2020/11/13	2	計程人生：23段用愛	李瓊淑,詹云茜	285	https://www.b	商周出版	心理勵志 勵志故事/散文 真實人生故事
104	2020/11/13	3	在不完美的生活裡，	艾爾文	284	https://www.b	三采	心理勵志 勵志故事/散文 勵志小品文
105	2020/11/13	4	黃越綏的高齡快樂學	黃越綏	277	https://www.b	台灣商務	心理勵志 熟齡生活
106	2020/11/13	5	我想跟你好好說話：	賴佩霞	284	https://www.b	早安財經	心理勵志 人際關係 說話/溝通
107	2020/11/13	6	懂得藏起厭惡，也能	郝慧川	277	https://www.b	方智	心理勵志 勵志故事/散文 勵志小品文
108	2020/11/13	7	《原子習慣》＋《刻	詹姆斯・克利爾,安	449	https://www.b	方智	商業理財 成功法 自我成長
109	2020/11/13	8	不完美的11歲	凱莉哥,小露	316	https://www.b	圓神	心理勵志 勵志故事/散文 真實人生故事
110	2020/11/13	9	心念自癒力：突破中	許瑞云,鄭先安	300	https://www.b	天下文化	醫療保健 養生法 其他療法

匯總報表　書籍補充資訊列表

就緒

在實際執行中優化程式

這一節程式範例算是比較大型的專案了，不過，其實都是沿用先前章節內容，讀者應該不致於有太大的障礙。這裡剛好是很好的範例，可以看到如何利用Call呼叫程式並傳遞參數的方式，將各個模組程序整合成一個專案。

本節有將「資料筆數」從「UsedRange.Rows.Count」改為「CurrentRegion.Rows.Count」，同時也將檔案儲存從固定路徑的資料夾更改為「ThisWorkbook.Path」，這個是在實際執行好幾天的程式之後，發現程式可以優化的地方。本書到這裡大致已經介紹相當完整的VBA指令，讀者可以依照自己的需求自行修改，作者在此僅是起拋磚引玉的作用。

第二節 表格分析工具

本書第一篇大致已介紹了Excel VBA如何設計程式，網路爬蟲取得大數據資料，這裡第二篇則著重於統計分析所取得的資料。先前第一節將資料都彙總到同一工作表，這一節開始利用Excel工具執行分析統計，首先是一項很簡單、但是非常實用的工具：表格。

步驟一、插入表格

將游標移到報表任何一個位置，Excel上方功能區依序選擇「插入>表格>表格」，如同輔助說明所言：「建立表格以組織和分析相關資料」。

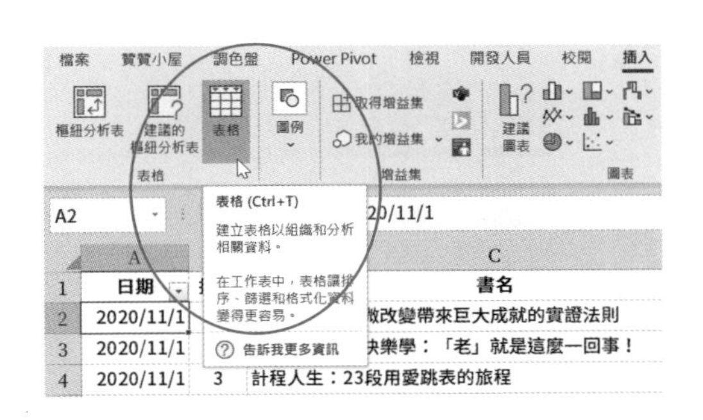

步驟二、設定資料來源及標題

在跳出來的「建立表格」視窗，可以看到這個指令會自動選取適當範圍。另外，因為原始報表第一行就是標題，在這裡維持「我的表格有標題」為勾選狀態，按「確定」。

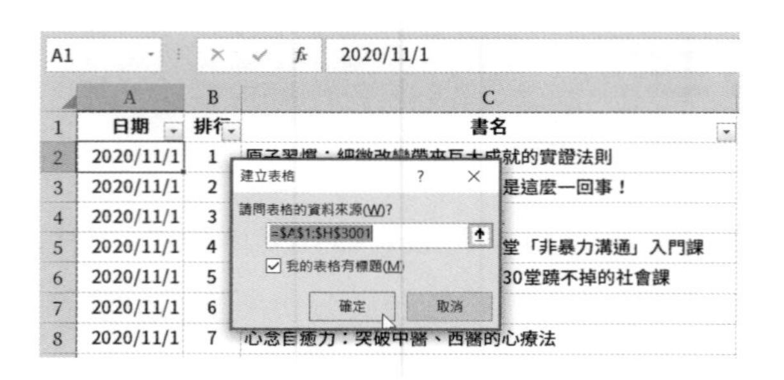

步驟三、選擇合適的表格樣式

建立表格的好處之一，是可以快速設定整體的樣式外觀。游標停留在表格任何位置，上方功能區則會多出個「表格工具」的索引標籤。在「表格樣式」可以很直覺的選擇不同的外觀，而且游標停留在某個樣式上方，即可有預覽的效果，相當方便。

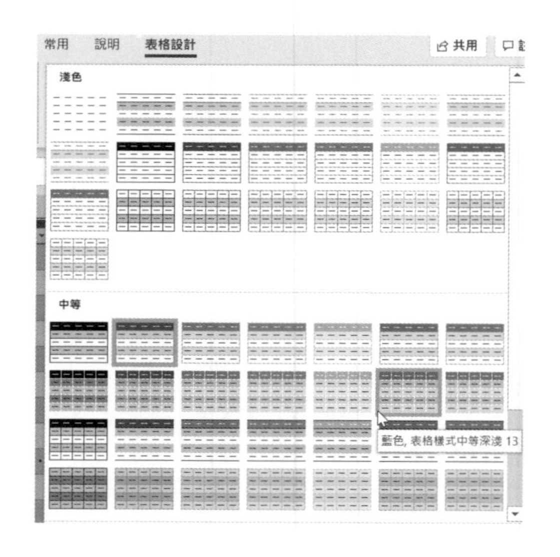

步驟四、表格樣式選項

除了外觀設定，「表格樣式選項」有很多可勾選的項目，在這裡將「合計列」勾選。

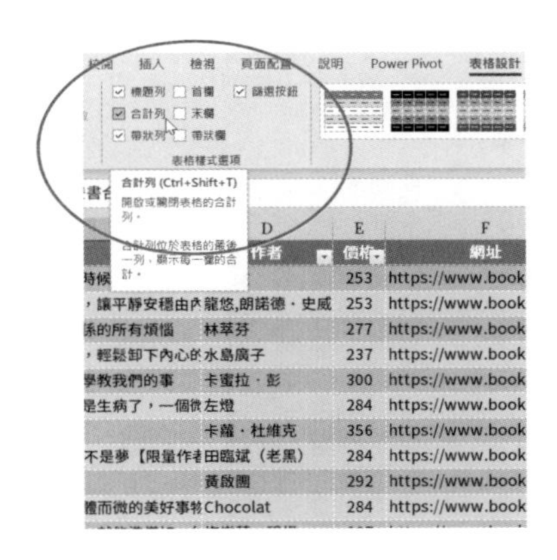

步驟五、快速選擇不同的加總方式

在報表下方新增的合併列，用滑鼠游標選擇某一個欄位的儲存格，會有一個下拉式的選單，當中有很多加總方式可供選擇。本節範例是11月30天的資料，因此如同圖片所示，所有排行數值的平均值為50.5，右邊欄位的「3000」則是以「計數」方式表示總共有3000筆資料。

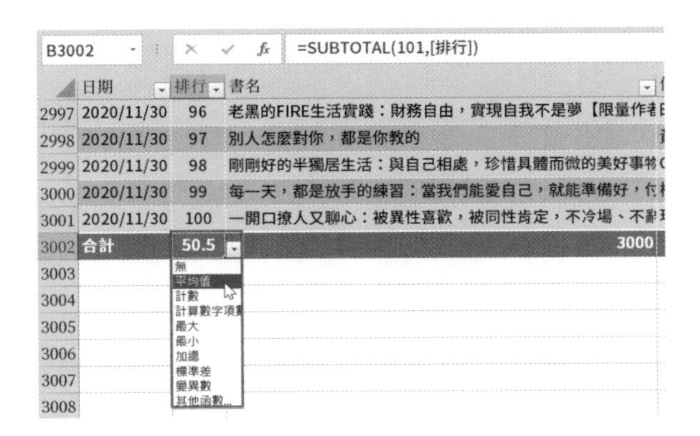

步驟六、篩選想要分析的書名

建立表格之後，報表會自動在第1行出現篩選圖標，下拉之後，先點一下全選的框框取消全選，然後再勾選某一本書，這裡選擇的是「《原子習慣》+《刻意練習》【雙書合購套組】」。

步驟七、針對某本書分析

選定書籍之後，很快可以知道這本書在11月每天都有上榜，直接以排名平均計算為10.7，是很暢銷的一本書。

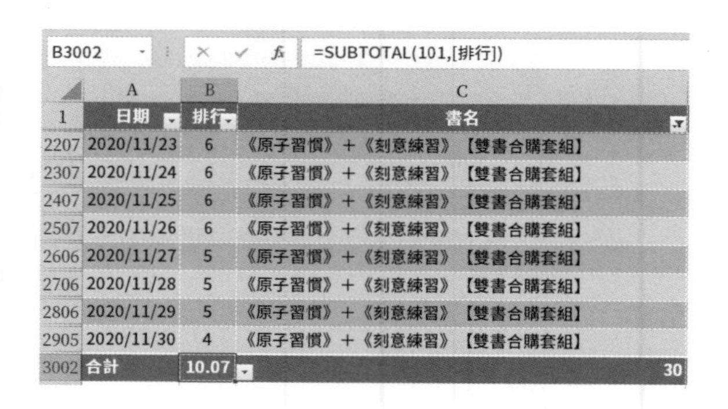

	日期	排行	書名
2207	2020/11/23	6	《原子習慣》＋《刻意練習》【雙書合購套組】
2307	2020/11/24	6	《原子習慣》＋《刻意練習》【雙書合購套組】
2407	2020/11/25	6	《原子習慣》＋《刻意練習》【雙書合購套組】
2507	2020/11/26	6	《原子習慣》＋《刻意練習》【雙書合購套組】
2606	2020/11/27	5	《原子習慣》＋《刻意練習》【雙書合購套組】
2706	2020/11/28	5	《原子習慣》＋《刻意練習》【雙書合購套組】
2806	2020/11/29	5	《原子習慣》＋《刻意練習》【雙書合購套組】
2905	2020/11/30	4	《原子習慣》＋《刻意練習》【雙書合購套組】
3002	合計	10.07	30

這一節是從相對簡單的表格工具開始，可以體會在進行資料統計分析時，主要分成兩個層面，第一個是如何視覺化呈現，在這一小節便是表格樣式模版的選擇，第二個條件分析，這一節是以某一特定書作為分析對象，瞭解它在11月這段期間的排名狀況，接下來章節會再繼續介紹Excel在這方面所提供的種種工具。

第三節
交叉分析篩選器

上一節介紹的Excel表格工具，著重於資料篩選及彙總，分別是在報表的第一列和最後一列執行。雖然可以完成任務，但在資料分析的時候，不僅僅是要求能完成任務，通常還會希望能視覺化呈現。這一節便進一步介紹表格工具在這方面所提供的功能，亦即交叉分析篩選器。

步驟一、插入交叉分析篩選

同樣在上方功能區的「表格工具」裡的「設計」索引標籤，選擇「工具」群組中的「插入交叉分析篩選器」。

步驟二、選擇篩選欄位

跳出來的視窗中可以選擇表格標題列的各個欄位，在此勾選「書名」。

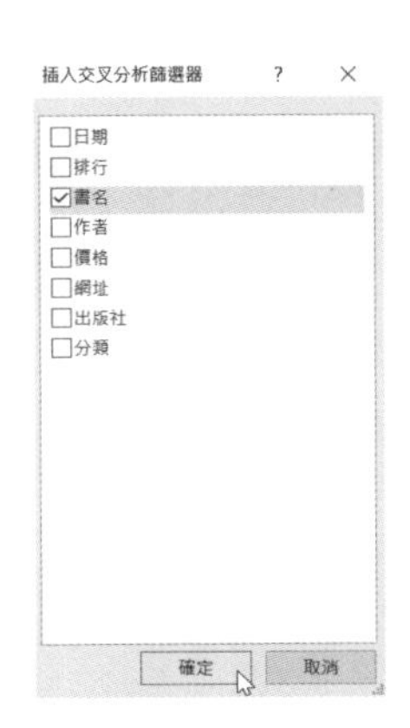

步驟三、顯示表格交叉分析篩選器

設定好了，會在工作表直接出現篩選器的框框，它的作用和表格標題列的下拉式篩選窗格類似，特色是以較為視覺化的方式呈現。

本章第二節有提到建立表格之後，只要將滑鼠停留在工作表的表格中，上方功能區就會出現表格專屬的指令面板。交叉分析篩選器也是同樣的情況，建立好了之後，將游標停留在篩選器，上方就會出現專屬的功能區，例如和表格一樣，有很多樣式可以選擇。

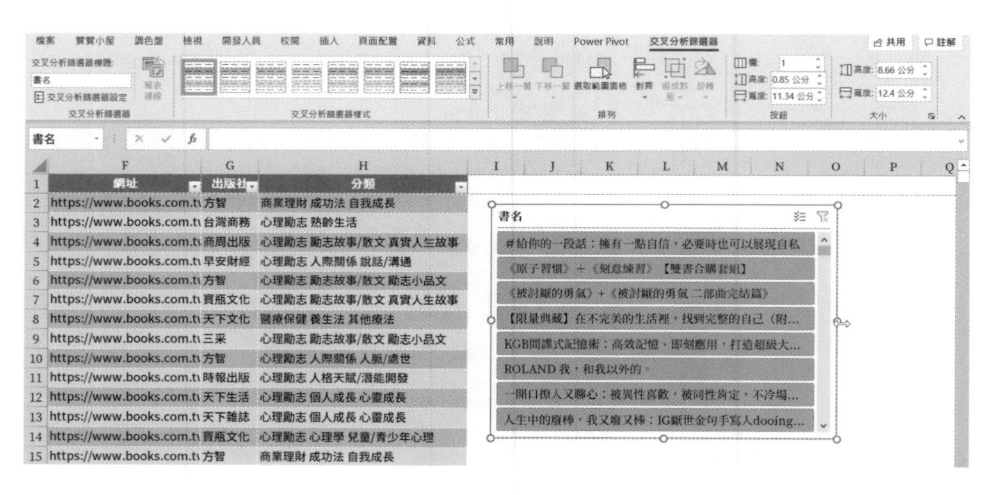

步驟四、多重選取

上個步驟提到交叉分析篩選器和表格的篩選作用類似，這裡再仔細看篩選器的右上角，左邊是「多重選取」，右邊是清除篩選的小圖標。它們作用和表格的標題列篩選是完全一樣的，可以選擇兩個以上的書名，或者在篩選完了清除設定。

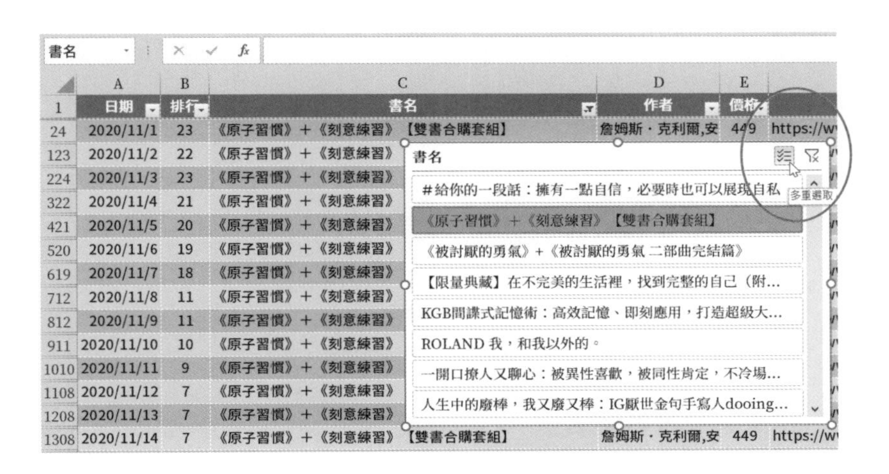

步驟五、建立第二個篩選器

建立好了一個交叉篩選器後，可以進一步以相同方式再建立第二個，例如這裡選擇「出版社」。

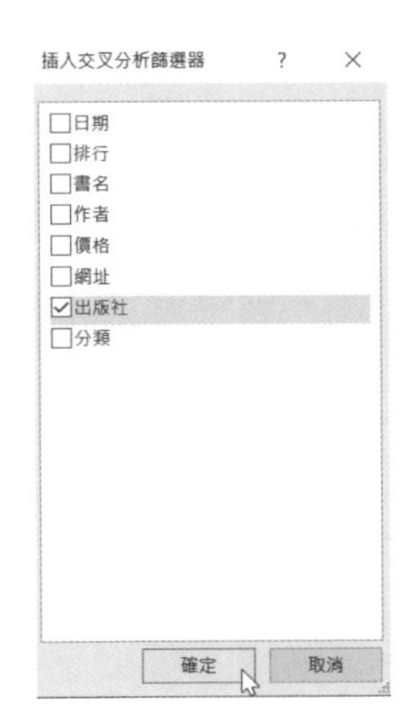

步驟六、設定欄位

前面第三步驟提到上方功能區交叉分析篩選專屬的指令面板，大部分Excel指令都相當直覺，讀者可以自己操作看看，應該就能知道它的作用。在此重點介紹和資料分析比較有關的部分，例如「按鈕」，這裡面將「欄」設定為5。

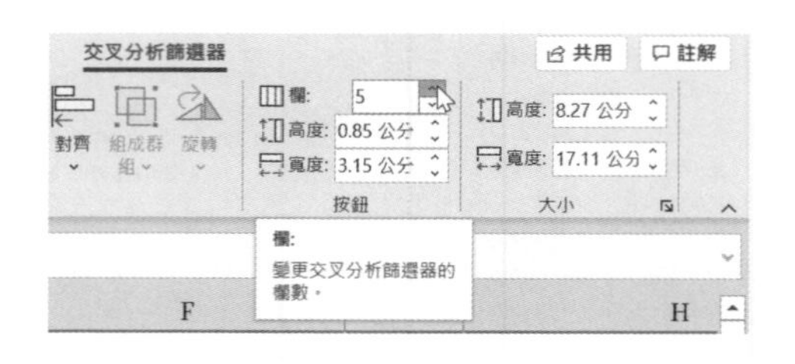

步驟七、出版社及書名篩選

「欄」設定為5之後，可以看到出版社篩選器會以5欄的形式呈現可篩選的內容。由於每個出版社的字串長度差不多，拉寬之後一目瞭然，很方便選擇不同的出版社，配合旁邊的另一個書名篩選器，等於直接可以在篩選器看到在這個月哪家出版社有哪幾本書是有上榜的。

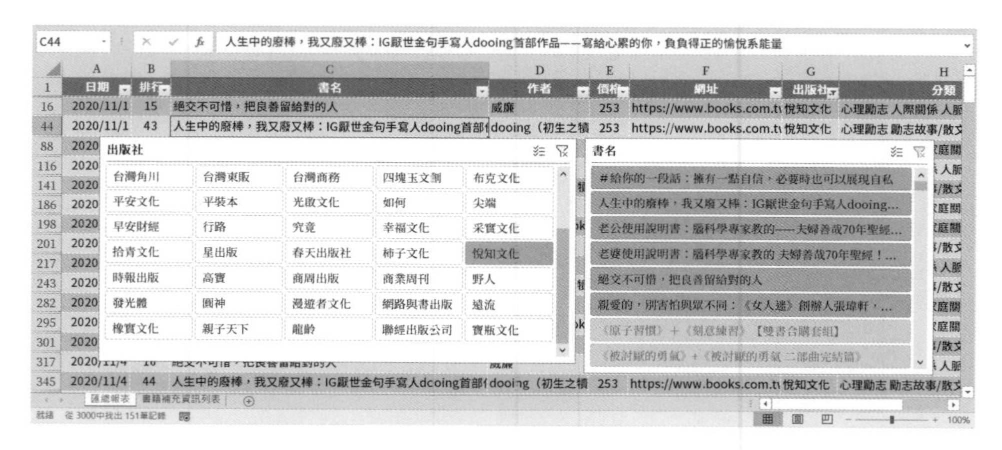

雖然Excel的交叉分析篩選器原始作用應該是針對報表資料內容篩選，但這節範例透過簡單的設置，也可以把篩選器本身當作是資料分析的結果。這裡其實並不是太難或太巧妙的技巧，而是針對原始所收集的資料的特性，利用Excel所提供的工具做一個分析的呈現。工具相同，而每個

人可以依照各自的需求偏好有自己的呈現方式和風格，建議讀者自己嘗試看看。

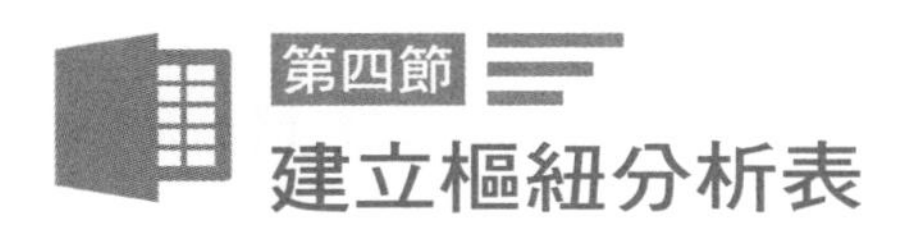

第四節 建立樞紐分析表

前兩節介紹使用表格工具分析所取得的資料，熟悉Excel的讀者應該知道在這方面還有一個強大的工具：樞紐分析表。這一節便跟各位介紹如何快速建立樞紐分析表，執行彙總的排行分析。

步驟一、移除表格篩選

先前所建立好的表格交叉分析篩選器，這一節用不到了，在篩選器上面按滑鼠右鍵，選擇快捷選項中的移除即可，例如這裡是「移除“出版社”」。

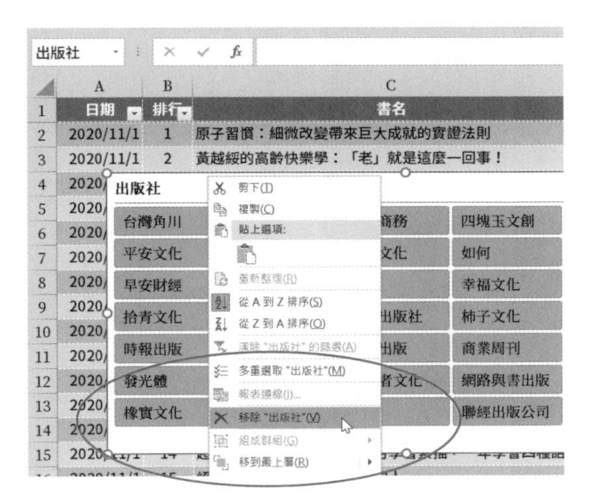

步驟二、計算排行分數

準備新增一欄。只要在I1儲存格輸入「分數」，因為原有表格是到H欄，I1儲存格是緊靠著原有表格範圍，Excel會自動偵測是否需要在表格新增一欄，所以會自動將I欄和表格相同長度的範圍納入表格。

接著於I2儲存格輸入計算公式：「=101-[@排行]」，表示101減掉排行數字，按Enter鍵後會自動將一整個I欄都填滿，這是建立表格方便的地方。

分數等於101減掉排行數字，會使得排行1的分數就是100，排行2是99，一直到了排行100的分數便是1。如此是轉換原有排行成為分數，順序剛好相反，分數越高表示暢銷程度越高、排行權重越高。匯總計算時會比較符合一般分析直覺：加總數字和價值比重成正比，很容易直覺地進行分析比較。

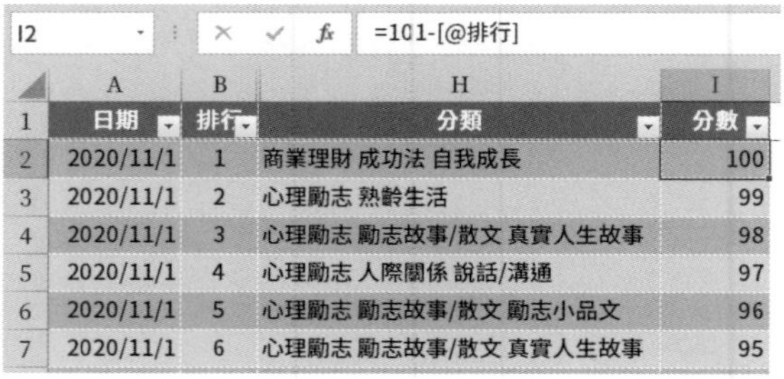

I2 | =101-[@排行]

	A	B	H	I
1	日期	排行	分類	分數
2	2020/11/1	1	商業理財 成功法 自我成長	100
3	2020/11/1	2	心理勵志 熟齡生活	99
4	2020/11/1	3	心理勵志 勵志故事/散文 真實人生故事	98
5	2020/11/1	4	心理勵志 人際關係 說話/溝通	97
6	2020/11/1	5	心理勵志 勵志故事/散文 勵志小品文	96
7	2020/11/1	6	心理勵志 勵志故事/散文 真實人生故事	95

步驟三、建立樞紐分析表

和本章第二節跟第三節一樣，上方功能區「表格工具>設計>工具」裡的「>以樞紐分析表摘要」，準備建立樞紐分析表，這裡順手將表格名稱修改為「排行榜分析」。

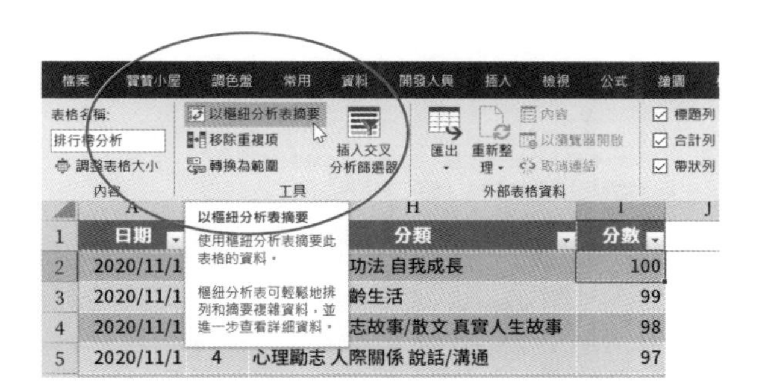

步驟四、確認資料範圍

「建立樞紐分析表」這個對話方塊主要有兩個步驟：分析資料的來源和要放置樞紐分析表的位置。資料來源因為是從表格建立的，在「選取表格或範圍」欄位即是表格名稱。位置部分不做任何修改，保留預設值是在「新工作表」產生。

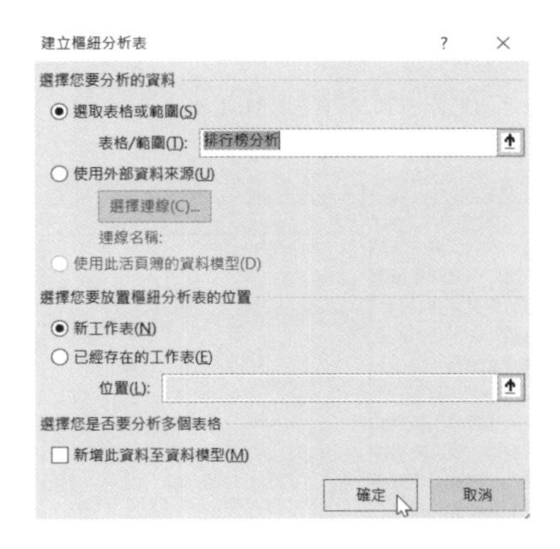

步驟五、設定樞紐分析表欄位

Excel很快會新增一個建立好樞紐分析表的工作表。一開始樞紐分析表沒有任何內容，點選之後會出現「樞紐分析表欄位」，如圖所示，左邊是報表（表格）的欄位清單，直接使用滑鼠按住拖曳的方式，將「書名」拖曳到右邊的「列」，將「分數」拖曳到右邊的「欄」，工作表上就會看到同步更新的樞紐分析表彙總內容。

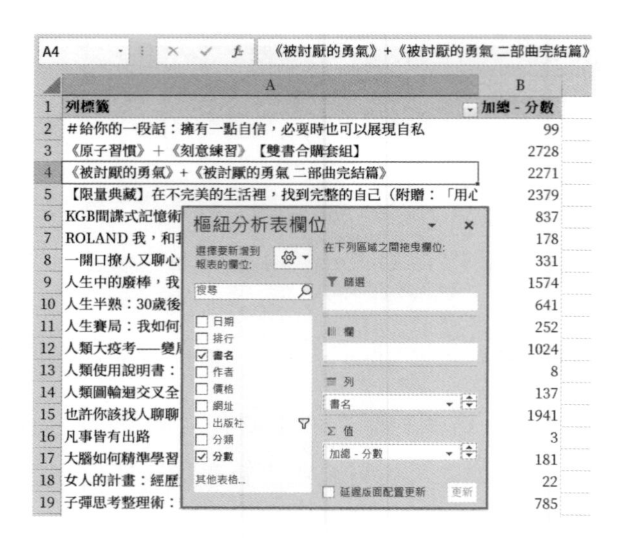

步驟六、設定排序選項

樞紐分析表上面和本章第二節介紹的表格工具一樣，有個三角形篩選排序的圖標，點選之後，在跳出來的視窗選擇「更多排序選項」。

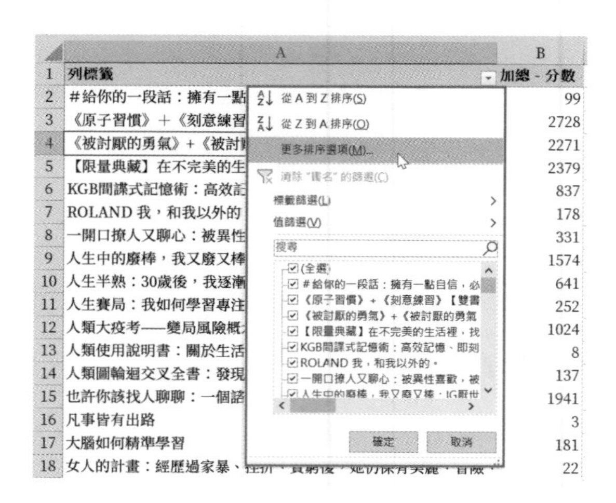

步驟七、以分數遞減排序

「排序選項」視窗點選「遞減(Z到A)方式」，選單下拉選擇「加總-分數」，作用是依照加總分數的欄位資料進行遞減的重新排序。

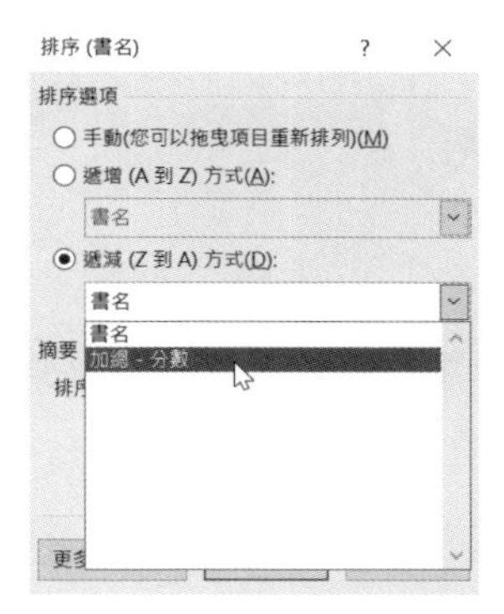

步驟八、綜合排行分析

最後呈現的報表是11月這段期間所有書籍的分數從大排到小，很容易看得出來哪幾本書最暢銷。

	A	B
1	列標籤	加總 - 分數
2	原子習慣：細微改變帶來巨大成就的實證法則	3,000
3	計程人生：23段用愛跳表的旅程	2,951
4	黃越綏的高齡快樂學：「老」就是這麼一回事！	2,929
5	我想跟你好好說話：賴佩霞的六堂「非暴力溝通」入門課	2,848
6	懂得藏起厭惡，也能掏出真心：30堂躲不掉的社會課	2,843
7	在不完美的生活裡，找到完整的自己	2,838
8	心念自癒力：突破中醫、西醫的心療法	2,773
9	《原子習慣》+《刻意練習》【雙書合購套組】	2,728
10	不完美的11歲	2,690
11	非暴力溝通：愛的語言（全新增訂版）	2,637
12	你所說的都將成為呈堂證供	2,636
13	薩提爾的自我覺察練習：學會了，就能突破內在盲點，達成	2,625
14	內疚清理練習：寫給經常苛責自己的你	2,625
15	超速學習：我這樣做，一個月學會素描，一年學會四種語言	2,615
16	我需要你的愛。這是真的嗎？：「一念之轉」創始人寫給伤	2,555

本章第二節、第三節所介紹的表格工具雖然方便，但如果要像這一節一樣地整理出加權後的匯總排行榜並不是很容易。設計Excel函數是可以有類似的效果，但公式會過於複雜，而且維護不易。利用這一節介紹的樞紐分析表簡單地操作，就能輕鬆地建立樞紐分析表，並且設定為匯總的排序報表。經過這樣的實際操作，讀者應該可以感受到樞紐分析表的強大之處。

第五節

樞紐分析圖表

上一節介紹了利用樞紐分析表將原始取得的資料進行匯總的排序分析，呈現上仍然是表格架構。Excel除了可以強大簡便的資料處理，同時也提供了很多視覺化圖表工具。這一節便以上一節的基礎繼續延伸，介紹如何視覺化呈現圖表。

步驟一、出版社分析

延續上一節的範例，改變樞紐分析表的欄位配置，列標籤的部分將書名改成出版社，拖曳到此。

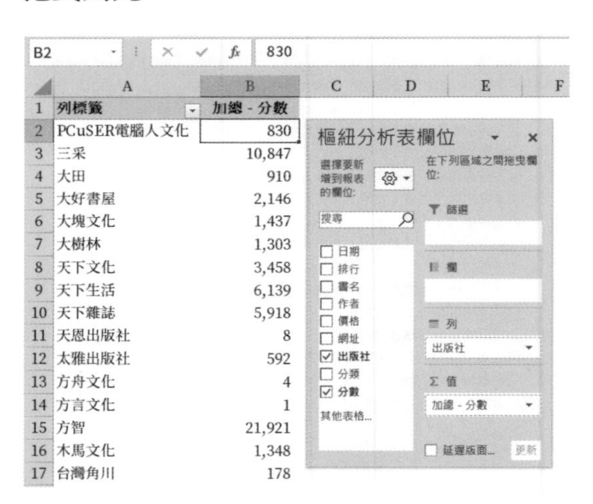

步驟二、分數遞增排序

和上一節第六步驟同樣的方式，在樞紐分析表的列標籤選擇更多排序選項，然後設定為依照「加總–分數」、「遞增(從A到Z)方式」排序，最後按「確定」。

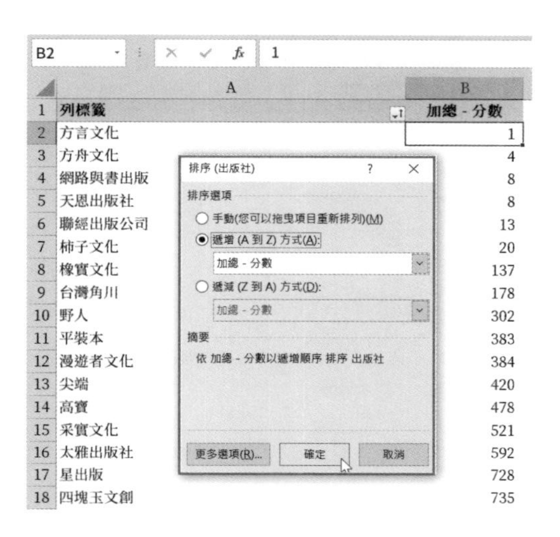

步驟三、插入樞紐分析圖

在上方功能區選擇「樞紐分析表分析＞工具＞樞紐分析圖」，準備「插入繫結該資料的樞紐分析圖」。

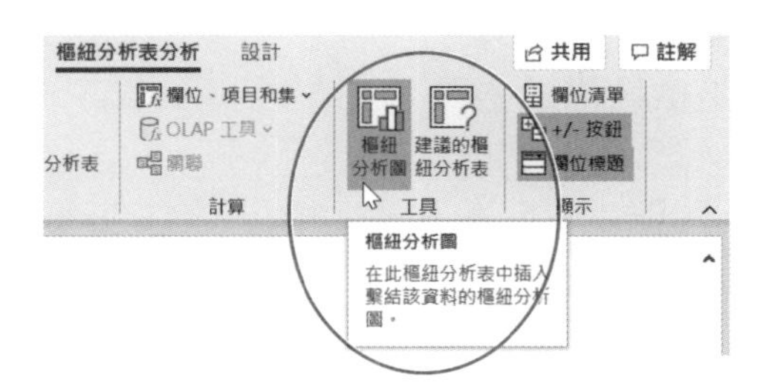

步驟四、選擇群組橫條圖

在「插入圖表」的視窗中選擇「橫條圖」的「群組橫條圖」，這裡可以直接預覽圖表的效果。

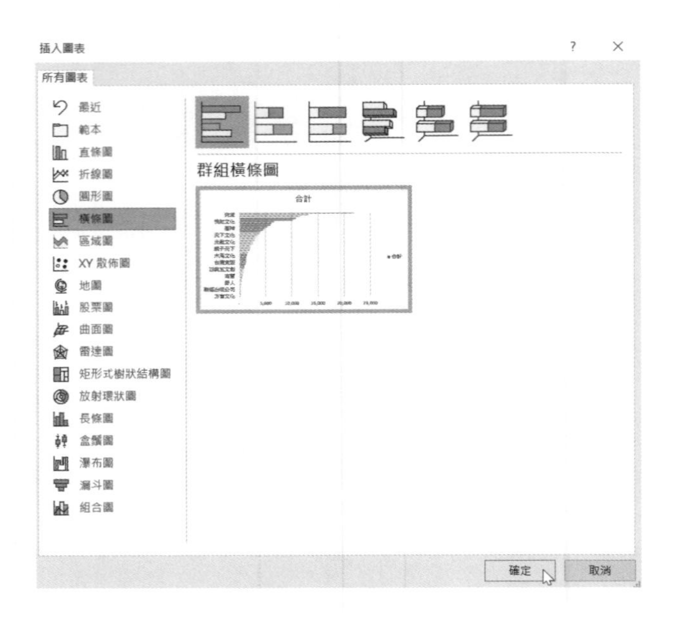

步驟五、圖表座標軸格式調整

Excel調整圖表設定的方式和樞紐分析表一樣，非常直覺。例如這裡是想調整出版社坐標軸，將游標移到出版社區域，按滑鼠右鍵會出現很多快捷選項，點選「坐標軸格式」。

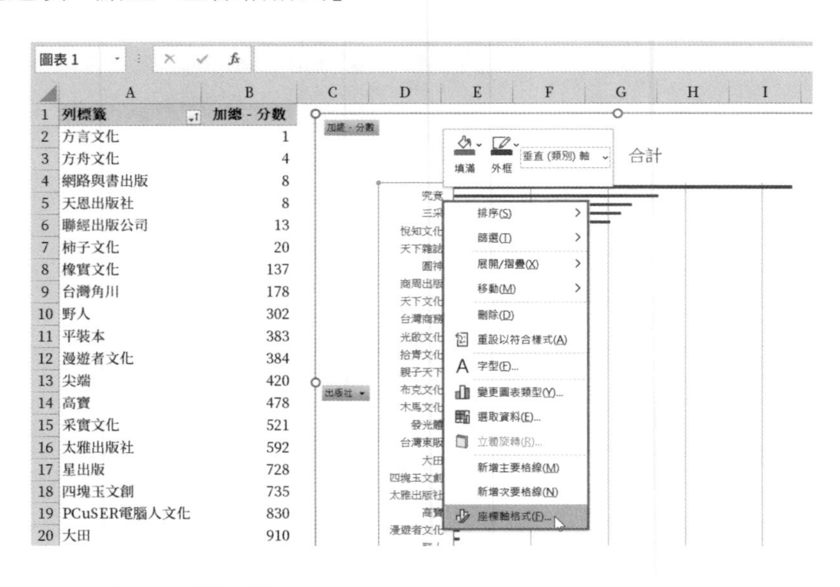

	A	B
1	列標籤	加總 - 分數
2	方言文化	1
3	方舟文化	4
4	網路與書出版	8
5	天恩出版社	8
6	聯經出版公司	13
7	柿子文化	20
8	橡實文化	137
9	台灣角川	178
10	野人	302
11	平裝本	383
12	漫遊者文化	384
13	尖端	420
14	高寶	478
15	采實文化	521
16	太雅出版社	592
17	星出版	728
18	四塊玉文創	735
19	PCuSER電腦人文化	830
20	大田	910

步驟六、調整座標軸標籤間距

在「坐標軸格式」視窗有很多相關參數可供設定。移到「文字選項」中的「標籤」，將「標籤與標籤之間的間距」從「自動」調整為「指定間隔的刻度間距」，保留預設的「1」。與上個步驟的圖片相比，很快會發現原本有些出版社沒有顯示，調整標籤間距之後，每家出版社便都有完整的顯示。

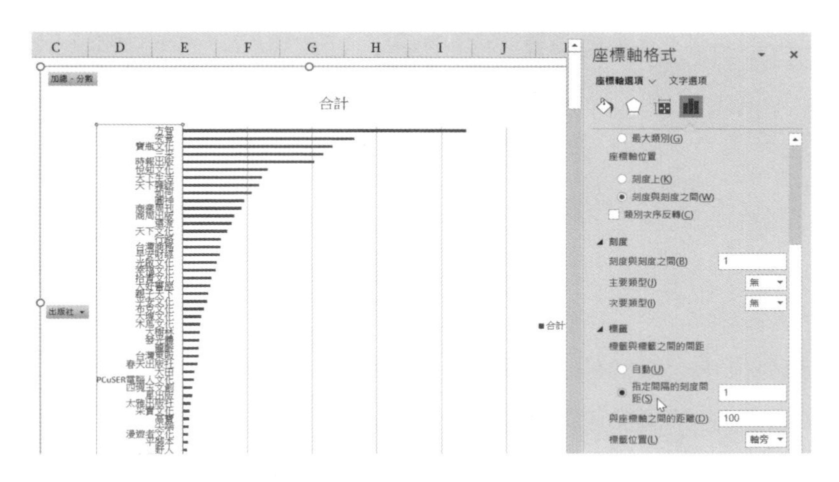

步驟七、11月各出版社分數排行

使用和本節先前步驟類似的方式修飾圖表，包括新增資料標籤、改變資料標籤字體顏色、改變數列的類別間距、數列加上陰影、水平座標軸的標籤位置調整到上方、圖表格線設定為虛線形態等諸如此類的調整，最後呈現的圖表效果如下圖所示。

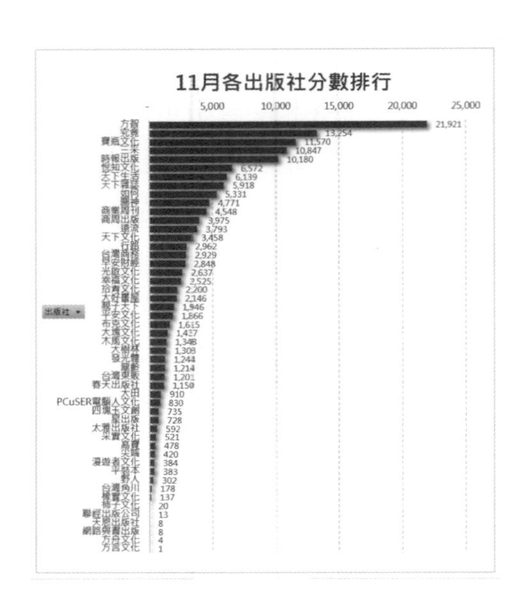

本節最後第七步驟的圖表和第六步驟在基本架構上沒有太大差異，只是在一些細節做了調整，整張圖表的呈現便有相當不同的差異。資料分析可能有解釋程度多寡和預測準確與否的客觀差異，視覺化呈現則是相對主觀，不同人可以有不同的想法，包括本節最後完成圖也有進一步改善的空間。所幸如同本節範例所示，Excel圖表的調整設定相當簡便、直覺，讀者可以自行嘗試，本書在此不多作細述。

Chapter 5

利用 Power BI 建立自動化資訊的儀表板

Power BI是微軟新一代的資料處理分析應用，微軟對於Power BI的定位一直都是公司組織使用的商業分析工具，和Excel偏向個人生產力工具有些差異。不過一般人很習慣於微軟的Excel，會把Power BI視為進階版的Excel，實際接觸後會發現，除了資料輸入是Excel較為方便之外，Power BI確實無愧為升級版的Excel。在資料處理及分析報告上，Power BI更為強大，而且和Office家族各產品一樣，Power BI和Excel有類似的操作介面，彼此之間資料相容性高，本章便以第一篇所取得資料為例，引領讀者接觸並且開始使用這一項新工具。

第一節
匯入Excel資料

不同於Excel初始設定是內部手工輸入資料，Power BI在一開始設計是直接取得外部資料進行資料處理、分析、呈現。因此，在取入資料方面，Power BI相當靈活，除了TXT、CSV等不同類型的資料，也可以匯入SQL資料庫或網頁資料，當然最方便的還是引用Excel檔案報表。本章節便以第一篇所取得資料為例，示範如何安裝使用Power BI並匯入Excel資料。

步驟一、免費下載安裝Power BI

請於微軟網站直接下載安裝即可，流程和一般軟體沒有差別。另外，也可以在Microsoft Store搜尋取得，有興趣的讀者可嘗試後者較新穎的方式。

步驟二、開始使用

開啟Power BI後會出現起始畫面，左邊是取得資料，右邊是功能介紹，中間是共同作業及共用， 這裡直接點選「開始使用」即可。

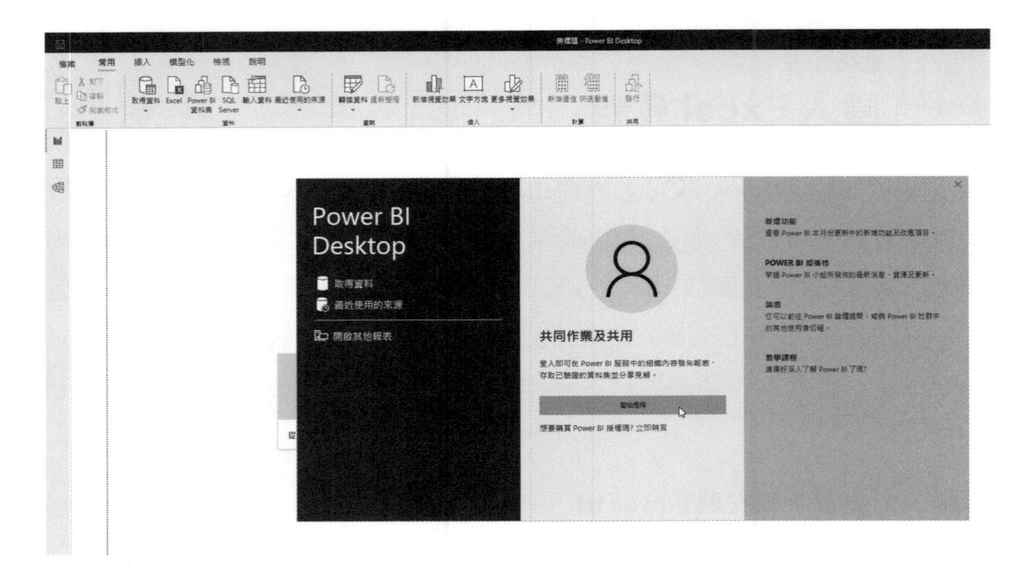

步驟三、取消電子郵件登入

如同上個步驟所述，微軟會期待使用者是公司組織成員，所以，這裡的電子郵件其實必須是公司或學校單位信箱，一般免費信箱像是Gmail是不能使用的。讀者如果剛好是公司用戶，可以輸入公司提供的信箱，沒有的話，個人使用直接按「取消」即可。（但如果是Mac則不行，因為Power BI沒有蘋果版本）

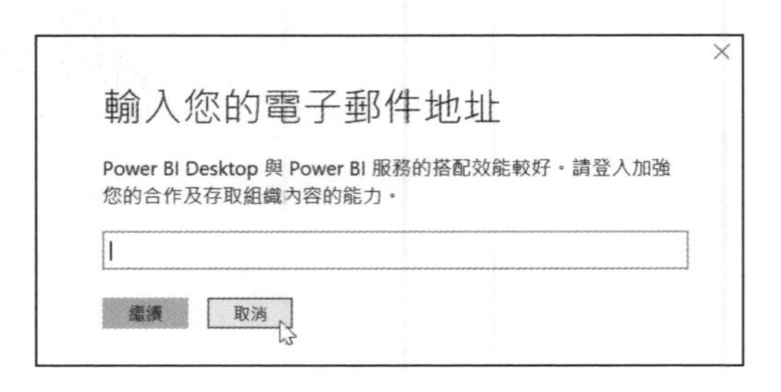

步驟四、將資料加入到Power BI

所有資料分析的第一步都是取得資料，正因為如此，本書第一篇著重於VBA程式取得網頁資料，而開始使用Power BI的第一步也是取得資料。畫面中可見有很多型態的資料來源，這裡選擇「從Excel匯入資料」，準備使用上一篇VBA程式所取得的資料。

步驟五、選擇要匯入的Excel檔案

熟悉的Windows系統資料夾視窗中選擇「5-1 匯入Excel資料」，這個Excel檔案內容和第四章完全相同，只是配合這一章複製後改名稱。

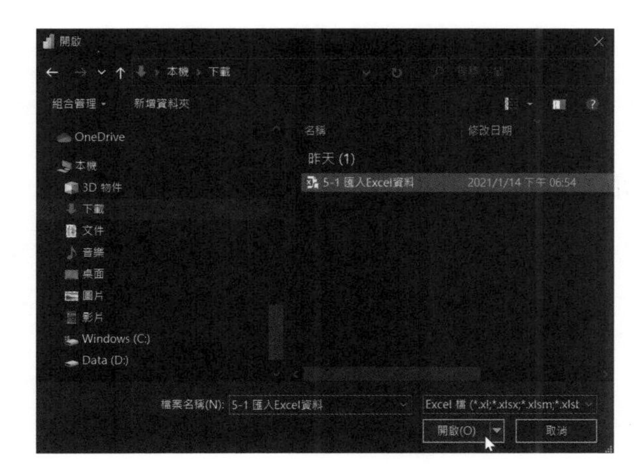

步驟六、導覽器預先檢查

來源資料不對，再怎麼分析也是枉然。因此，Power BI匯入資料前有個預覽視窗，這裡可以看到除了很眼熟的Excel檔案工作表之外，Power BI也可以辨識上一章所建立的表格資料（「排行榜分析」），果然系出微軟同門，相容性很好，所以，在此直接點選「排行榜分析」。

步驟七、成功取得資料

載入之後，Power BI主畫面最右邊有一個「欄位」視窗，會看到剛才的表格資料，在「排行榜分析」裡是各個欄位名稱，表示Power BI已成功取得資料。

這一節作為本章「Power BI儀表板」的開場白，主要介紹如何安裝及匯入資料。在這些基礎工作完成之後，後續章節開始建構儀表板。所有的資料應用最終目的都是分析結果的呈現，接下來，讀者便會瞭解Power BI如何輕鬆地建立視覺化圖表。

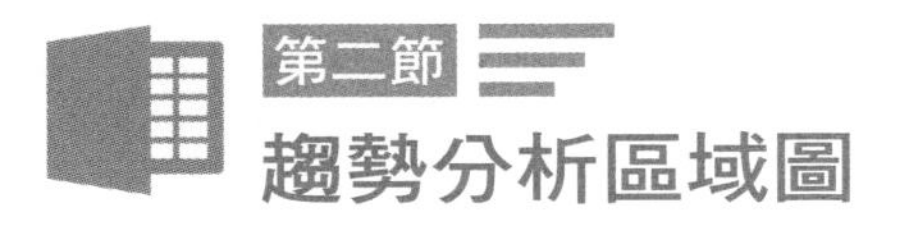

第二節 趨勢分析區域圖

Power BI最大特點在於透過簡單操作便能呈現多元風格的分析圖表，本文延續上一節以本書上一篇網路爬蟲所取得的資料為例，介紹如何建立區域圖及矩陣視覺效果、設置資料欄位並且調整格式。

步驟一、熟悉Power BI主要操作介面

主介面分成幾個部分，上面和Excel一樣的功能區，各項指令分門別類放置，中間空白區域稱之為「畫布」，也就是報告區域，各種視覺化圖表即在此呈現。右邊有三個可摺疊的窗格，分別為「篩選」、「視覺效果」、「欄位」。「篩選」作用和第四章第三節所介紹的交叉分析篩選器類似，依照欄位內容作為條件，進行資料篩選。「視覺效果」即是通常所看到不同類型的圖表，「欄位」則是把資料表格標題列的欄位展示於此，方便視情況按住拖曳到視覺效果作為設定值。（參見第一節步驟七附圖）

步驟二、開始添加視覺效果

首先點選「視覺效果」中第二排第二列的區域圖，可以看到畫布上多了一個尚未有任何資料的淺色圖表。這個區域圖如同Excel工作表上的圖形物件一樣，可以將滑鼠移到邊框的部分，便可直覺地拖曳改變其大小及位置，讀者可自行嘗試。

此時和樞紐分析表的操作一樣，將「欄位」中的「日期」拉到「視覺效果」下方的「軸」，「出版社」拉到「圖例」，「分數」拉到「值」。在拖曳設置資料的同時，應該會看到畫布上對應的視覺效果因而變化。請注意，像「軸」、「圖例」、「值」這些都是很常見的Power BI視覺效果元素，但並不是每個不同的視覺效果都有相同元素，還是要依特性而定。

Power BI視覺效果也許一開始有點陌生，讀者只要把它想成是Excel圖表，應該就很容易理解。

順便補充，從「欄位」裡「排行榜分析」中的資料欄位可知，欄位主要有日期、數值、文字三種不同型態。數值欄位前面會有個「Σ」圖示，日期欄位前面會有「日曆」形狀的圖示。

不同欄位型態的差別主要呈現在篩選和排序。以日期為例，如截圖所示，將「日期」欄位拉到視覺效果中的「軸」，便自動會出現「年」、「季」、「月」、「日」等標籤。

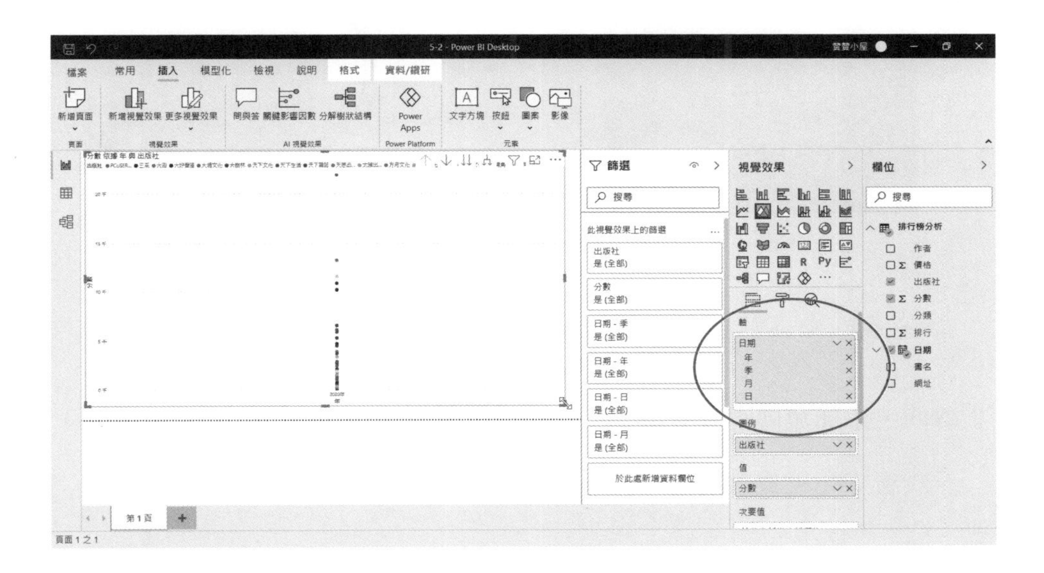

步驟三、調整期間設置及視覺效果大小、位置

上個步驟的圖表內容全集中為一條垂直線，這是因為預設為「年」期間的緣故，配合原始資料是11月分30天的資料，將「視覺效果」中「軸」的「年」、「季」、「月」用點擊「叉叉」圖標的方式去除，只剩下「日」，此時區域圖的視覺效果呈現出來。

調整區域圖大小，畫布右邊騰出一個位置，於整個操作介面右邊的「視覺效果」點選「矩陣」，準備新增另一個圖表類型。

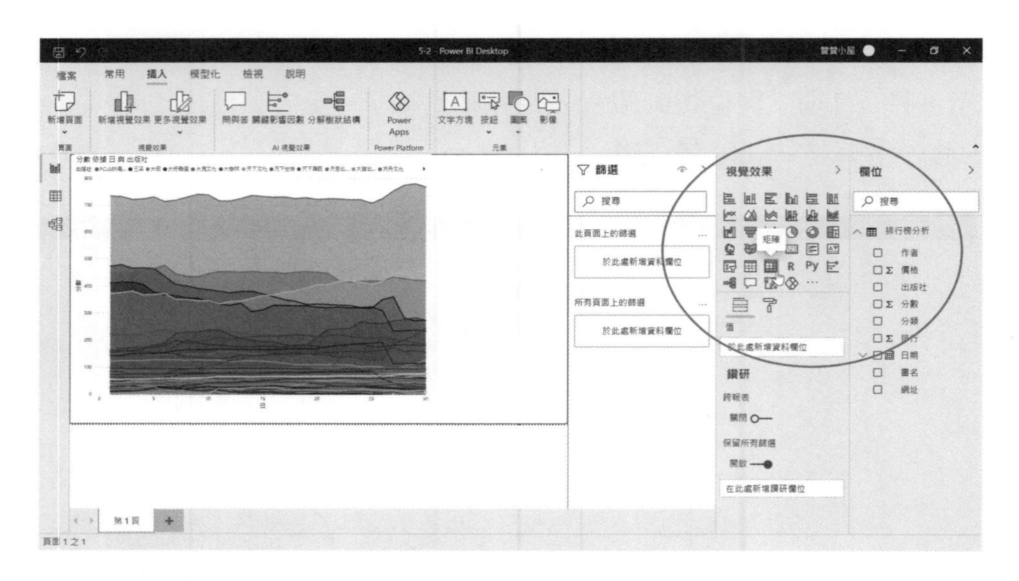

步驟四、添加矩陣視覺效果

設置矩陣視覺效果的欄位配置，將「出版社」拉到「資料列」，將「分數」拉到「值」。

調整好區域圖和矩陣的大小、位置，此時會看到矩陣中是出版社及相對應的分數報表，點選任何一個出版社，例如「三采」，區域圖便會變成是該出版社的資料，和第四章第三節所介紹的交叉分析篩選器一樣，直覺、簡單。

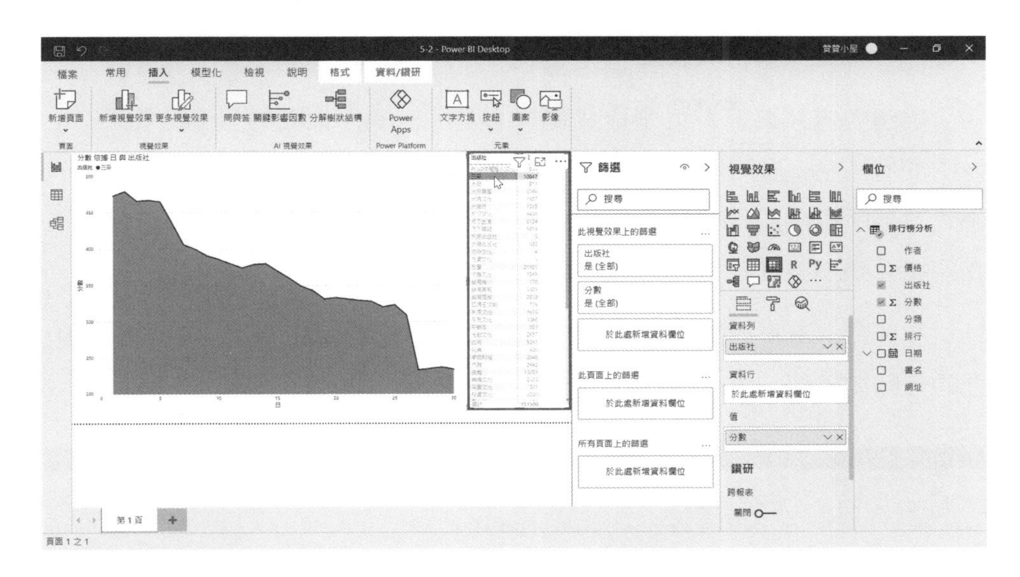

步驟五、視覺效果排序設定

每個視覺效果右上方都可以進行選項設定，以「矩陣」為例，選擊右上方三個點形狀的更多選項圖標，於快捷功能表依序選擇「排序依據>分數」，如此一來，矩陣即依照分數排序，第一名為「方智」。

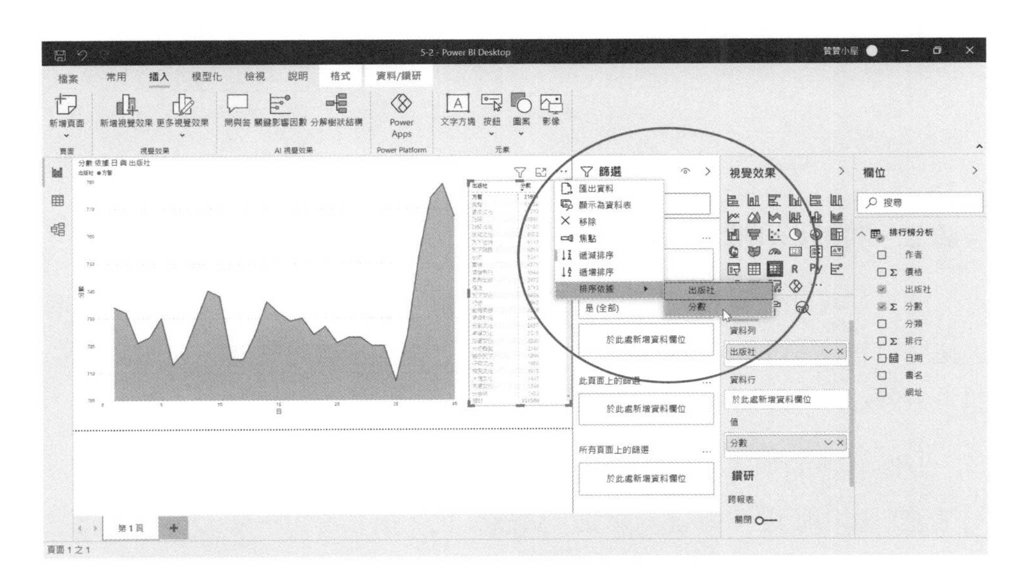

步驟六、視覺效果格式設定

每個視覺效果都有很多格式調整的選項，操作介面的「視覺效果」下方中間有三個小圖標，點選中間那個刷子，所有Power BI為這個類型的視覺效果所提供的格式選項都在這裡，可以做任何的調整，而且在畫布上立即能看到調整的結果，相當方便容易上手。

在此將「資料標籤」的拉桿點擊開啟，區域圖即顯示每一天各個出版社的分數加總值。

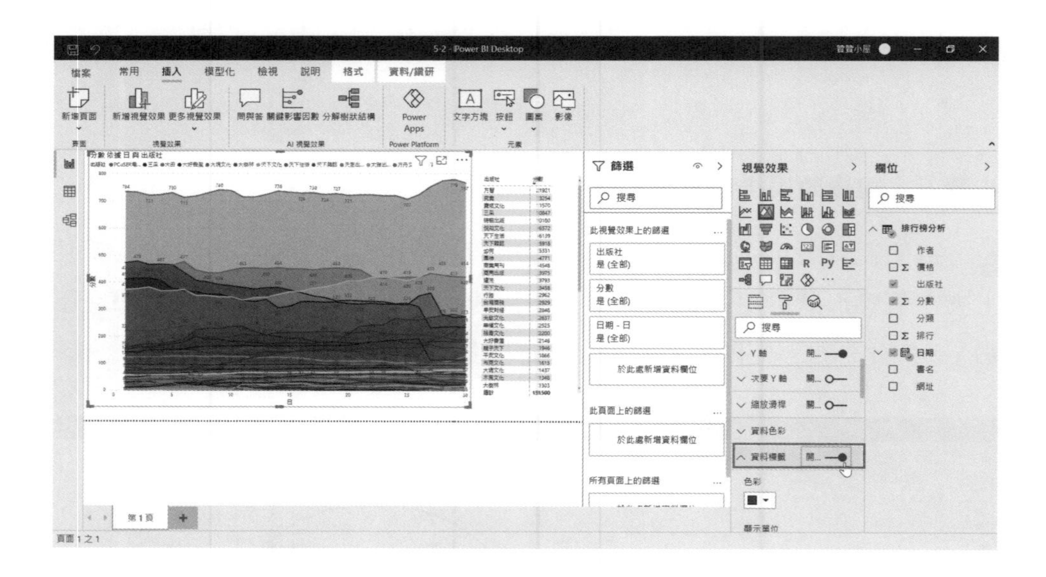

步驟七、利用Ctrl鍵選取篩選多項目

圖表呈現和資料整理不太一樣，不是越多越好，重點是如何有效精準地傳達分析結果，以上個步驟的圖表為例，全部出版社擠在一起，雖然資訊量100%，但是也正因為如此，完全沒有可分析的重點。

此時右邊的矩陣視覺效果便是很有用的工具，例如按住Ctrl鍵不放，點選前三家出版社：方智、究竟、寶瓶文化，很容易可得知方智出版社在

2020年11月一直維持在高分，究竟出版社則是大約維持在一半的水平，第三名寶瓶文化，則是起伏落差較大。

除了排序及篩選的分析之外，在此步驟同時，也做了很多格式調整，簡述如下。

區域圖：

圖例：位置上方置中、關閉標題、文字大小16pt；

資料標籤：文字大小為14pt；

標題：標題文字從「分數依據日與出版社」改為「11月出版社分數趨勢比較」，字型色彩為藍色，文字大小20pt。

矩陣：

值：文字大小14pt；

資料列標題：文字大小14pt。

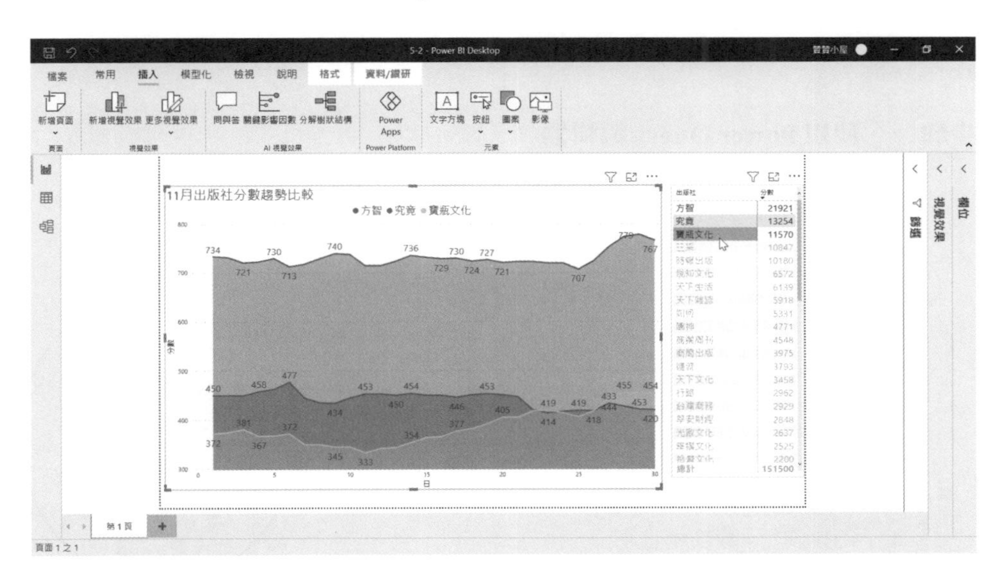

不同於制式化的VBA網路爬蟲取得的網頁資料，Power BI分析報告是相對較主觀的選擇過程，不同場合、不同需求、不同目的，可能會有截

然不同的呈現，沒有對或錯，甚至也沒有絕對的好或壞。而透過本節示範介紹，讀者應該能熟悉Power BI視覺效果的操作。微軟提供了這麼多不同的視覺效果，每個視覺效果還有許多格式可供設置，建議讀者現在就可以自己試看看。

第三節

資料分割重組與分析——Power Query

經過前兩節實際操作，讀者應該能體會Power BI在視覺化呈現分析結果的簡單且強大之處，但其實和Excel一樣，Power BI除了圖表，同時也可以進行相當多的資料處理。本節便以原始資料的分類欄位為例，先介紹運用Power BI的Power Query工具執行分割，然後再進行不同面向的資料分析。

步驟一、使用Power Query編輯器

上方功能區選擇「常用」索引標籤，將「查詢」中的「轉換資料」下

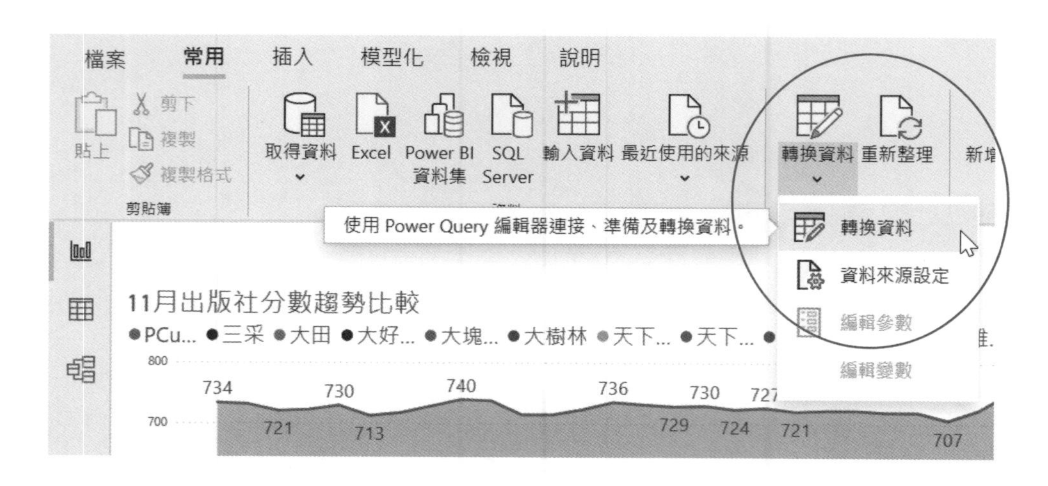

拉，點選「轉換資料」。如同輔助說明文字所述，準備使用「Power Query編輯器」。

步驟二、分類方式的重整

進入Power Query編輯器後，會看到類似Excel的資料表，和熟悉的Excel操作一樣，先選取「分類」這一欄，上方功能區選擇「轉換」索引標籤，移到「文字資料行」指令群組，將「分割資料行」下拉，點選「依分隔符號」。

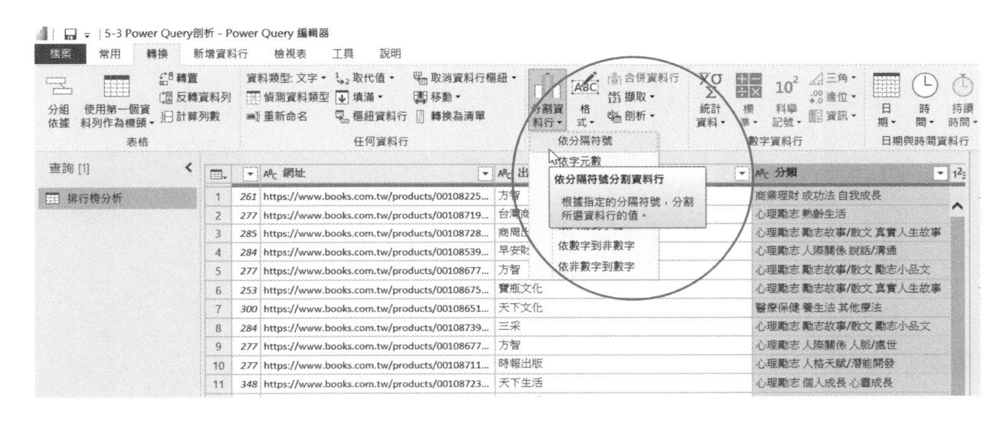

步驟三、資料行分割設定

跳出來的對話方塊可以設定如何分割資料行，這裡的範例是用空格間隔許多的分類，所以，大概是預設的「空格」符號，「分割處」為「每個出現的分隔符號」即可，按「確定」。

回到資料表，原來的「分類」欄果真被分割為「分類.1」、「分類.2」、「分類.3」。例如第一筆資料的「商業理財 成功法 自我成長」便是「商業理財」、「成功法」、「自我成長」。

依分隔符號分割資料行
指定用來分割文字資料行的分隔符號。
選取或輸入分隔符號
空格
分割處
最左邊的分隔符號
最右邊的分隔符號
每個出現的分隔符號
進階選項
引號字元
使用特殊字元來分割
插入特殊字元
確定
取消

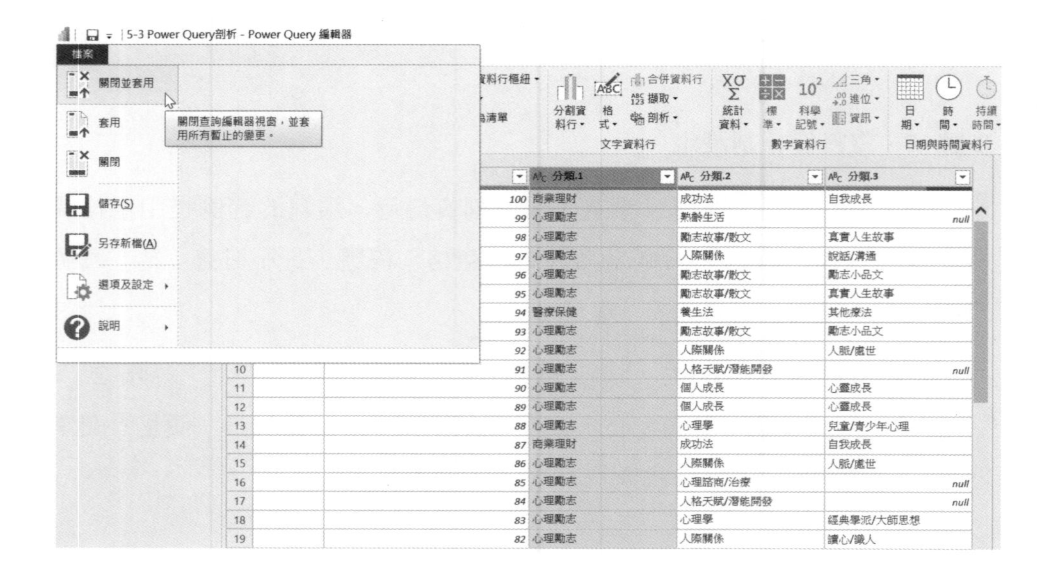
5-3 Power Query剖析 - Power Query 編輯器
檔案
關閉並套用
套用
關閉
儲存(S)
另存新檔(A)
選項及設定
說明
關閉查詢編輯器視窗，並套用所有暫止的變更。
分割資料行
格式
擷取
剖析
文字資料行
統計資料
標準
科學記號
三角
進位
資訊
數字資料行
日期
時間
持續時間
日期與時間資料行
分類.1
分類.2
分類.3

步驟四、結束Power Query編輯器

任務完成後，點選右上角的「檔案」，擇選「關閉並套用」，參考截圖所示的說明，便能理解其作用。

步驟五、可以自由的選定分析的程度

回到Power BI主畫面，右邊的「欄位」下方會同步多出三個分類項目，這時先點擊矩陣，成為選取此視覺效果的狀態之後，在右邊「視覺效果」下方的「資料列」中，先按「叉叉」清除掉原本的出版社，再將右邊「欄位」的「分類. 2」拖曳到「資料列」中，和上一節第五步驟相同，設定好依照分數排序。

經過這一番設置之後，Power BI報告變成是可選擇任何一個第二層次的分類，便會呈現該分類各家出版社的日期區域圖，不過，這裡很快會發現符合條件的出版社太多，多到很難有具體可詮釋的分析意義。

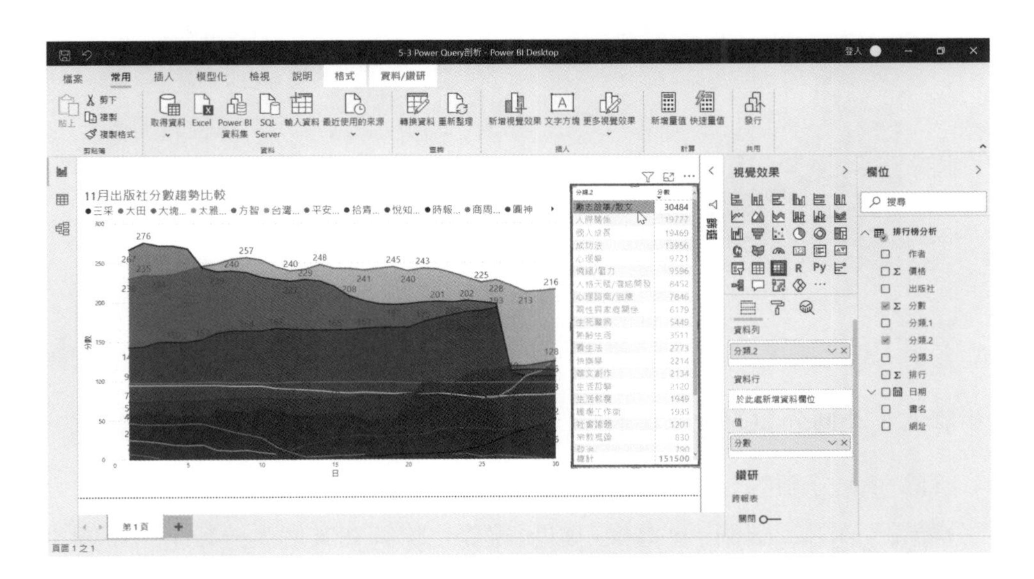

步驟六、資料範圍的調整

為了避免出版社太多，造成無法聚焦，乾脆直接取消區域圖的出版社圖例，操作方式類似上個步驟清除掉矩陣的出版社項目，配合此修改，更改區域圖的標題文字為「11月出版分類的分數趨勢比較」。

此外，右下方新增第二個矩陣，欄位設置類似第一個矩陣，只不過是分類3和分數的表格。這麼一來，只要在右上方主要矩陣選擇任何一個大分類，除了區域圖會出現每一天該分類的分數趨勢，在右下方同時會呈現小分類的分數統計。

例如點選「個人成長」，會發現它在11月的分數起伏很大，雖然有兩個小分類，但幾乎全都是屬於「心靈成長」。

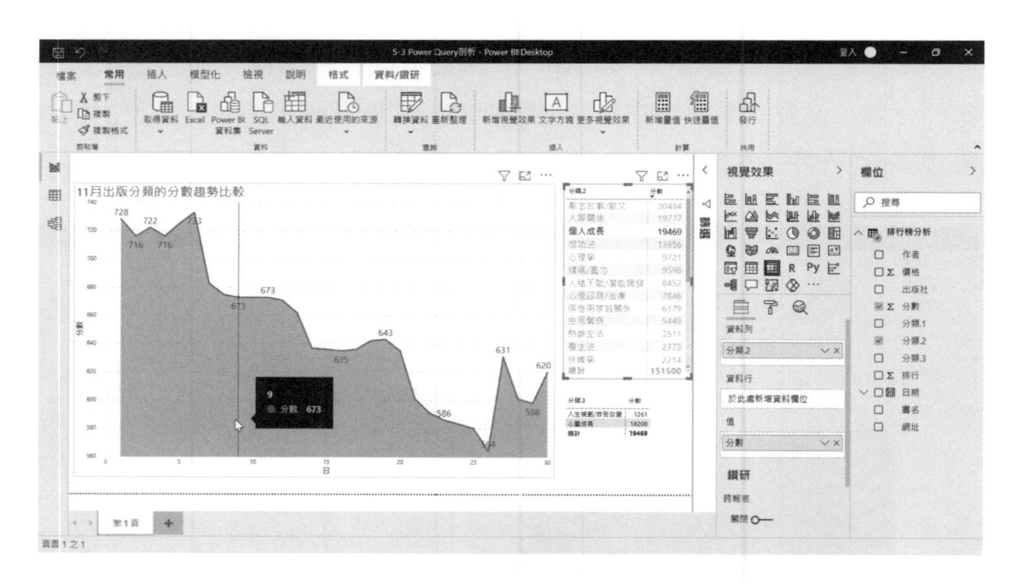

步驟七、不同分類的分數比較

除了大分類的分數趨勢，其實也可以沿用上一節思惟，區域圖加入「分類.3」作為「圖例」，這樣可以更視覺化瞭解在某個大分類下，不同小分類的分數趨勢。

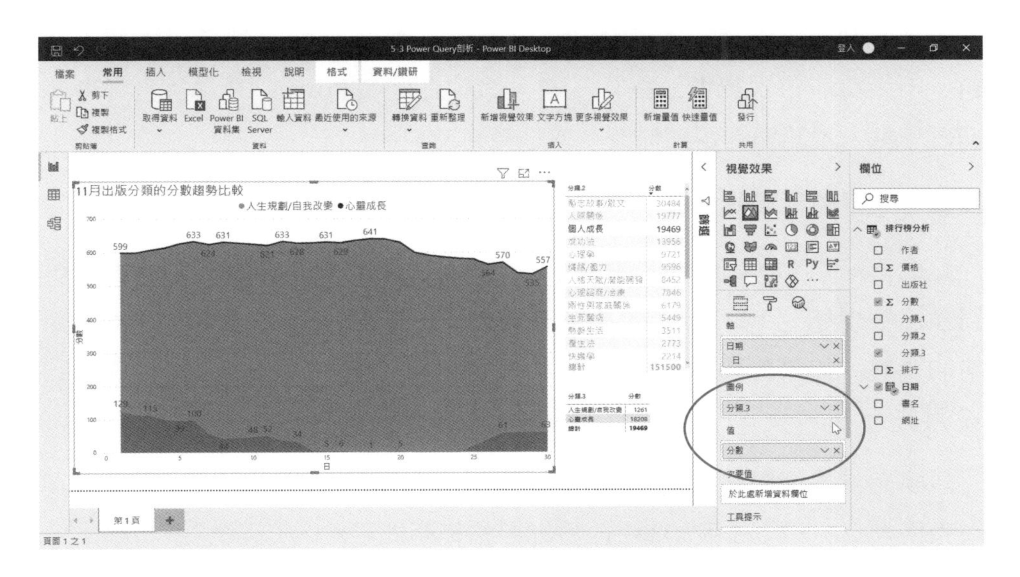

所謂的儀表版，指的汽車駕駛座所看到的種種表盤，可以一目瞭然地掌握一輛汽車的行駛狀態。把這個概念用於圖表上，意思是同一的畫面中有多個相同或不同的圖表同時呈現，像汽車儀表板一樣，可以一目瞭然地掌握分析對象的全盤狀況。本節範例到最後使用了兩個矩陣和一個區域圖，希望能提供出版分類相關的趨勢分析，雖然尚未齊全，但至少已經有個雛形。而且重點是，讀者至此對於Power BI基本操作應該已能上手，可以依照自己的需求設置了。

第四節 資料自動更新

本書範例是每天都有新資料的書籍排行榜，也許一開始沒多少，日積月累的量可是相當可觀的。因此，對於本章所介紹的資料分析而言，資料量大多意味著多元的分析可能性，不過，同時也會面臨到資料更新的問題。不太可能每次都重頭操作一次，微軟在開發Power BI當然也會考慮到這一點，本節即介紹如何有效率地更新資料。

步驟一、日積月累的資料

上一節是11月分資料，程式會自動累加當天的新資料，如圖所示，假設已經累積到12月底了，由於在本章第一節Power BI是取得Excel表格的資料，如果想要Power BI更新來源資料，第一步就是要表格擴充到12月底。

擴充方式很簡單，依序選擇上方功能區「表格工具>設計>內容>調整表格大小」，於對話方塊中改變儲存格範圍即可。

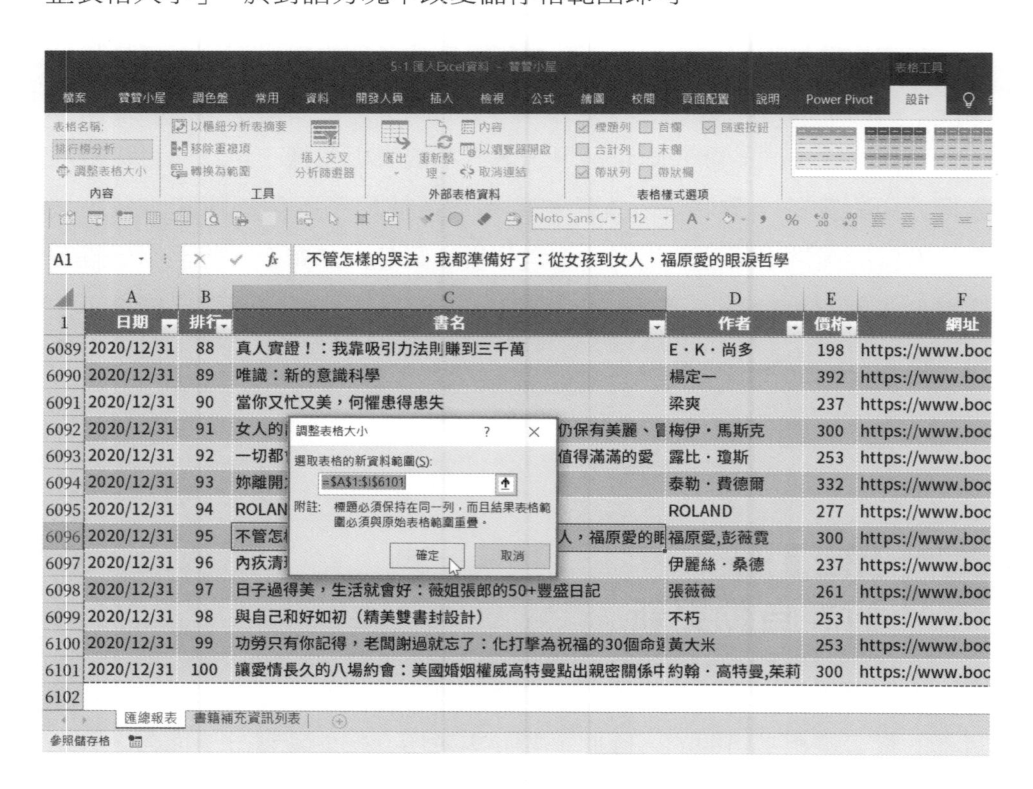

步驟二、Power BI資料來源設定

Power BI和Excel有個主要不同之處，Excel預設是輸入資料應用，使用者於工作表儲存格輸入一項一項內容，Power BI則是預設匯入外部資料，也因此會記錄資料來源路徑，方便再次取得資料或更新資料，類似於Excel開啟舊檔會自動跳出最近一次的資料夾路徑。

Power BI上方功能區「常用>查詢」中將「轉換資料」下拉，選擇「資料來源設定」。

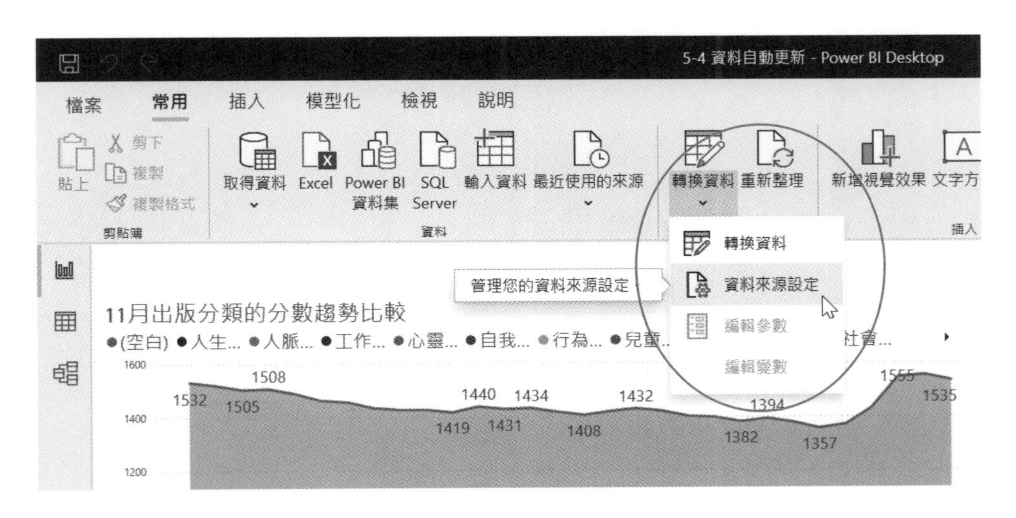

步驟三、管理目前分析資料的來源路徑

於「資料來源設定」對話方塊，可以清楚看到Power BI Desktop在匯入外部資料後，並不是就此結束，而是將這個線索保留，在這裡可以選擇「變更來源」。當然也可以利用這條線索，如同後續操作所介紹的，直接同步更新資料。

步驟四、資料來源同步更新

更新方法很簡單，「常用＞查詢＞重新整理」，輔助文字的說明很清楚，只要點這個按鈕，報表中所有視覺效果都會取得最新資料，其實也就是同步更新來源檔案的作用。

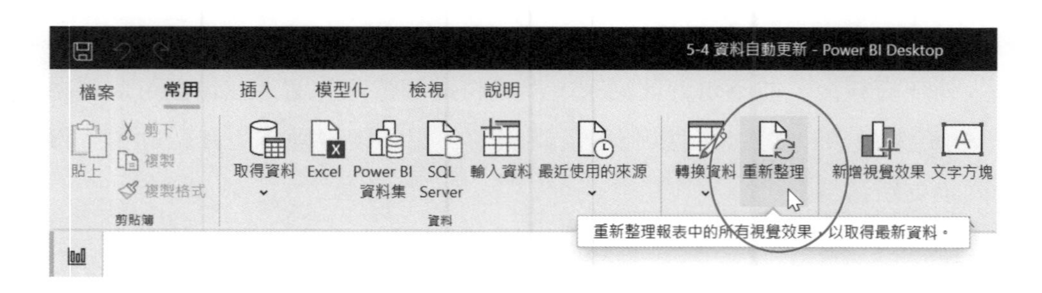

步驟五、視覺效果資料更新

更新後，「分類.2」的「個人成長」有「37011」筆資料，而參考本章第三節第七步驟，當時只有「19469」筆資料，顯然這裡的資料量增加了，原因便是本節第一步驟已將來源資料的表格從11月擴充到包含12月。

不過這裡仔細看區域圖，水平軸坐標刻度在30日後再多了一些，表示資料從11月到12月，已經包含了31日，但在排列上似乎是兩個月同一天累加的方式，例如11月1日加上12月1日，這樣的方式明顯不合乎分析直覺，關於這一點在稍後會說明如何解決。

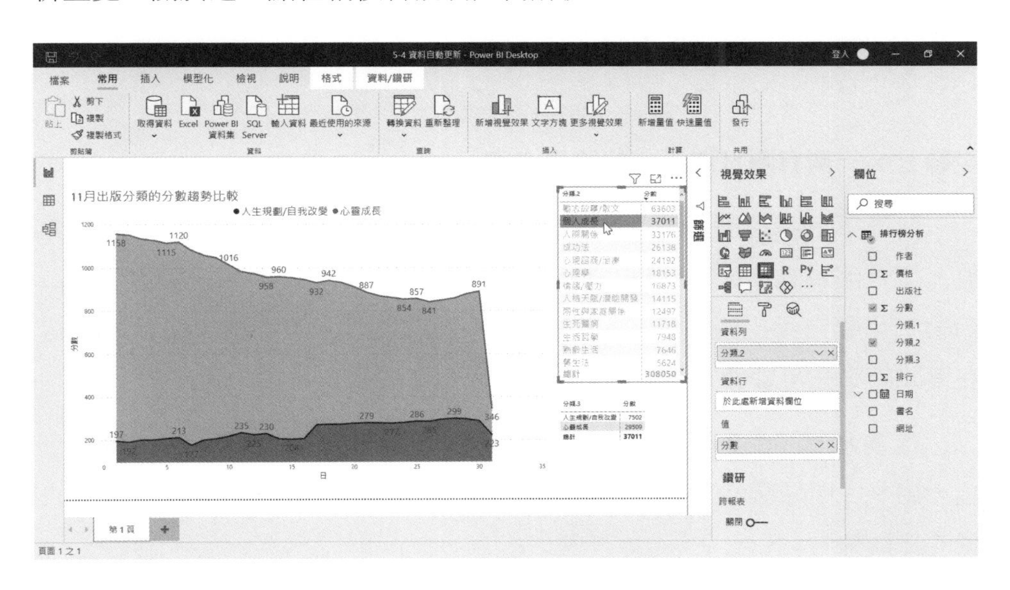

步驟六、Power Query編輯器查看資料處理紀錄

利用本章第三節同樣的操作方式，「常用>查詢>轉換資料>轉換資料」，進入Power BI編輯器後，會發現Power BI在更新資料的同時，先前在Power Query曾經執行過的資料處理操作也會自動應用在最新取得的資料上。

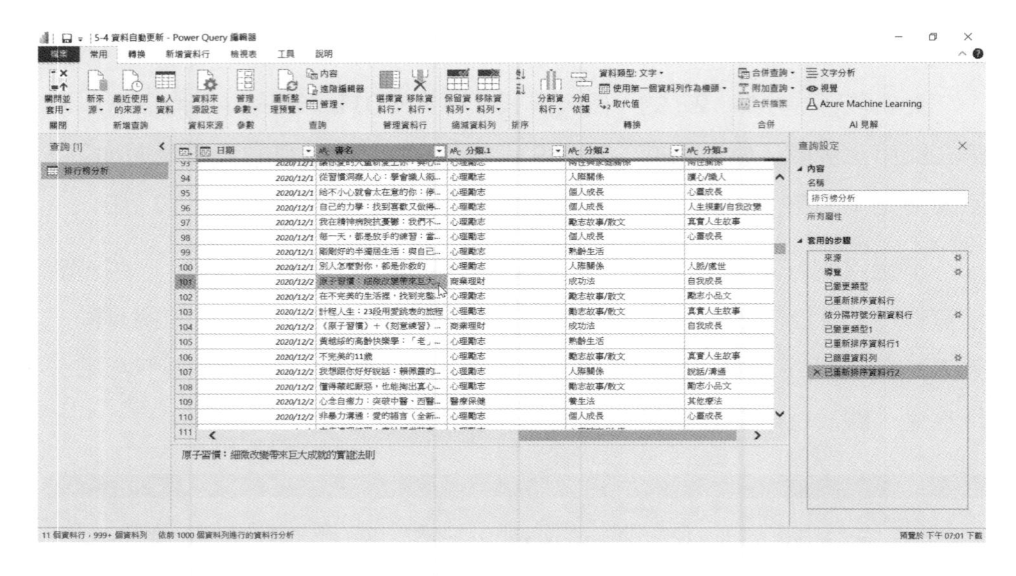

步驟七、一個有關日期設定的除蟲方案

前面第五步驟有提到區域圖是不同月分的月初到月底每一天的堆疊值，這是因為Power BI會自動將日期類型的欄位階層化，亦即本章第二節第二步驟自動出現「年」、「季」、「月」、「日」等標籤，而當時同樣在第二節第三步驟設定為「日」階層，因此造成第五步驟的狀況。

為了方便解決則是取消階層，將區域圖視覺效果中「軸」「日期」下拉，由「日期階層」改為「日期」。此時區域圖水平刻度便是符合一般直覺的日期軸。

這一節在更新資料時，第一步驟是手動擴大表格範圍，所以，嚴格而言是半自動化。不過，Power BI除了有各式各樣的視覺效果，在取得資料的來源也是相當多元，如果連線來源是會自動更新的SQL資料庫或比較純粹的Excel檔案，可以想見Power BI在資料更新時更有效率。讀者有興趣，可以在這方面繼續深研，本書是以範例應用的部分作介紹，其他不再多作說明。

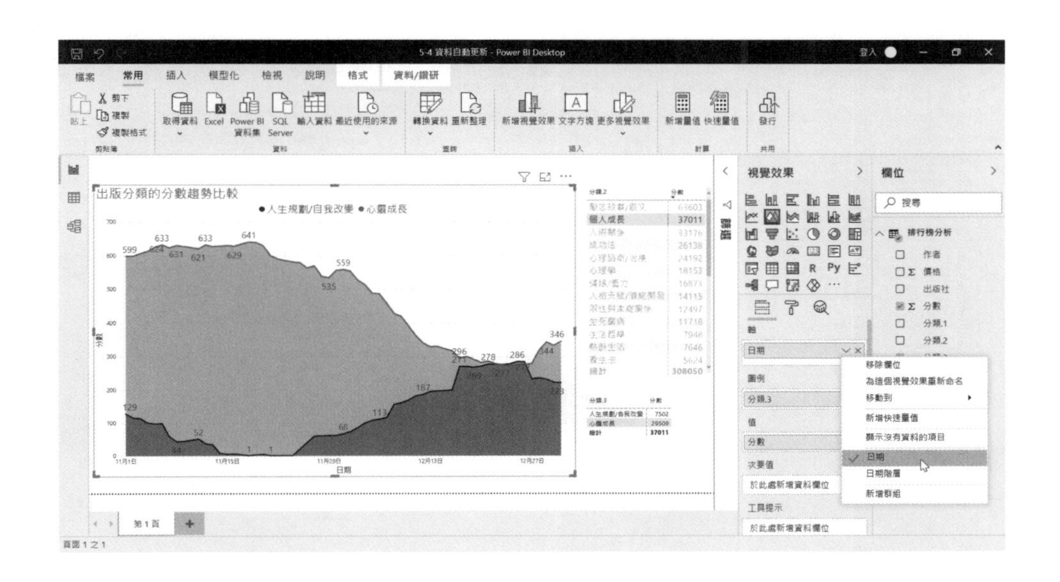

第五節 Power BI進階篩選

之前第四章有介紹過Excel的篩選功能，在本章先前章節也有操作過Power BI個別視覺效果的篩選，不過，Power BI作為儀表板多圖表軟體應用，在條件篩選方面提供豐富多元的功能。本節便介紹在同一畫布有多種視覺效果時，如何設定各個圖表之間的篩選互動，可以讓儀表板在進行商業分析時更加智能靈活。

步驟一、在現有資料表現模式中，增加新資料：以加入書名為例

先調整區域圖寬度，在畫布左邊挪出空間，新增一個資料表視覺效果，在「值」欄位設置為「書名」及「分數」，如圖所示。請注意，在選取資料表的情況下，將游標移到上面「書名」和「分數」的中間，游標形狀會變成是左右箭頭，按住以拖曳的方式適當調整欄寬，調好了之後，再調整資料表整體視覺效果的大小、位置。

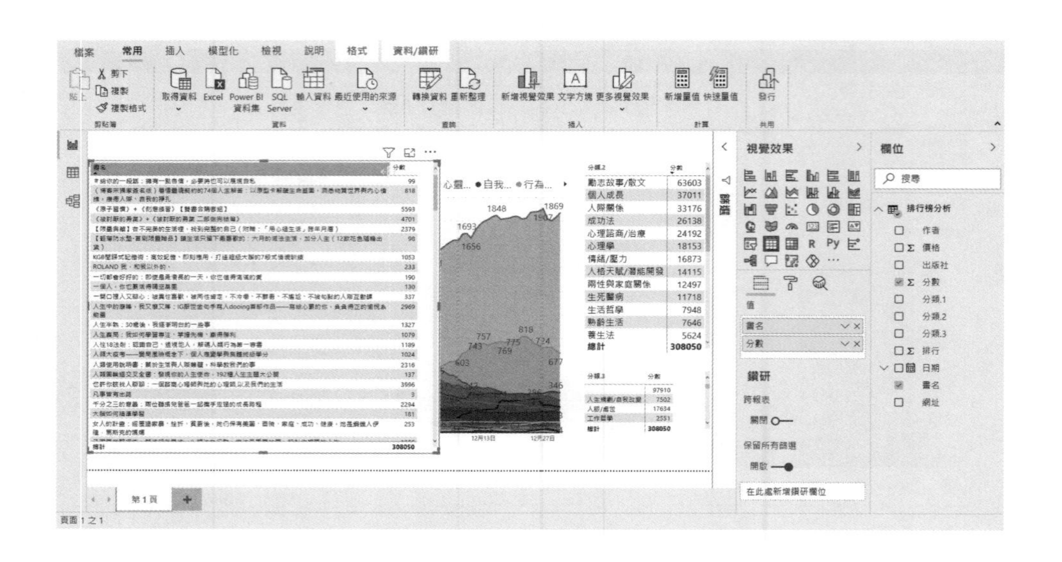

步驟二、瞭解Power BI編輯互動指令

在左邊書名的資料表，依照本章第二節第五步驟同樣的方式，設定好了依照分數由大到小排序。這時候你會發現，在右邊的分類矩陣視覺效果中，選擇任何一個分類，會同時將篩選條件套到區域圖和書名資料表等視覺效果上。

在此想要固定住書名不受影響，可以在選取分類視覺效果時，上方功能區依序選擇「格式>互動>編輯互動」，可參考浮窗的輔助說明文字。

在「編輯互動」狀態中，點選書名資料表視覺效果右上角的圓圈，變成是「無」的狀態，表示不受分類資料表的篩選影響。完成後再選一下上方功能區的「編輯互動」，結束編輯狀態。此時不管選擇哪個分類，書名的資料呈現都是固定住。例如，《原子習慣》分數有「6100」不會變動。

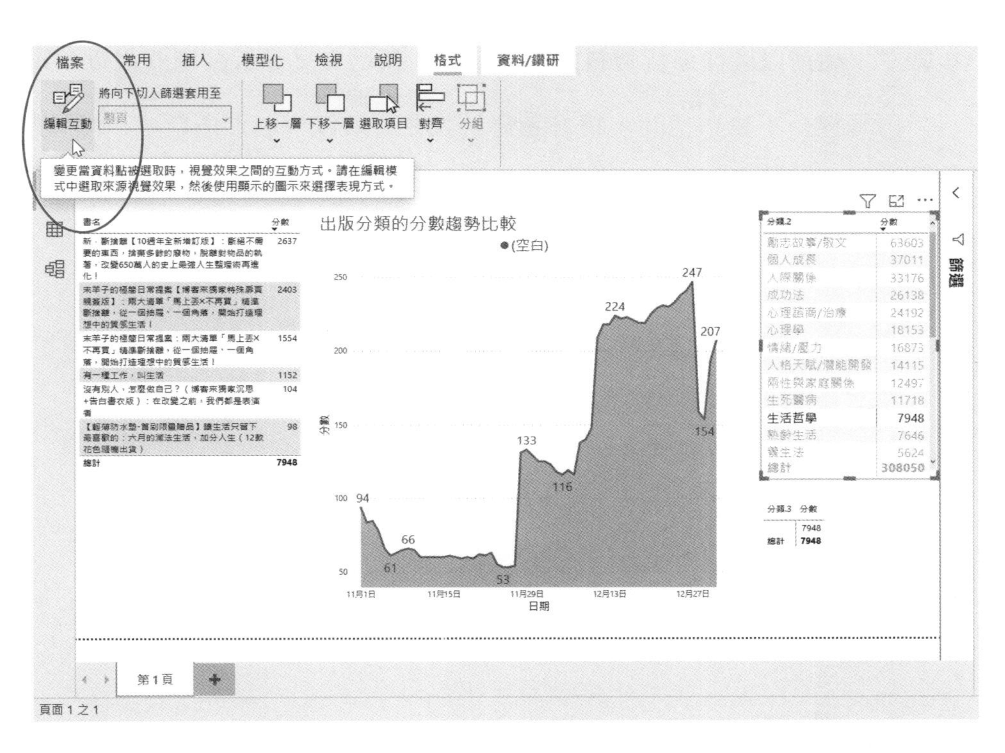

檔案
常用
插入
模型化
檢視
說明
格式
資料/鑽研
編輯互動
將向下切入篩選套用至
整頁
上移一層
下移一層
選取項目
對齊
分組
變更當資料點被選取時，視覺效果之間的互動方式。請在編輯模式中選取來源視覺效果，然後使用顯示的圖示來選擇表現方式。
出版分類的分數趨勢比較
●(空白)
分數
日期
篩選
分類.2
分數
勵志故事/散文 63603
個人成長 37011
人際關係 33176
成功法 26138
心理諮商/治療 24192
心理學 18153
情緒/壓力 16873
人格天賦/潛能開發 14115
兩性與家庭關係 12497
生死醫病 11718
生活哲學 7948
熟齡生活 7646
養生法 5624
總計 308050
第 1 頁
頁面 1 之 1

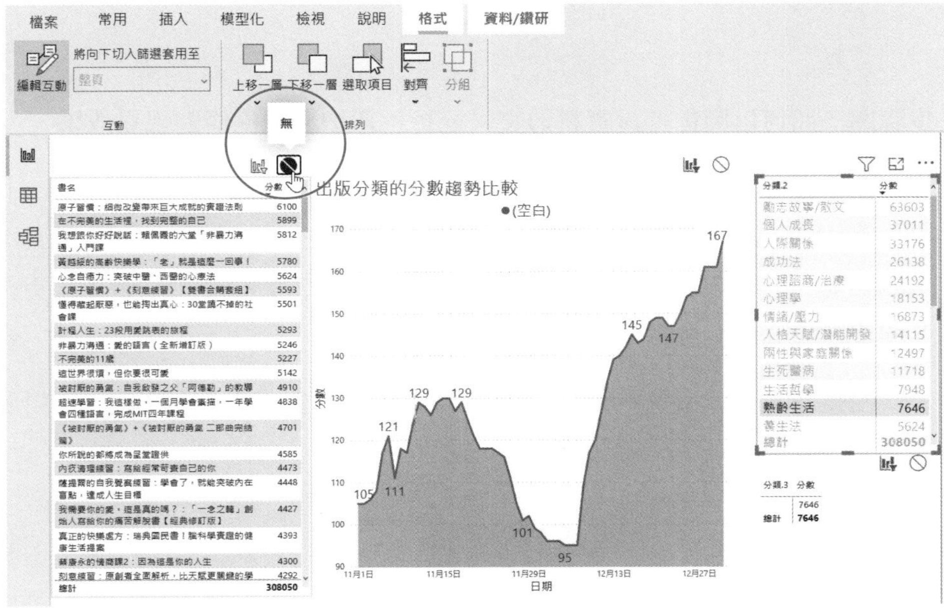

檔案
常用
插入
模型化
檢視
說明
格式
資料/鑽研
編輯互動
將向下切入篩選套用至
整頁
上移一層
下移一層
選取項目
對齊
分組
互動
排列
無
出版分類的分數趨勢比較
●(空白)
分數
日期
分類.2
分數
勵志故事/散文 63603
個人成長 37011
人際關係 33176
成功法 26138
心理諮商/治療 24192
心理學 18153
情緒/壓力 16873
人格天賦/潛能開發 14115
兩性與家庭關係 12497
生死醫病 11718
生活哲學 7948
熟齡生活 7646
養生法 5624
總計 308050

步驟三、如何以圖像進行資料的交叉分析：新增交叉分析篩選器視覺效果

再調整一下畫布空間，將書名資料表往下縮減，左上角新增「交叉分析篩選器」視覺效果，把「欄位」中的「日期」拉到中間「視覺效果」的欄位中，這時候便可以用滑桿方式篩選日期區間。

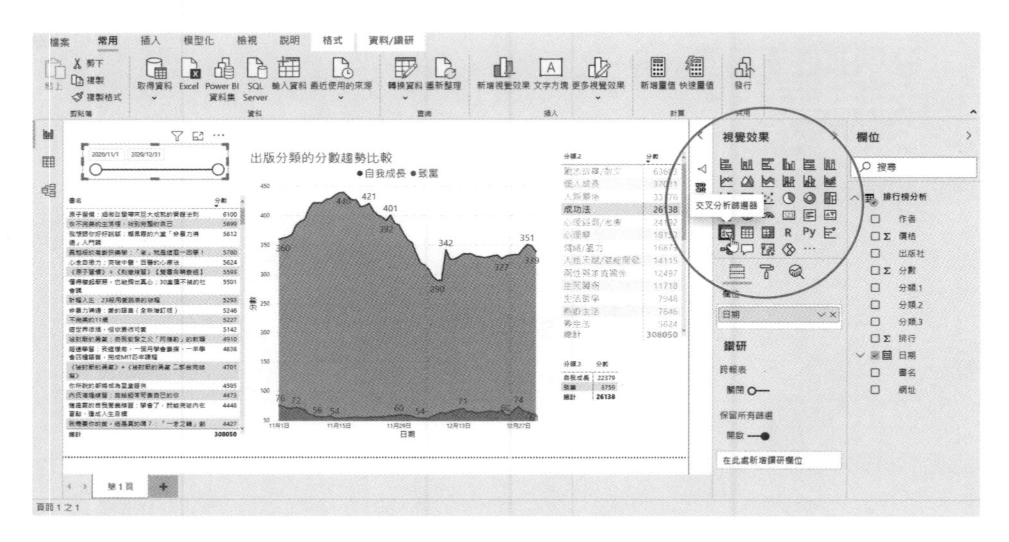

步驟四、如何以圖像進行資料的交叉分析：新增群組橫條圖視覺效果

如圖所示，將左上角日期設定為「2020/11/14」到「2020/12/21」，可以看到畫布上所有其他的視覺效果都會同步更新，表示這是Power BI預設功能。有需要的話，可以使用本節第二到第三步驟的相同方式，更改各視覺效果間的互動情形。

在畫布右下角新增一個「群組橫條圖」的視覺效果，「圖例」資料設定為「出版社」，「值」資料使用「分數」。

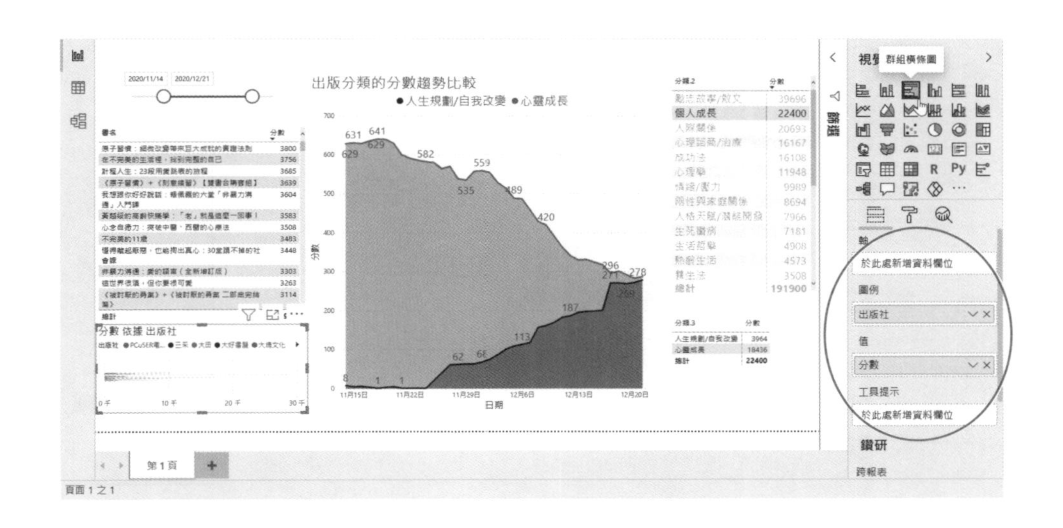

步驟五、分析圖表的可變性：設定群組橫條圖的格式

針對上個步驟「群組橫條圖」的格式設定如下：

- 一般＞回應式：關閉
- X軸：關閉
- X軸＞標題：關閉
- 圖例＞位置：靠左置中
- 圖例＞標題：關閉
- 資料標籤：開啟
- 資料標籤＞顯示單位：從「自動」改為「無」
- 標題＞標題文字：從「分數依據出版社」改為「出版社」

以上都是在右邊「視覺效果」窗格下方中間的格式進行設定，直接以滑鼠操作即可。

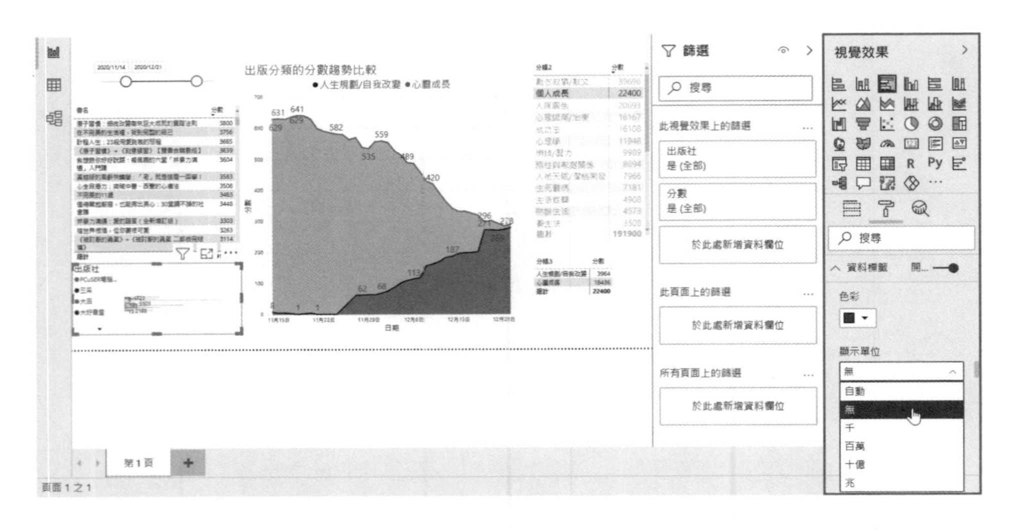

步驟六、分析圖表的可變性：資料呈現範圍的選定

選取左下角的出版社群組橫條圖視覺效果，先摺疊隱藏右邊的「視覺效果」窗格，於「篩選」窗格中的「此視覺效果上的篩選」對話方塊，將「出版社」右邊的選單下拉，「篩選類型」由「基本篩選」改為「前N項」，「顯示項目」維持預設的「上」，右邊輸入「3」，表示僅顯示前3項。再將「欄位」窗格中的「分數」按住拖曳到「篩選」窗格中的「依據」。如圖所示，表示是依照分數顯示前3名出版社，可以在畫布上立即看到所設置的效果。

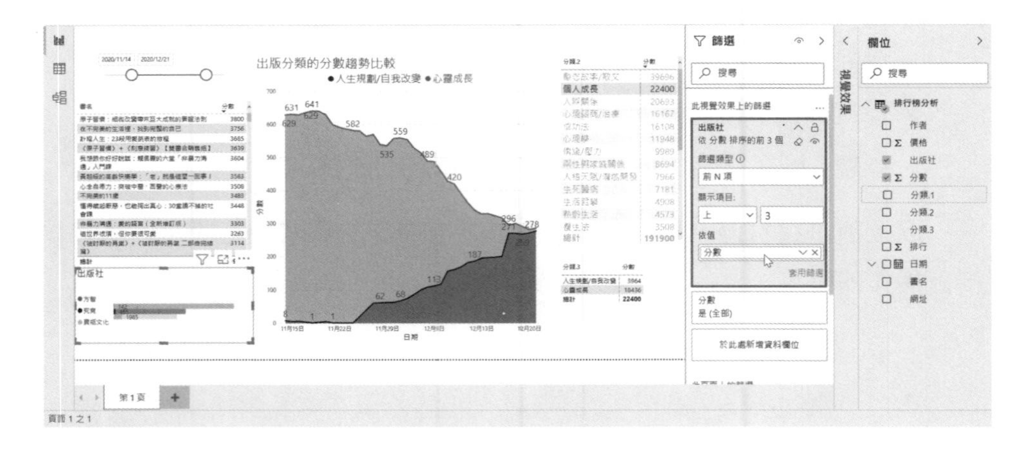

本章至此大致簡單介紹了如何將Power BI應用在本書範例中，過程中讀者應該能體會Power BI不但繼承了Excel容易上手、直覺操作的便利性，同時又提供很多進階的功能。Power BI的函數指令和Excel一樣相當的多，總結而言，可分為資料取得、資料處理、資料分析三個層面，希望藉由本章的操作示範，讀者都能開始使用這項新的工具。

Chapter 6

統計數學計算

統計學是大專院校商學院的基本必修學科，而且在醫學、社會科學類等其他學院也都會有相關應用術科，可想見其重要性。只要有涉及到資料處理分析的領域，就會有統計學需求，或者說統計學就是專門因應此需求所發展出來的學問。Excel 作為普遍使用的資料處理分析工具，在這方面當然也有相關應用，本章以實際範例具體介紹。

第一節 原始資料整理—處理重複值

資料統計分析的第一步必須先檢查原始資料，如果資料有狀況而沒有處理，統計分析的結論可能準確度及實用性會打折扣，本節介紹利用Excel指令執行檢查。

步驟一、摘取資料的主要元素——以書名為例

在網上下載的資料有時會重複，必須有適當的處理，否則統計的可信度會降低。以書籍資料為例，由於同一本書在出版再刷的過程中，書名會稍作更動，如截圖所示，雖然後面加了「限量作者親簽版」，很明顯還是同一本書。

為了避免同一本書被當作兩本書統計，簡單利用Excel函數「=LEFT(A22,10)」，擷取每一本書的前10個字作為「身分證號碼」，也就是資料庫中主鍵（Primary Key; PK）的概念，用來識別紀錄的唯一性。

B22 =LEFT(A22,10)

	A	B
19	人生中的廢棒，我又廢又棒：IG厭世金句手寫人dooing首部作品——寫給心累的你，負負得正	人生中的廢棒，我又廢
20	人生中的廢棒，我又廢又棒【新春特別版】：IG厭世金句手寫人dooing首部作品——寫給心累	人生中的廢棒，我又廢
21	人生半熟：30歲後，我逐漸明白的一些事	人生半熟：30歲後，
22	人生有限，你要玩出無限：在個體崛起時代，展現「一軍」突起的軟實力	人生有限，你要玩出無
23	人生有限，你要玩出無限：在個體崛起時代，展現「一軍」突起的軟實力【限量作者親簽版】	人生有限，你要玩出無
24	人生有限，你要玩出無限：在個體崛起時代，展現一軍突起的軟實力【限量作者親簽版】	人生有限，你要玩出無
25	人生最大的成就，是成為你自己	人生最大的成就，是成
26	人生最大的成就，是成為你自己（親簽版）	人生最大的成就，是成
27	人生需要暫停鍵：從失速的追求中刻意抽離，與真正的渴望重新對焦	人生需要暫停鍵：從失
28	人生賽局：我如何學習專注、掌握先機、贏得勝利	人生賽局：我如何學習
29	人性18法則：認識自己、透視他人，解碼人類行為第一專書	人性18法則：認識自

步驟二、移除資料重複項

在上個步驟的思惟基礎，把原始報表除了書名以外的欄位刪除，新增「書名2」欄位，設計函數公式「=LEFT([@書名],10)」，取得原始書名的前10位文字。這裡的「@書名」是利用Excel表格的概念，如同截圖左上角表格名稱「排行資料2」所示，它指的是「排行資料2」這個表格資料的「書名」欄位，要利用LEFT函數取前10位文字。

新增「書名2」欄位之後，於上方功能區依序選擇「表格工具>設計>工具>移除重複項」，如同輔助視窗所述：準備「刪除工作表中的重複列」。

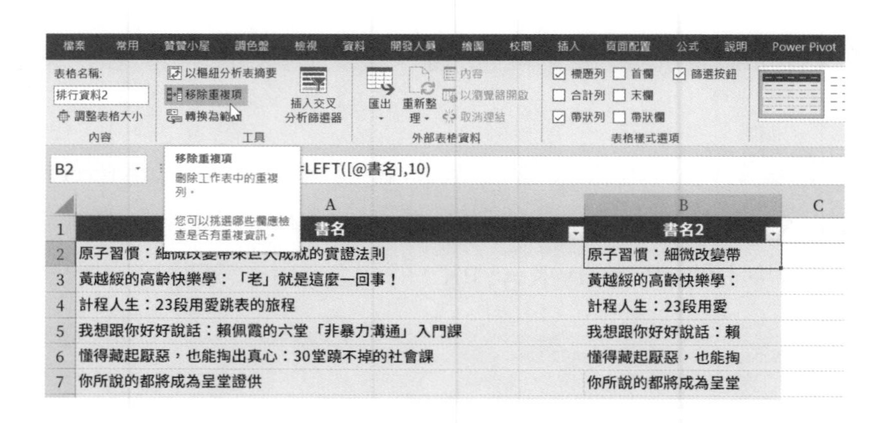

步驟三、包含重複項目的欄

在跳出來的「移除重複項」視窗中，勾選「書名2」，表示要以這一欄為基準。另外，注意右上方的「我的資料有標題」是勾選的，這個符合現有報表型態，最後按下「確定」。

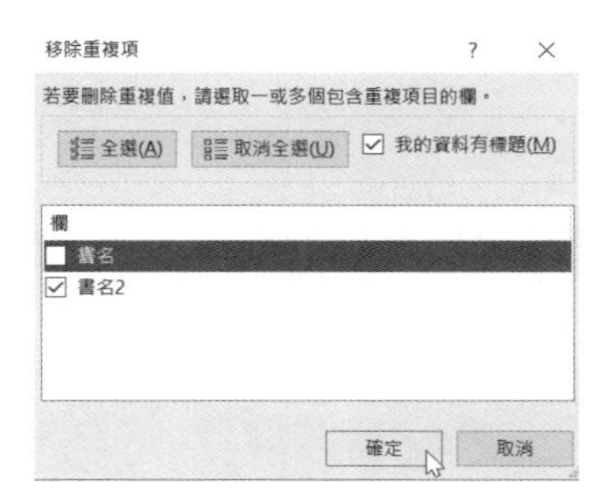

步驟四、Excel執行移除重複值任務

Excel告知執行結果，由於是以書名前10個字作為條件，這裡的「13713個重複值」不但包括完全相同的書名，同時也把書名前十字相同的重複項排除掉，留下來的「287個唯一的值」便是本節第一步驟的資料庫主鍵，之後會以此為統計分析對象。

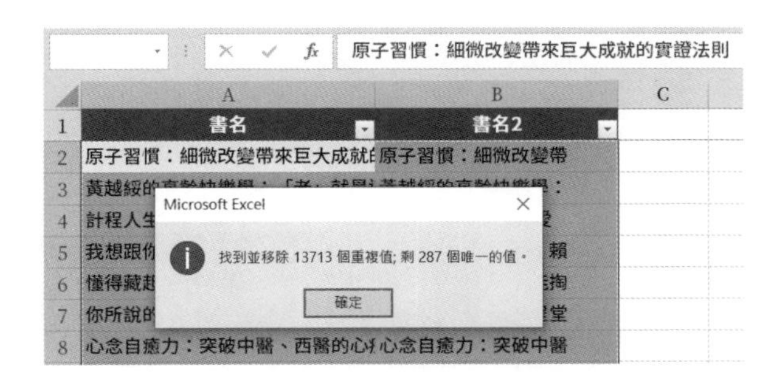

步驟五、複製整張工作表資料

將游標移到工作表左上角的綠色三角形，點一下選取整個工作表，接著在上方功能區「常用>剪貼簿」下拉點選「複製」，表示複製整張工作表中報表資料。

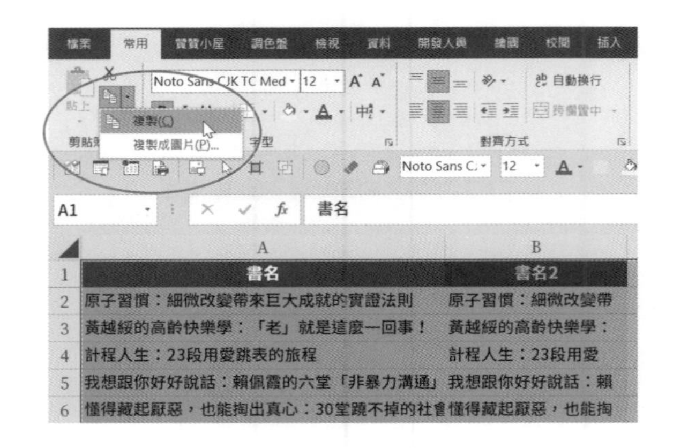

步驟六、去除函數公式將資料轉換為單純值

接續上個步驟選取整張工作表的狀態，在上方功能區同樣的「常用>剪貼簿」中將「貼上」下拉，選擇「貼上值」中的「值」。如此操作結果是將工作表中所有公式去除掉，得到乾淨的資料報表，便於後續彙總分析。

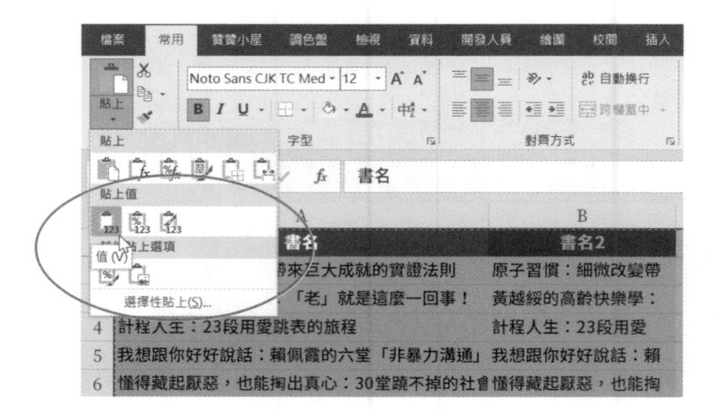

步驟七、去除公式後刪除不必要的欄位

將原來的「書名」欄刪除，由於上個步驟已經把資料單純化不帶公式了，刪除操作不會有其他影響。在此可以想像，如果仍然是帶有公式，「書名2」欄位內容是依照「書名」欄位取左邊10個字元而來，冒然刪除「書名」會使得「書名2」欄位資料亂掉。

A2 | 原子習慣：細微改變帶

	A	B	C	D
1	書名2			
2	原子習慣：細微改變帶			
3	黃越綏的高齡快樂學：			
4	計程人生：23段用愛			
5	我想跟你好好說話：賴			
6	懂得藏起厭惡，也能掏			
7	你所說的都將成為呈堂			

步驟八、資料清理的經驗法則

本節選用書名前10個字，是配合範例經驗法則所提出一個可行的方法，也許隨著取得資料筆數（統計樣本）的增加，可能會有更好的解決方案。另外，不同專案資料的特性不同，這個是取左邊字元，也有可能是取右邊字元或者是更複雜條件，所以，要搭配其他Excel函數進行。不過原理都是一樣的，建立資料識別方式，亦即資料庫報表的主鍵，這是統計分析或大數據分析的基本操作。

第二節 整理原始資料，以進行分析的準備

上一節確定了待分析資料主鍵，已經完成了原始資料收集後的第一步，接下來便是以主鍵為基準，進行資料的統計歸納。本節以Excel表格作為微型資料庫，利用結構化參照及函數公式的設計，完善建立一個可供統計分析的原始資料表。

以下將以排行資料工作表的內容為範例，把它整理至排行榜工作表，以備進行統計分析。我們將利用不同的指令，整合形式各異的資料。

步驟一、部分摘取原有資料的方法

選取報表任何一格資料的時候，上方功能區會出現「表格工具」，於「內容」群組中將「表格名稱」設定為「排行資料」。

然後在報表右邊依序新增三個欄位，「分數」是其中第一個，後面再陸續增加「書名2」和「原始分類」，截圖是最終結果。而新增「分數」的欄位，內容是101減掉原排行，例如第一筆資料計算公式為「=101-B2」，因此排行為「1」，分數為「100」。

「書名2」是用上一節方法取原書名前10字。在原始資料加上這一欄是為了之後查找方便，具體作用在下一個步驟會介紹。

「原始分類」則是利用Excel函數公式取得原分類中的最後一項。公式為：「=RIGHT(H2,LEN(H2)-FIND(“~”,SUBSTITUTE(H2,” “,” ~”,LEN(H2)-LEN(SUBSTITUTE(H2,” “,””)))))」。這個函數較為複雜，說明如下：

- SUBSTITUTE(H2,” “,””)：H2儲存格是相對應的「分類」欄位資料，亦即「商業理財 成功法 自我成長」，利用SUBSTITUTE函數將空格以空白替代掉，結果即是不含空格的分類：「商業理財成功法自我成長」。
- LEN(H2)：計算有多少字，H2是「商業理財 成功法 自我成長」，因此計算結果是13。綜合起來，「LEN(H2)-LEN(SUBSTITUTE(H2,” “,””))等於是含空格字串減掉不含空格字串，可以算出到底有多少個空格，這裡的答案是2。
- SUBSTITUTE(H2,” “,”~”,LEN(H2)-LEN(SUBSTITUTE(H2,” “,””)))：SUBSTITUTE函數四個引數合起來是在某字串中的第幾個A以B取代，這裡是要把「商業理財成功法自我成長」的第二個空格以「~」替代，因此，計算結果為「商業理財 成功法~自我成長」。

- FIND("~",SUBSTITUTE(H2," ","~",LEN(H2)-LEN(SUBSTITUTE(H2," ","")))) ：FIND函數兩個引數合起來是在某個字串中找出A的位置，這裡是想在「商業理財 成功法~自我成長」中找出「~」的位置，因此計算結果為9。
- RIGHT(H2,LEN(H2)-FIND("~",SUBSTITUTE(H2," ","~",LEN(H2)-LEN(SUBSTITUTE(H2," ",""))))) ：RIGHT函數表示從右邊開始取字元，這裡是取13-9=4個字元，所以，最終得到了「自我成長」。

日期	排行	書名	出版社	分類	分數	書名2	原始分類
2020/10/30	1	原子習慣：細微改變帶來巨大成就	方智	商業理財 成功法 自我成長	100	原子習慣：細微改變帶	自我成長
2020/10/30	2	黃越綏的高齡快樂學：「老」就是	台灣商務	心理勵志 熟齡生活	99	黃越綏的高齡快樂學：	熟齡生活
2020/10/30	3	計程人生：23段用愛跳表的旅程	商周出版	心理勵志 勵志故事/散文 真實人生故事	98	計程人生：23段用愛	真實人生故事
2020/10/30	4	我想跟你好好說話：賴佩霞的六堂	早安財經	心理勵志 人際關係 說話/溝通	97	我想跟你好好說話：賴	說話/溝通
2020/10/30	5	懂得藏起厭惡，也能掏出真心：30	方智	心理勵志 勵志故事/散文 勵志小品文	96	懂得藏起厭惡，也能掏	勵志小品文
2020/10/30	6	你所說的都將成為呈堂證供	寶瓶文化	心理勵志 勵志故事/散文 真實人生故事	95	你所說的都將成為呈堂	真實人生故事
2020/10/30	7	心念自癒力：突破中醫、西醫的心	天下文化	醫療保健 養生法 其他療法	94	心念自癒力：突破中醫	其他療法
2020/10/30	8	我需要你的愛。這是真的嗎？：「	方智	心理勵志 人際關係 人脈/處世	93	我需要你的愛。這是真	人脈/處世
2020/10/30	9	【限量典藏】在不完美的生活裡，	三采	心理勵志 勵志故事/散文 勵志小品文	92	【限量典藏】在不完美	勵志小品文

步驟二、資料比對後引用的方法

將本章上一節建立好的書名前10字的表格設定名稱為「排行榜」。表格第一欄便是「書名前10字」（欄位名：書名2），是資料庫報表的主要編號欄位。

新增「書名」欄位並設計公式：「=INDEX(排行資料[書名],MATCH([@書名前10字],排行資料[書名2],0))」，這裡用到MATCH和INDEX函數組合。先用「MATCH([@書名前10字],排行資料[書名2],0)」確認書名前10字在上個步驟「排行資料」表格中的位置，例如「原子習慣：細微改變帶」的MATCH計算結果是1，表示是第一筆資料。接著用「=INDEX(排行資料[書名],MATCH([@書名前10字],排行資料[書名2],0))」取得上個步驟「排行資料」中「書名」欄位的第一筆資料，也就是「原子習慣：細微改變帶來巨大成就的實證法則」。

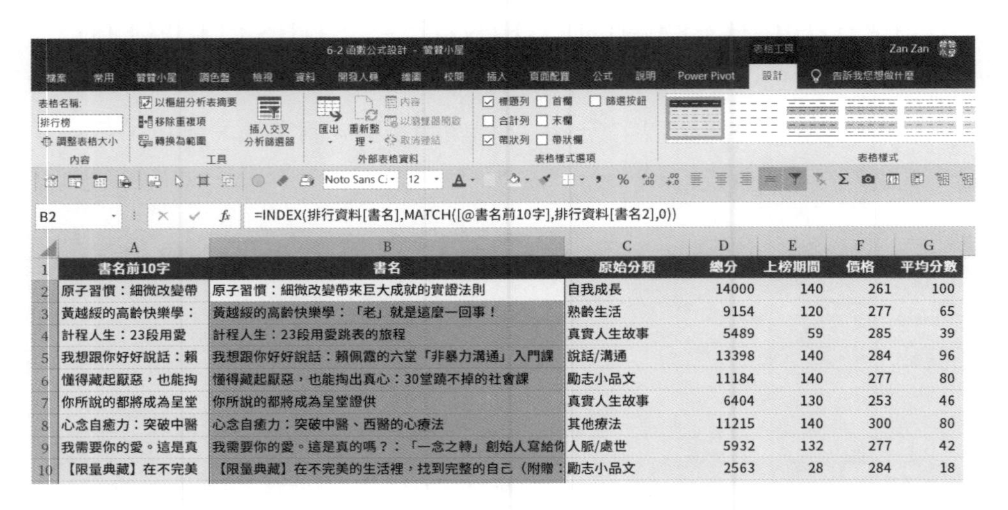

B2 =INDEX(排行資料[書名],MATCH([@書名前10字],排行資料[書名2],0))

書名前10字	書名	原始分類	總分	上榜期間	價格	平均分數
原子習慣：細微改變帶	原子習慣：細微改變帶來巨大成就的實證法則	自我成長	14000	140	261	100
黃越綏的高齡快樂學：	黃越綏的高齡快樂學：「老」就是這麼一回事！	熟齡生活	9154	120	277	65
計程人生：23段用愛	計程人生：23段用愛跳表的旅程	真實人生故事	5489	59	285	39
我想跟你好好說話：賴	我想跟你好好說話：賴佩霞的六堂「非暴力溝通」入門課	說話/溝通	13398	140	284	96
懂得藏起厭惡，也能掏	懂得藏起厭惡，也能掏出真心：30堂蹺不掉的社會課	勵志小品文	11184	140	277	80
你所說的都將成為呈堂	你所說的都將成為呈堂證供	真實人生故事	6404	130	253	46
心念自癒力：突破中醫	心念自癒力：突破中醫、西醫的心療法	其他療法	11215	140	300	80
我需要你的愛。這是真	我需要你的愛。這是真的嗎？：「一念之轉」創始人寫給你	人脈/處世	5932	132	277	42
【限量典藏】在不完美	【限量典藏】在不完美的生活裡，找到完整的自己（附贈：	勵志小品文	2563	28	284	18

「排行榜」表格新增「原始分類」欄位，利用和上個步驟類似的函數公式：「=INDEX(排行資料[原始分類],MATCH([@書名前10字],排行資料[書名2],0))」，取得每本書相對應的分類。

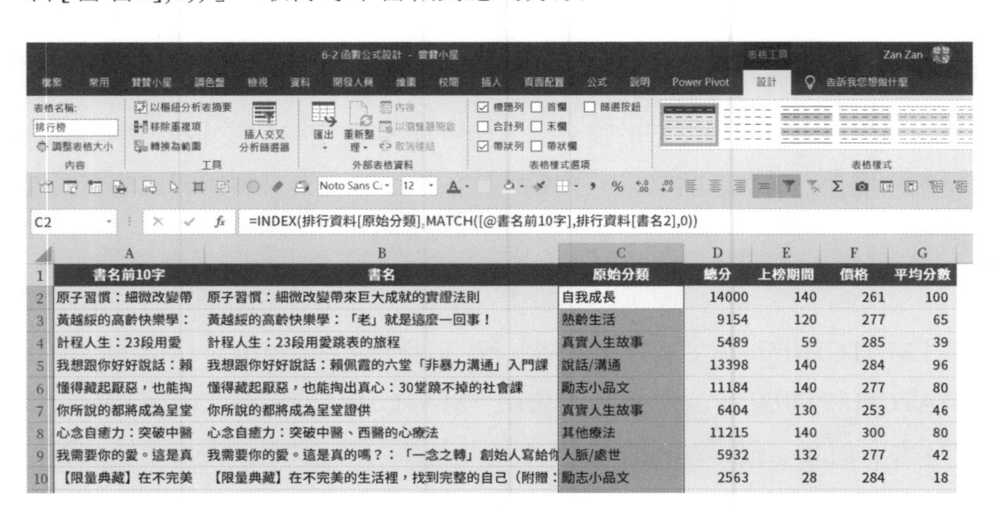

C2 =INDEX(排行資料[原始分類],MATCH([@書名前10字],排行資料[書名2],0))

書名前10字	書名	原始分類	總分	上榜期間	價格	平均分數
原子習慣：細微改變帶	原子習慣：細微改變帶來巨大成就的實證法則	自我成長	14000	140	261	100
黃越綏的高齡快樂學：	黃越綏的高齡快樂學：「老」就是這麼一回事！	熟齡生活	9154	120	277	65
計程人生：23段用愛	計程人生：23段用愛跳表的旅程	真實人生故事	5489	59	285	39
我想跟你好好說話：賴	我想跟你好好說話：賴佩霞的六堂「非暴力溝通」入門課	說話/溝通	13398	140	284	96
懂得藏起厭惡，也能掏	懂得藏起厭惡，也能掏出真心：30堂蹺不掉的社會課	勵志小品文	11184	140	277	80
你所說的都將成為呈堂	你所說的都將成為呈堂證供	真實人生故事	6404	130	253	46
心念自癒力：突破中醫	心念自癒力：突破中醫、西醫的心療法	其他療法	11215	140	300	80
我需要你的愛。這是真	我需要你的愛。這是真的嗎？：「一念之轉」創始人寫給你	人脈/處世	5932	132	277	42
【限量典藏】在不完美	【限量典藏】在不完美的生活裡，找到完整的自己（附贈：	勵志小品文	2563	28	284	18

「排行榜」表格新增「價格」欄位，設計公式：「=INDEX(排行資料[價格],MATCH([@書名前10字],排行資料[書名2],0))。這裡延用第二步驟的函數結構，取得每本書的價格。

F2 =INDEX(排行資料[價格],MATCH([@書名前10字],排行資料[書名2],0))

書名前10字	書名	原始分類	總分	上榜期間	價格	平均分數
原子習慣：細微改變帶	原子習慣：細微改變帶來巨大成就的實證法則	自我成長	14000	140	261	100
黃越綏的高齡快樂學：	黃越綏的高齡快樂學：「老」就是這麼一回事！	熟齡生活	9154	120	277	65
計程人生：23段用愛	計程人生：23段用愛跳表的旅程	真實人生故事	5489	59	285	39
我想跟你好好說話：賴	我想跟你好好說話：賴佩霞的六堂「非暴力溝通」入門課	說話/溝通	13398	140	284	96
懂得藏起厭惡，也能掏	懂得藏起厭惡，也能掏出真心：30堂蹺不掉的社會課	勵志小品文	11184	140	277	80
你所說的都將成為呈堂	你所說的都將成為呈堂證供	真實人生故事	6404	130	253	46
心念自癒力：突破中醫	心念自癒力：突破中醫、西醫的心療法	其他療法	11215	140	300	80
我需要你的愛。這是真	我需要你的愛。這是真的嗎？：「一念之轉」創始人寫給你	人脈/處世	5932	132	277	42
【限量典藏】在不完美	【限量典藏】在不完美的生活裡，找到完整的自己（附贈：	勵志小品文	2563	28	284	18

步驟三、處理需要加總的資料

「排行榜」表格新增「總分」欄位，設計公式：「=SUMIF(排行資料[書名2],[@書名前10字],排行資料[分數])」，SUMIF函數是依照條件

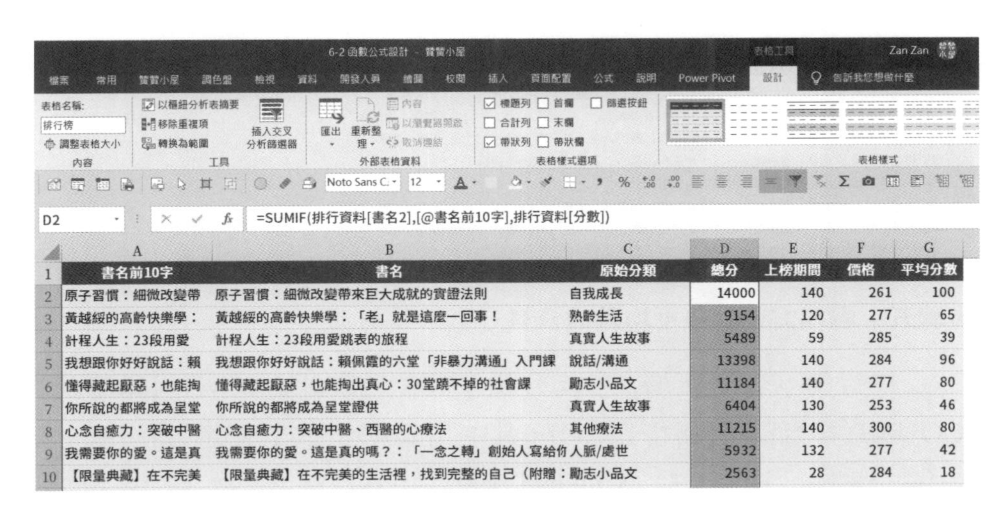

D2 =SUMIF(排行資料[書名2],[@書名前10字],排行資料[分數])

書名前10字	書名	原始分類	總分	上榜期間	價格	平均分數
原子習慣：細微改變帶	原子習慣：細微改變帶來巨大成就的實證法則	自我成長	14000	140	261	100
黃越綏的高齡快樂學：	黃越綏的高齡快樂學：「老」就是這麼一回事！	熟齡生活	9154	120	277	65
計程人生：23段用愛	計程人生：23段用愛跳表的旅程	真實人生故事	5489	59	285	39
我想跟你好好說話：賴	我想跟你好好說話：賴佩霞的六堂「非暴力溝通」入門課	說話/溝通	13398	140	284	96
懂得藏起厭惡，也能掏	懂得藏起厭惡，也能掏出真心：30堂蹺不掉的社會課	勵志小品文	11184	140	277	80
你所說的都將成為呈堂	你所說的都將成為呈堂證供	真實人生故事	6404	130	253	46
心念自癒力：突破中醫	心念自癒力：突破中醫、西醫的心療法	其他療法	11215	140	300	80
我需要你的愛。這是真	我需要你的愛。這是真的嗎？：「一念之轉」創始人寫給你	人脈/處世	5932	132	277	42
【限量典藏】在不完美	【限量典藏】在不完美的生活裡，找到完整的自己（附贈：	勵志小品文	2563	28	284	18

求總和，這裡是以「排行資料」表格的「書名2」作為條件欄位，以「排行榜」表格中相對應的「書名前10字」作為條件，加總「排行資料」表格中的「分數」欄位。

步驟四、處理需要計次的資料

「排行榜」表格新增「上榜期間」欄位，設計公式：「=COUNTIF(排行資料[書名2],[@書名前10字])」，COUNTIF函數是依照條件計算次數，這裡是以「排行資料」表格中的「書名2」作為條件欄位，計算這欄位中相對應「書名前10字」出現的次數。

由於原始資料是每天的排行榜，因此「書名2」出現多少次，等於是上榜多少天的統計，這裡使用「書名2」而不使用全書名，原始如同本章第一節所述，避免掉同一本書的書名結尾有所不同的情況。

E2 =COUNTIF(排行資料[書名2],[@書名前10字])

書名前10字	書名	原始分類	總分	上榜期間	價格	平均分數
原子習慣：細微改變帶	原子習慣：細微改變帶來巨大成就的實證法則	自我成長	14000	140	261	100
黃越綏的高齡快樂學：	黃越綏的高齡快樂學：「老」就是這麼一回事！	熟齡生活	9154	120	277	65
計程人生：23段用愛	計程人生：23段用愛跳表的旅程	真實人生故事	5489	59	285	39
我想跟你好好說話：賴	我想跟你好好說話：賴佩霞的六堂「非暴力溝通」入門課	說話/溝通	13398	140	284	96
懂得藏起厭惡，也能掏	懂得藏起厭惡，也能掏出真心：30堂蹺不掉的社會課	勵志小品文	11184	140	277	80
你所說的都將成為呈堂	你所說的都將成為呈堂證供	真實人生故事	6404	130	253	46
心念自癒力：突破中醫	心念自癒力：突破中醫、西醫的心療法	其他療法	11215	140	300	80
我需要你的愛。這是真	我需要你的愛。這是真的嗎？：「一念之轉」創始人寫給你	人脈/處世	5932	132	277	42
【限量典藏】在不完美	【限量典藏】在不完美的生活裡，找到完整的自己（附贈：	勵志小品文	2563	28	284	18

步驟五、處理需要計算平均數的資料

「排行榜」表格新增「平均分數」欄位，設計公式：「=[@總分]/(COUNT(排行資料[價格])/100)，其中「[@總分]」是取得「排行榜」表格中的「總分」欄位資料，COUNT函數作用為計算包含數字的儲存格數

目，這裡的「(COUNT(排行資料[價格]))會計算「排行資料」表格中的「價格」欄位。由於每本書都有價格，且價格為數字，因此，等於是計算有多少筆資料。另外，每天排行榜是100本書，也就是每天100筆資料，所以搭配後面的除以100，便是有多少天。綜合整個公式是每本書的總得分除以一共多少天，計算結果為這段期間內平均一天的得分。

以第一筆「原子習慣」為例，這本書上榜期間為140天。本書這一章的資料期間為2020/10/30到2021/3/18，一共140天，所以這本書是每天都在榜上，而它的總分為14000，等於是每天都是第一名，因此平均分數為100分，實力相當堅強！

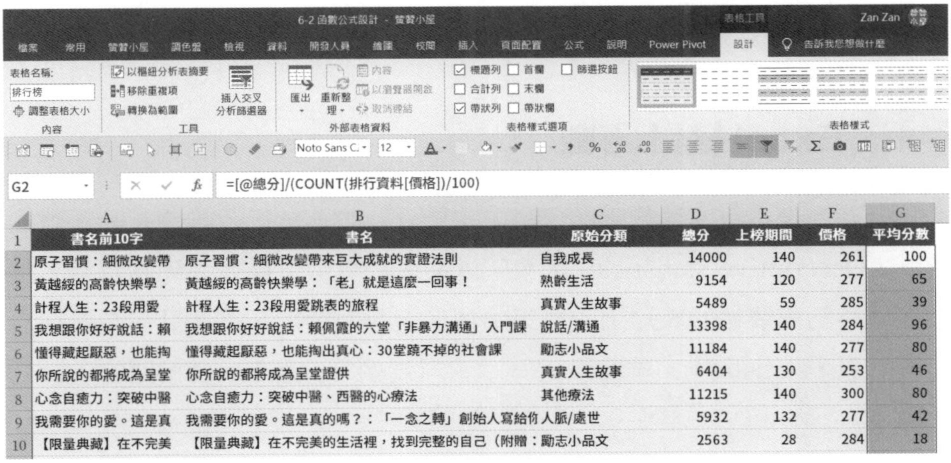

G2 =[@總分]/(COUNT(排行資料[價格])/100)

書名前10字	書名	原始分類	總分	上榜期間	價格	平均分數
原子習慣：細微改變帶	原子習慣：細微改變帶來巨大成就的實證法則	自我成長	14000	140	261	100
黃越綏的高齡快樂學：	黃越綏的高齡快樂學：「老」就是這麼一回事！	熟齡生活	9154	120	277	65
計程人生：23段用愛	計程人生：23段用愛跳表的旅程	真實人生故事	5489	59	285	39
我想跟你好好說話：賴	我想跟你好好說話：賴佩霞的六堂「非暴力溝通」入門課	說話/溝通	13398	140	284	96
懂得藏起厭惡，也能掏	懂得藏起厭惡，也能掏出真心：30堂蹺不掉的社會課	勵志小品文	11184	140	277	80
你所說的都將成為呈堂	你所說的都將成為呈堂證供	真實人生故事	6404	130	253	46
心念自癒力：突破中醫	心念自癒力：突破中醫、西醫的心療法	其他療法	11215	140	300	80
我需要你的愛。這是真	我需要你的愛。這是真的嗎？：「一念之轉」創始人寫給你	人脈/處世	5932	132	277	42
【限量典藏】在不完美	【限量典藏】在不完美的生活裡，找到完整的自己（附贈：	勵志小品文	2563	28	284	18

步驟六、Excel表格結構化參照的應用

通常在設計Excel函數公式是引用工作表儲存格對象，語法結構為「工作表名稱!儲存格位址」，例如「排行榜!A1」。這一節直接使用Excel表格對象，語法結構是「表格名稱[欄位]」，例如「排行榜[書名]」。一方面因為表格引用時語法較為直覺，另方面也是配合本書以資料庫基礎概念進行統計分析。

Excel的表格又稱之為結構化參照，以本節為例，請注意「INDEX(排行資料[書名])中的「排行資料」指的是表格，「[書名]」指的是表格中的欄位。「MATCH([@書名前10字])有欄位沒有表格，這是因為公式就在「排行榜」表格中，如果沒有引用其他表格，意思是本表格（「排行榜」）可以省略不寫。另外，「@」的意思是表格中同樣序號的資料，例如這裡的B2儲存格公式是表格中第一筆資料，「[@書名前10字]」表示引用「書名前10字」欄位同樣的第一筆資料。像這樣熟悉Excel表格結構化參照的用法，在設計函數公式時會更加得心應手。

第三節 Excel統計函數

統計學是資料處理的專門學科，主要分為敘述統計及推論統計。敘述統計（Descriptive statistics）是希望以某些計算數值描述大範圍資料，重點在於能夠摘要性的表達出資料集中情形與離散情形，這些計算數值稱之為統計量（statistic）。本節以這一章資料為例，介紹Excel相關的函數公式應用。

步驟一、全距的概念及計算

一組資料中最大值減掉最小值即為全距（Range），Excel可以用MIN及MAX函數計算，說明如下：

- =MIN(排行資料[日期])：「排行資料」表格中「日期」欄位的最小值，亦即收集原始排行榜資料的第一天。

- =MAX(排行資料[日期])：「排行資料」表格中「日期」欄位的最大值，亦即收集原始排行榜資料的最後一天。
- =C3-C2+1：得到資料日期的全距，亦即整個排行榜資料的收集期間，這裡另外加1，是因為首日和末日都有排行榜資料。

C2 =MIN(排行資料[日期])

	A	B	C
1	統計量	計算公式	計算結果
2	最小值	=MIN(排行資料[日期])	2020/10/30
3	最大值	=MAX(排行資料[日期])	2021/3/18
4	全距	=C3-C2+1	140

步驟二、四分位距的概念及計算

上個步驟的全距是屬於描述資料離散情形的統計量，統計學常常會探討極端值的影響。由於全距只屬全部資料中的最大或最小值，容易因為極端值而有所偏差或誤導，因此，在描述離散情形還有一個四分位數（Quartile），它是將全部資料先從小到大排序，均分為四個段落，其中第一個和第三個會是比較適當的統計量，兩者之間差距稱之為四分位距（Interquartile Range, IQR）。

Excel相對應的函數為QUARTILE，公式為「=QUARTILE(排行資料[價格],數字)。數字為0到4，分別由高而低的四分位數。本節為了資料的呈現，公式設定：「=QUARTILE(排行資料[價格],RIGHT(A2,1))，表示以「排行資料」表格的「價格」欄位取四分位數。「RIGHT(A2,1)」是取「四分位數-0」儲存格文字中右邊第一個字元，傳回值為「0」，整個公式計算結果便是四分位數中的第0位，亦即價格中的最小值。往下複製公式可以得其他的四分位數，最後簡單計算出四分距。

從截圖計算結果而言，價格在100到300之間離散情形不大，在300到600之間，資料變得很分散，再配合四分位距為47來看，排行榜上的價格差異不大。

F4 =C5-C3

	A	B	C	D	E	F	G
1	統計量	計算公式	計算結果				
2	四分位數-0	=QUARTILE(排行資料[價格],RIGHT(A2,1))	157		四分位距		
3	四分位數-1	=QUARTILE(排行資料[價格],RIGHT(A3,1))	253	Q1	(Interquartile Range, IQR)		
4	四分位數-2	=QUARTILE(排行資料[價格],RIGHT(A4,1))	277		IQR	47	
5	四分位數-3	=QUARTILE(排行資料[價格],RIGHT(A5,1))	300	Q3			
6	四分位數-4	=QUARTILE(排行資料[價格],RIGHT(A6,1))	631				

步驟三、平均數、變異數及標準差

沿續上個步驟的說明，四分位數雖然較全距更具有代表性，但畢竟也是只取資料中的幾項進行描述，在統計學中關於離散情形較為常用的是變異數和標準差，其特性便是會將所有資料值都納入到計算範圍內。在此先以本節範例介紹相關Excel函數公式：

- =AVERAGE(排行榜[價格])：取得價格平均值（Average），全部價格加總再除以個數。
- =VARP(排行榜[價格])：取價格的變異數（Variance），函數結尾的P代表全部資料，亦即母體（Population）。
- =STDEVP(排行榜[價格])：計算價格的標準差（Standard Deviation），函數結尾的P含義與VARP相同。

變異數和標準差的計算公式相對較複雜，不過，Excel的統計函數不但可以快速計算，同時也會提供輔助說明，如截圖所示，只要在上方公式所在的資料編輯列點選公式欄位左邊的「插入函數」，便可叫出公式輔助視窗。

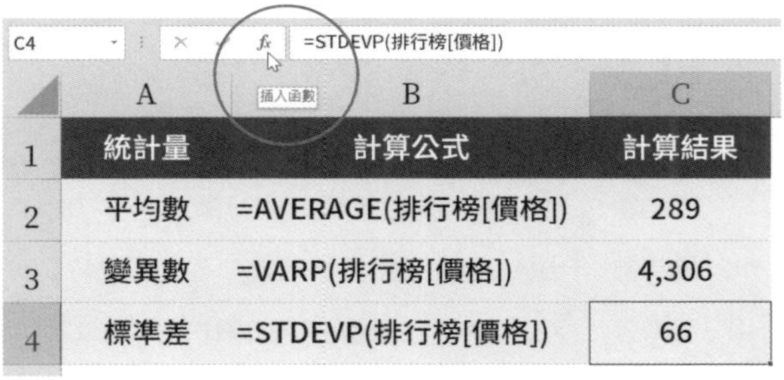

C4 =STDEVP(排行榜[價格])

插入函數

	A	B	C
1	統計量	計算公式	計算結果
2	平均數	=AVERAGE(排行榜[價格])	289
3	變異數	=VARP(排行榜[價格])	4,306
4	標準差	=STDEVP(排行榜[價格])	66

步驟四、標準差計算公式

叫出「函數引數」視窗後，在此會看到目前函數的作用、各個引數值、輸入值及計算結果，除了各項簡短說明，有需要時可以點選左下角的「函數說明」，會連結到微軟詳細的說明網頁。例如STDEVP是以整個資料母體計算，計算公式是每個資料值減掉平均值的平方相加，再除以資料個數取平方根。以文字敘述是一組資料中每項資料和平均值的距離，平方再取平方根是為了避免正負相互抵消。

變異數其實就是標準差的平方，每個資料值減掉平均值的平方相加，之所以獨立出來是因為統計學很多進階的推論統計會直接使用變異數，通常在敘述統計使用標準差即可。

在瞭解標準差公式後，回到上個步驟關於價格的離散情形，平均數為289，標準差只有66，表示離散情形不大，價格相當集中。

步驟五、平均分數離散情形

熟悉了Excel統計函數公式，很容易可以延伸應用。例如把價格換成平均分數，得到這個資料的平均數為18，標準差為22，將它和第三步驟的價格相比，可以見到大部分資料的平均分數不高，更是反映出《原子習慣》這本書表現很好。

C4	=STDEVP(排行榜[平均分數])	
統計量	**計算公式**	**計算結果**
平均數	=AVERAGE(排行榜[平均分數])	18
變異數	=VARP(排行榜[平均分數])	471
標準差	=STDEVP(排行榜[平均分數])	22

步驟六、平均分數區間化

敘述統計著重以精簡的統計量描述資料特性，如果是單純說明離散情形，可以將數值更加簡化，例如設計公式：「=ROUND([@平均分數]/10,0)*10」，這裡的ROUND是四捨五入函數，「ROUND([@平均分數]/10,0)」是將平均分數除以10，四捨五入取到整數，接著再乘以10，等於會將數值的個位數去掉，如同截圖所示，100轉換為100、65轉換為70、39轉換為40，依此類推。

這個是統計學的資料群組（Group Data），謹慎而言，會先決定要分成幾組和確定組距。通常組中點是兩組距的中間值，在此因應Excel，直接以ROUND函數四捨五入，算是方便的作法，而且也是有相當的分析意義。

H2 =ROUND([@平均分數]/10,0)*10

原始分類	總分	上榜期間	價格	平均分數	平均分數區間
自我成長	14000	140	261	100	100
熟齡生活	9154	120	277	65	70
真實人生故事	5489	59	285	39	40
說話/溝通	13398	140	284	96	100
勵志小品文	11184	140	277	80	80
真實人生故事	6404	130	253	46	50
其他療法	11215	140	300	80	80
人脈/處世	5932	132	277	42	40
勵志小品文	2563	28	284	18	20

步驟七、資料集中情形統計量

敘述統計除了描述資料離散情形，還有一個方向是集中情形，通常會用到的統計量是平均數、眾數、中位數，以上個步驟群組好的平均分數區間為例：

- =AVERAGE(排行榜[平均分數區間])：取得平均分數區間的平均值。
- =MODE(排行榜[平均分數區間])：取得平均分數區間的眾數，是出現次數最多的資料。
- =MEDIAN(排行榜[平均分數區間])：取得平均分數區間的中位數，將所有資料從小到大排序，位置在中間的資料值等同於四分位數的第二項資料。

C4 =MEDIAN(排行榜[平均分數區間])

統計量	計算公式	計算結果
平均數	=AVERAGE(排行榜[平均分數區間])	17
眾數	=MODE(排行榜[平均分數區間])	0
中位數	=MEDIAN(排行榜[平均分數區間])	10

步驟八、利用敘述統計驗證資料完整性

這一節介紹統計學中最基本的敘述統計，以及Excel相關的統計函數。在實際應用時，除了可以用來瞭解資料特性，其實也可以側面作為確認資料是否異常的輔助工具。以筆者本人經驗，整理原始資料本來以為齊全，計算全距才發現總天數與資料筆數之間有差異，仔細排查後確定是缺了2021/1/15一天的資料，可是已沒辦法取得過去的資料，權宜之計只能假設它與前一天資料完全相同，以2021/1/14實際資料預估2021/1/15。

由於本書只是以此作為統計分析的範例，而且此預估數應該不會有太多偏差，因此，採用此補救方法，個人經驗提供讀者參考。

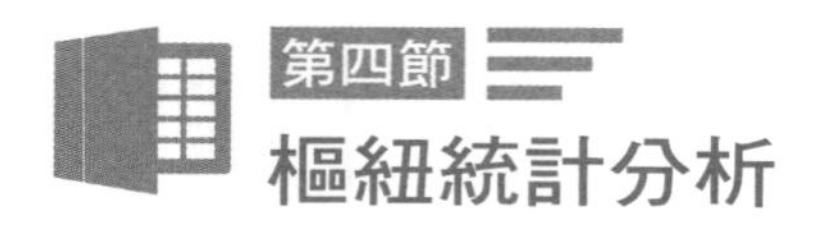

第四節 樞紐統計分析

上一節內容是Excel統計分析函數的實務應用，除了函數公式之外，Excel還有其他工具可以進行統計分析。本書第四章第四節和第五節有介紹到樞紐分析表，本節進一步介紹如何將樞紐應用在統計上。

步驟一、建立樞紐分析表

將游標停留在「排行榜」表格上，上方功能區「表格工具>工具」中點選執行「以樞紐分析表摘要」。

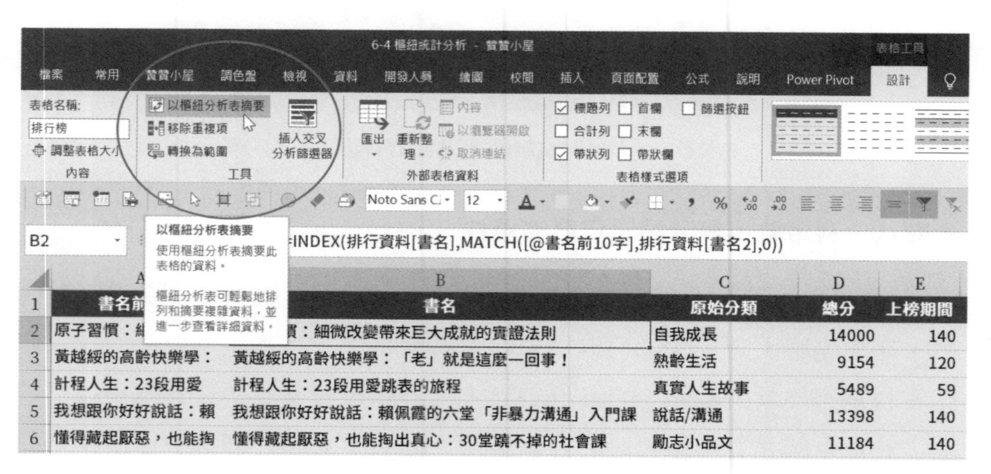

步驟二、計數方式彙總資料

樞紐分析表操作在本書第四章有介紹過，因此，這裡直接以截圖說明欄位置。列標籤為「平均分數」，匯總值為「書名前10字」，請注意先前的樞紐是數值加總，但其實樞紐還有其他不同匯總方式。例如如果是文字型態的資料欄位，Excel樞紐分析表會自動判別，並且預設計數方式，也就是這裡看到的「計數-書名前10字」。

讀者操作時如果沒有不是計數的話，可以在上方功能區「樞紐分析表工具>分析>作用中欄位」點選「欄位設定」，於「值欄位設定」視窗選擇「計數」即可。在這視窗同時可看到其他的「摘要值方式」，此處「摘要」其實便是統計學中敘述統計的概念應用。

另外，將游標移到工作表上樞紐分析表的值區域，滑鼠右鍵也可以快速執行。

工作表儲存格A2有利用先前學到的MAX函數「MAX(B:B)」，計算值為「287」，表示「計數-書名前10字」的最大值為287，和本章範例

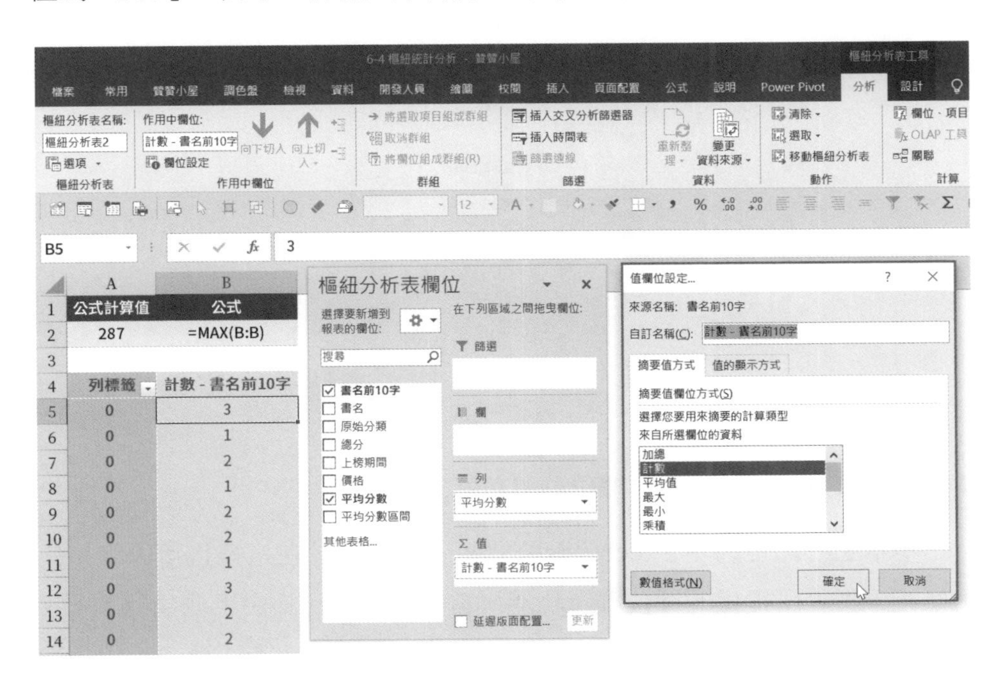

287本書相符，透過這方式可簡單驗證這裡的樞紐分析表在設置上沒有問題。

步驟三、以分組資料匯總的好處

上個步驟以「平均分數」作為列標籤，但因為平均分數是帶有小數連續數值，況且數值分布相當零散，所以，單純從報表資料很難直觀得到任何分析結論。將列標籤改為「平均分數區間」，變成是「0,10,10,⋯100」的不連續區間值，雖然實際內容和上個步驟一樣，可是兩相比照，很容易能理解分組資料匯總的好處。

步驟四、善用樞紐分析表的欄位群組功能

本章上一節是利用Excel函數公式將資料分組，在這裡也可以直接使用樞紐分析表所提供的欄位群組功能。首先，將列標籤由上個步驟的「平均分數區間」改為「價格」。這裡的價格分布雖然不像本節第二步驟那麼零散，但仍然有無法直觀得到結論的缺點。

在上方功能區依序前往「樞紐分析表工具>分析>群組」，點選執行「將欄位組成群組」。

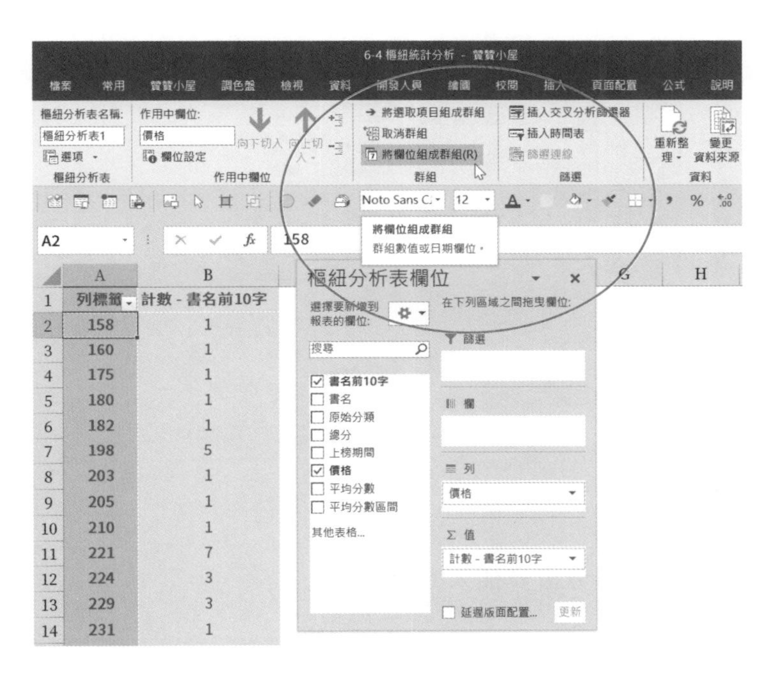

	A	B
1	列標籤	計數 - 書名前10字
2	158	1
3	160	1
4	175	1
5	180	1
6	182	1
7	198	5
8	203	1
9	205	1
10	210	1
11	221	7
12	224	3
13	229	3
14	231	1

步驟五、設定資料欄位如何分群

接續上個步驟，在跳出來的「群組」對話方塊，預設的「開始點」為「158」，「結束點」為「631」，間距值為「100」，先將「開始點」及「結束點」取消勾選，依序更改為「150」、「650」、「50」，樞紐分析表的列標籤欄位立即更新為「150-199、200-259、⋯、600-650」，在此手動將原來的「列標籤」改為「價格區間」，如此已經直接在樞紐分析表上將資料群組，群組之後和上個步驟相比，顯然更具有資料分析的可讀性，讀者應該很容易可以描述出原始資料的特徵，這便是統計學中敘述統計的重點。

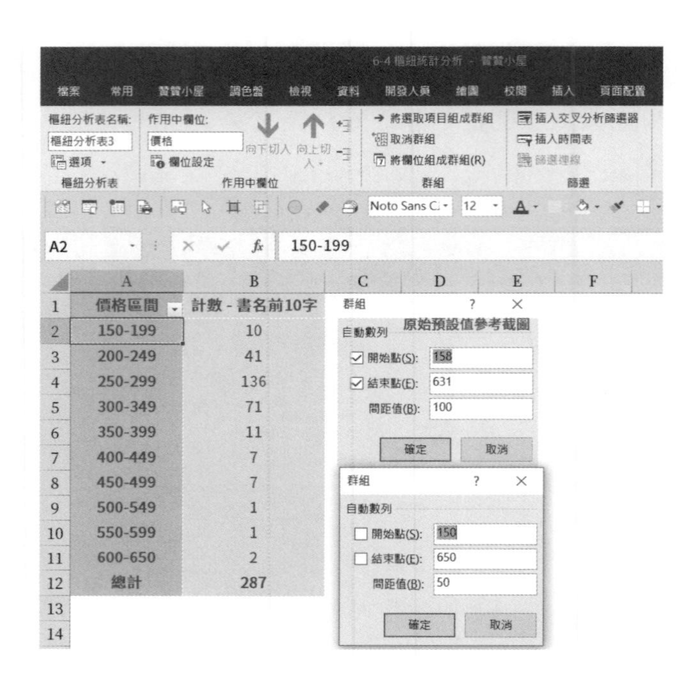

步驟六、直接於樞紐分析表插入圖表

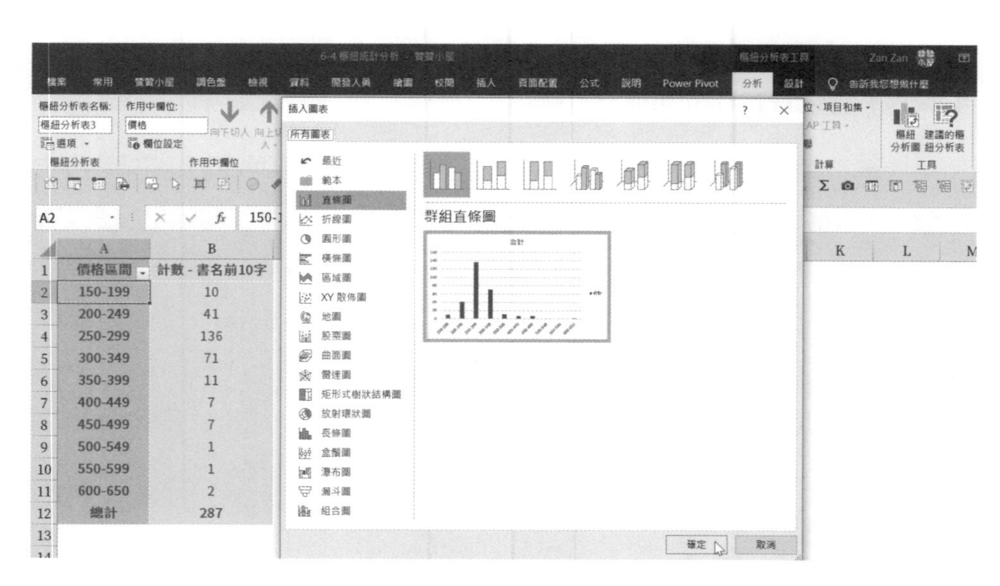

本書第四章第五節有介紹過樞紐分析表產生圖表，在此應用在資料群組統計分析上，於上方功能區依序前往「樞紐分析表工具＞分析＞工具＞樞紐分析圖」，在跳出來的「插入圖表」視窗選擇預設的「群組直條圖」即可，

步驟七、統計分析中的次數分配圖表

建立好圖表後，稍微修改調整格式，在工作表上同時呈現報表及圖表，有詳細匯總表格，也有視覺化直條圖，這個便是敘述統計中的次數分配表。

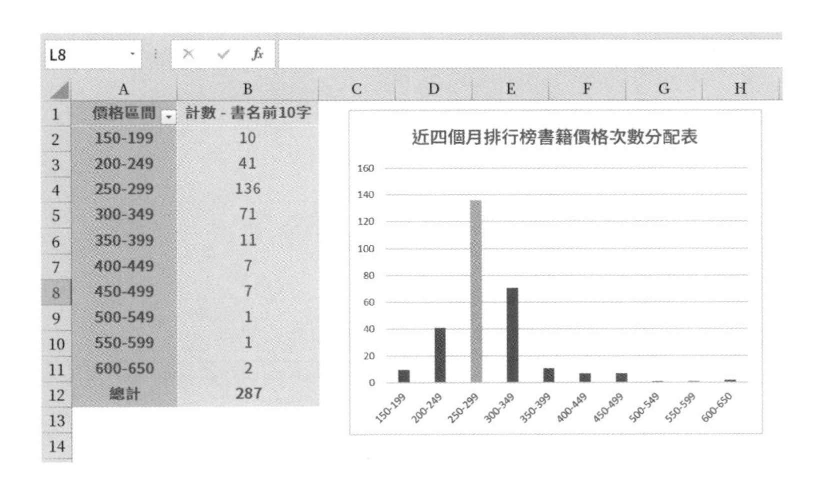

價格區間	計數 - 書名前10字
150-199	10
200-249	41
250-299	136
300-349	71
350-399	11
400-449	7
450-499	7
500-549	1
550-599	1
600-650	2
總計	287

步驟八、不同維度面向的統計分析

本節以價格區間作為統計分析的對象，除了價格，原始資料還有總分、上榜期間、平均分數這些數值欄位可供分析，沿用本節樞紐分析表的方法，只要拖曳改變欄位的配置，很快便可以進行其他面向維度的分析意義，讀者可使用本書所提供的範例嘗試。當然更重要的是，將這套方法應用在自己的工作領域上，不管是利用本書一開始所介紹的VBA網路爬蟲技術取得其他資料，或者直接引用公司資訊系統所產生的原始資料。

第五節 進階統計工具

本章到上一節為止，介紹將Excel函數公式及樞紐分析表應用於統計分析，其實Excel還有專門為統計分析所開發的指令集。它沒有在既有的函數指令裡面，想使用這項進階的統計分析工具，必須先安裝像外掛般的工具箱增益集，本節將介紹如何安裝及簡單實際應用。

步驟一、Excel選項有哪些工具補充包

從上方功能區的「檔案>其他>選項」進入「Excel選項」視窗，在「增益集」中最下方的「管理」預設項目為「Excel增益集」，沒有出現的話，如截圖所示，下拉選擇即可，最後按「執行」。

這裡已經可以看到中間的清單分成幾個類別，在「非作用中應用程式增益集」裡有一項「分析工具箱」，也可以看到它在電腦中的檔案路徑，可想見它應該是安裝Excel應用軟體時會一併取得的附加程式集，像補充包一樣的東西，平常時候也許用不到，有需要可以擴充使用。

步驟二、加載Excel分析工具箱

於跳出來的「增益集」視窗，可看到目前有哪些補充包清單，有些像是「規劃求解增益集」已勾選，表示已加載，在此勾選「分析工具箱」，按「確定」。在最下方也可以看到相關介紹：「提供統計與工程分析的資料分析工具」。

讀者如果執行「規劃求解增益集」未勾選，請將其打勾加載，本書之後章節也會用到這項增益集。

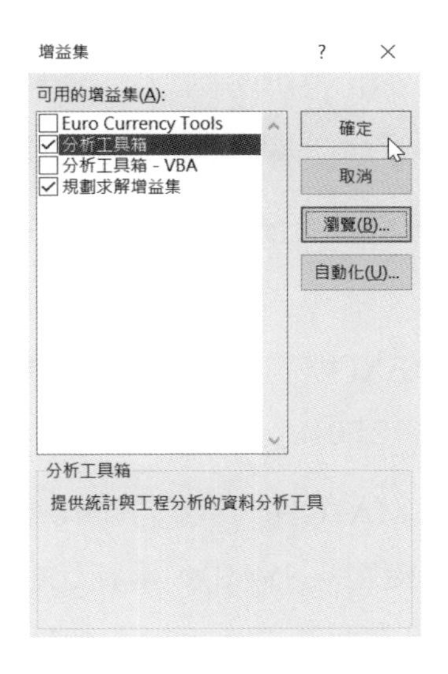

步驟三、先將Excel表格轉換為一般儲存格範圍

在Excel執行分析工具前，先選擇「排行榜」表格任何一個儲存格，上方功能區「表格工具>設計>工具」點選「轉換為範圍」。前面章節函數公式都是引用Excel表格資料，這裡有其他需求，因此先轉換還原，稍後步驟就會比較清楚箇中原由。

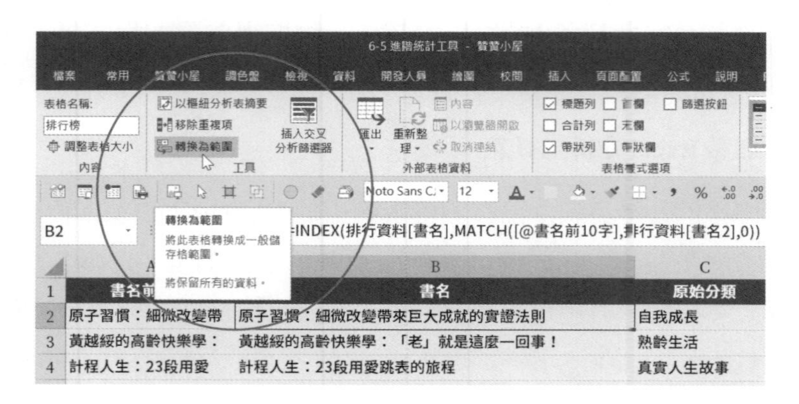

步驟四、執行統計分析工具

上方功能區「資料>分析」中點選執行「資料分析」。請注意同樣都是儲存格B2的第一筆書名資料，結果相同，公式卻有所不同：

第三步驟：「=INDEX(排行資料[書名],MATCH([@書名前10字],排行資料[書名2],0))」

第四步驟：「=INDEX(排行資料[書名],MATCH(‘排行榜(範圍)’!$A2,排行資料[書名2],0))」

第三步驟的公式是「MATCH([@書名前10字])」，第四步驟的公式是「MATCH(‘排行榜(範圍)’!$A2)，兩相比較更能體會Excel表格結構化參照和普通公式參照之間的差異。接下來是使用普通公式參照的方式，這是微軟將資料庫概念引進工作表所開發的一項功能，以前是儲存格位址A2，現在是表格位址、表格名稱[欄位]。

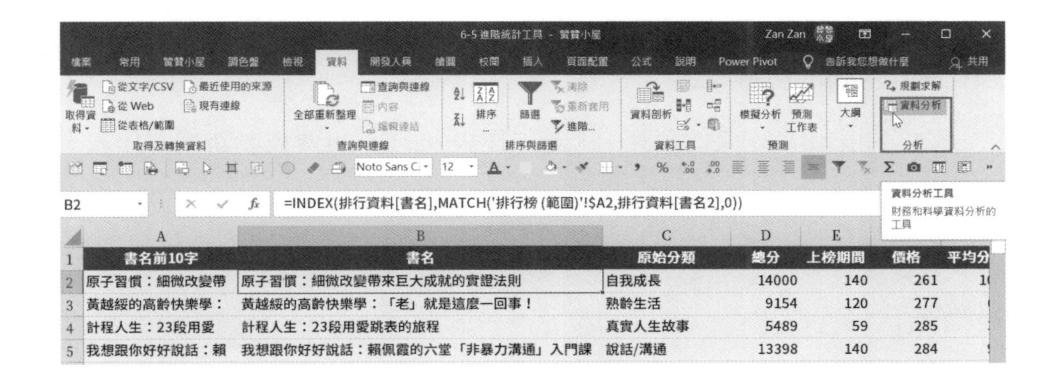

步驟五、統計工具箱中執行敘述統計

跳出來的「資料分析」視窗可以看到此增益集所提供的分析工具，琳琅滿目相當豐富，在此選擇最基本的「敘述統計」。

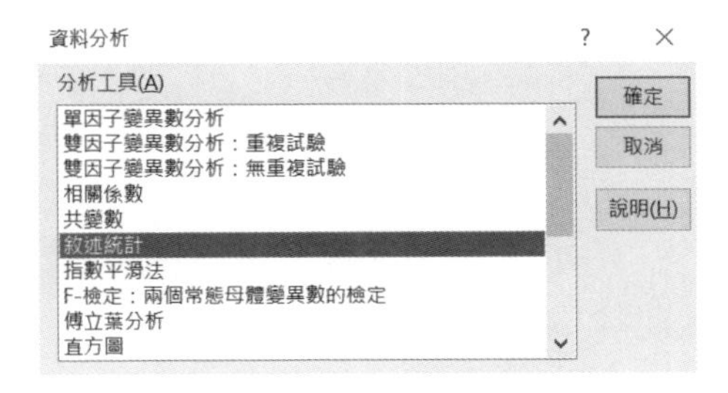

步驟六、執行敘述統計選項設定

在敘述統計視窗中逐項設定如下：

在工作表「排行榜 (範圍)」輸入範圍「$D$1:$H$288」，這裡使用普通參照引用工作表中「總分」到「平均分數區間」的儲存格範圍。

分組方式保留預設的「逐欄」，這是配合所引用報表是逐欄由上而下的一筆筆資料。

勾選「類別軸標記是在第一列上」，這也是配合所引用報表第一列為欄位標題名稱的特性。

在「輸出選項」保留預設的「新工作表」，Excel會自動新增工作表，將計算生成好的資料放在新工作表。

下方勾選「摘要統計」，作用便是要計算本章介紹的敘述統計相關統計量值。

最後按「確定」。

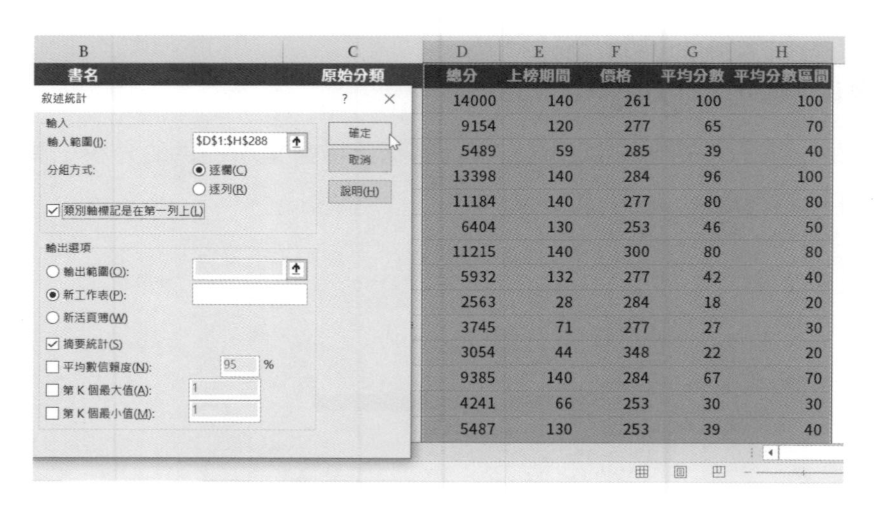

D	E	F	G	H
總分	上榜期間	價格	平均分數	平均分數區間
14000	140	261	100	100
9154	120	277	65	70
5489	59	285	39	40
13398	140	284	96	100
11184	140	277	80	80
6404	130	253	46	50
11215	140	300	80	80
5932	132	277	42	40
2563	28	284	18	20
3745	71	277	27	30
3054	44	348	22	20
9385	140	284	67	70
4241	66	253	30	30
5487	130	253	39	40

步驟七、快速計算多項敘述統計

執行結果如截圖所示，Excel會快速計算多個欄位資料中的統計量值，將結果呈現在新增的工作表上。由於很多統計分析都會參考到這些統計量值，而且通常可能是交叉綜合比較，因此這個表格相當實用。

J15 | 287

	A	B	C	D	E	F	G	H	I	J
1	總分		上榜期間		價格		平均分數		平均分數區間	
2										
3	平均數	2,463	平均數	49	平均數	289	平均數	18	平均數	17
4	標準誤	180	標準誤	3	標準誤	4	標準誤	1	標準誤	1
5	中間值	1,327	中間值	36	中間值	277	中間值	9	中間值	10
6	眾數	1	眾數	140	眾數	300	眾數	0	眾數	-
7	標準差	3,045	標準差	45	標準差	66	標準差	22	標準差	22
8	變異數	9,273,570	變異數	2,022	變異數	4,321	變異數	473	變異數	504
9	峰度	2	峰度	- 0	峰度	7	峰度	2	峰度	2
10	偏態	2	偏態	1	偏態	2	偏態	2	偏態	2
11	範圍	13,999	範圍	139	範圍	473	範圍	100	範圍	100
12	最小值	1	最小值	1	最小值	158	最小值	0	最小值	-
13	最大值	14,000	最大值	140	最大值	631	最大值	100	最大值	100
14	總和	707,000	總和	14,000	總和	82,823	總和	5,050	總和	4,990
15	個數	287	個數	287	個數	287	個數	287	個數	287

統計學基本與進階，從敘述統計到推論統計

本章主要內容為統計學中的敘述統計，從本小節第五步驟的分析工具清單可以看到還有很多較為進階的統計分析，那些進階分析主要是推論統計。簡單而言，敘述統計是在取得所有資料母體的基礎上，以統計量值描述這些資料集的特性，推論統計則是在只取得少數樣本的情況下，如何比較精準的推估整個母體的資料特性。

以本書範例來說，假設想知道的就是所有排行榜資料特性，那剛好本章所進行的種種分析也不會有樣本或是推論統計的需要。但如果想知道的是整個所有已出版書籍的特性，那麼就很需要嚴謹的推論統計分析。本書並非推論統計的專門著作，在此拋磚引玉，有興趣的讀者可以參考其他書籍，或者是贊贊小屋相關課程或後續出版著作。

PART 3

如何利用機器學習
幫你分類資料

用機器學習提供全新的分析視角－K 平均演算法分群（K-means Clustering Analysis）

在進行資料分析時，最重要的工作是把資料分群，以瞭解不同群組資料的性質以及對決策產生的結果。分群的方式有兩種，第一種個人主觀的分群方法，如我們用自設的方法替所有的書籍分類，然後觀察不同類別的書籍在銷售成績上是否有差異。機器學習的運用在此領域是要學會人工分類的邏輯，以取代人工進行大量資料的分類。

第二種是利用統計的方法，讓電腦自行進行分類，你可以觀察其中是否有意想不到的發現。本章先說明第二種運用機器學習的方法，以先前網路爬蟲所取得的資料為範例，沿續上一章統計學應用，介紹在機器學習中最基本的K平均演算法分群。

先從散佈圖開始介紹相關係數的概念（把所有的資料點依選定的特質標在一個座標系統上），接著再運用最小平方法進行線性迴歸，然後就可以透過Excel函數公式設計，以最小平方法演算距離進行分群（以各資料點在座標系上的距離來決定分類的方式）。最後補充怎麼運用Excel規劃求解工具快速執行。有需要的話，如何將資料標準正規化（把所有特質的單位，以該特質的平均數及標準差來表述）。

第一節 用相關性散佈圖確定因素間的相關性

本書第六章介紹敘述統計時，資料表雖然同時有許多欄位，在計算平均值及標準差這些統計量時都是個別獨立進行，不過當實務分析時，往往需要綜合考量評估兩欄以上的資料，而最基本的就是瞭解不同資料欄位之間是否有相關性，在統計學上通常會以散佈圖呈現，本節將介紹Excel相關應用。

步驟一、插入兩組資料散佈圖

先新增一個空白工作表，並在上方功能區依序前往「插入>圖表」，將散佈圖的圖標下拉，點選最基本的「散佈圖」，可以看到工作表上會出現圖表物件。

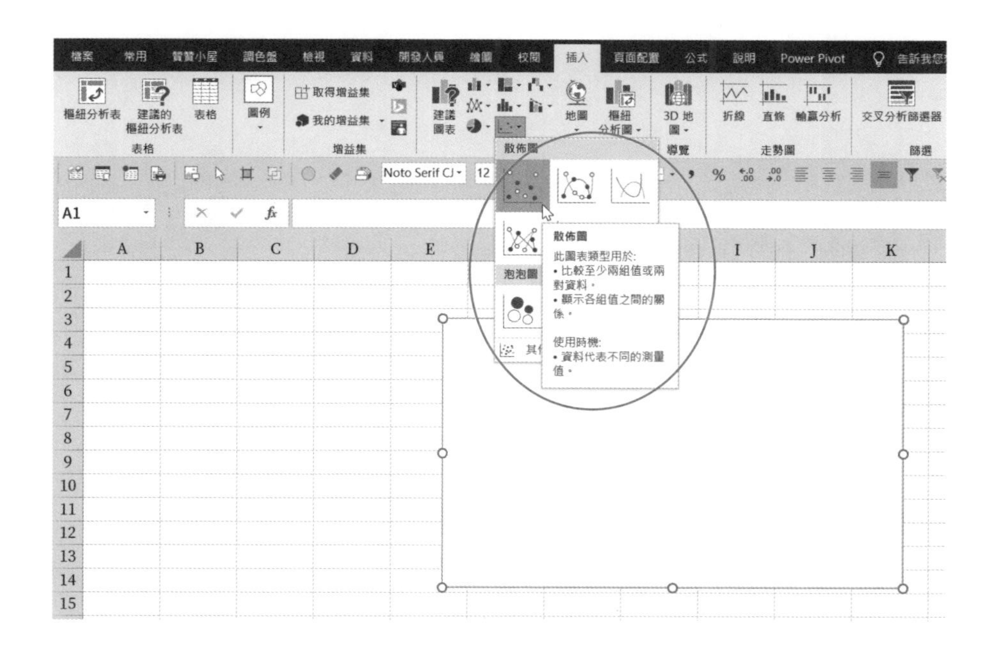

步驟二、選取散佈圖所要呈現的資料

和第四章介紹的表格和樞紐分析表一樣，在Excel工作表上建立圖表物件之後點選此物件，上方功能區便會出現專屬的指令面板，點選「圖表工具>設計>資料>選取資料」，準備設定圖表的資料來源。

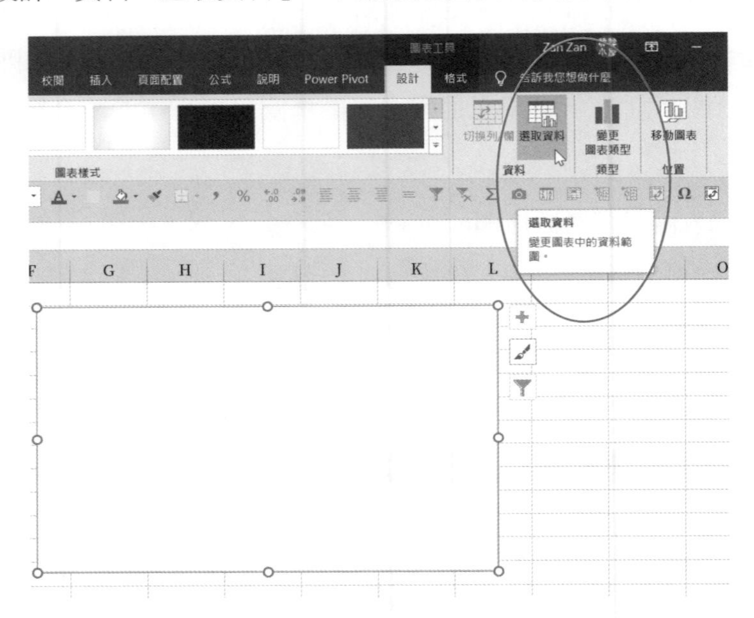

步驟三、圖表資料來源設定視窗

進入「選取資料來源」視窗後，點選左邊「圖例項目（數列）」中的「新增」。

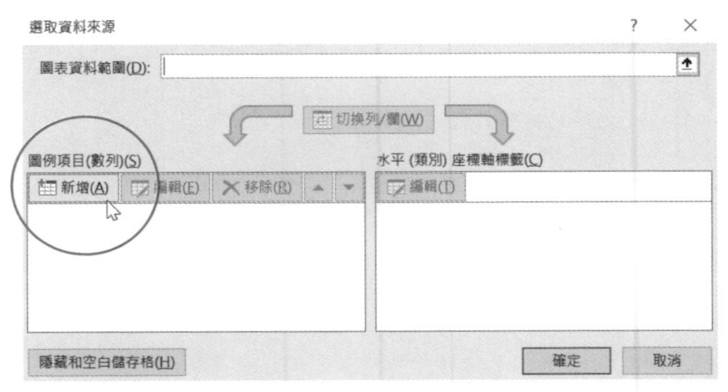

步驟四、編輯各個圖表數列的資料範圍

在跳出來的「編輯數列」對話方塊中，於「數列名稱」輸入「價格對於平均分數影響」，「數列X值」輸入排行榜表格中的價格，「數列Y值」輸入排行榜表格中的平均分數，最後按「確定」。

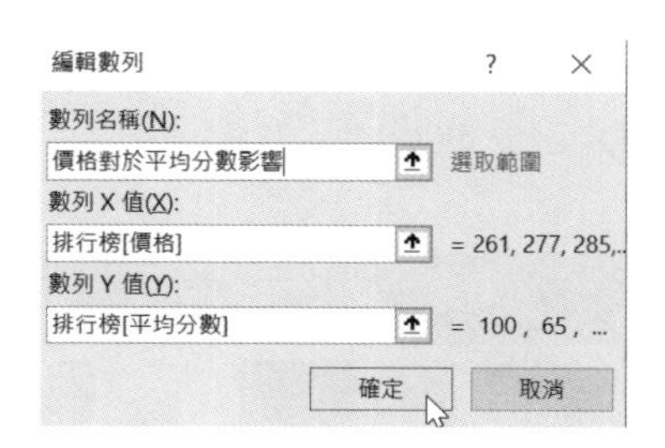

步驟五、完成資料來源設定

上個步驟確定好了之後，會回到「選取資料來源」視窗，這裡可以看到設定的結果，如果沒有問題，按「確定」。

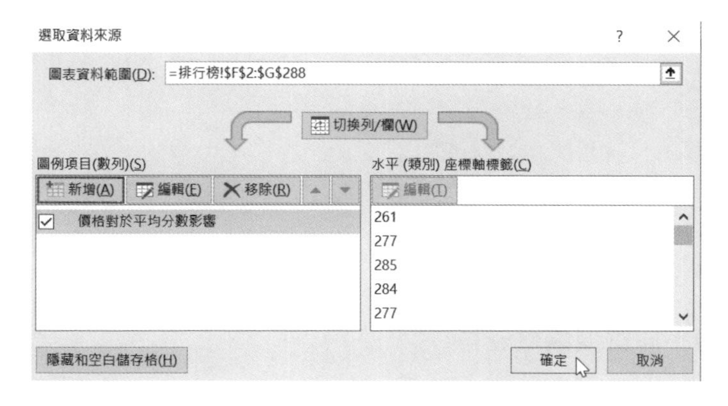

步驟六、工作表散佈圖呈現效果

回到工作表會看到已經有資料的散佈圖，上一章已經有事先瞭解到價格是相當集中在200~300區間，這裡等於是用圖表方式呈現。從圖表可以看到同樣的價格區間帶，還是有一些書籍分數蠻高的，所以，價格應該沒

有決定性的影響力。不過，如果從極端值來看，可以看到高價格書籍的平均分數都不高，所以，也許可以假設由於市場上書籍價格集中，高單價書籍是比較難得到好的成績。

另外，前面流程已經瞭解了如何設定散佈圖資料來源，在這裡已經有了一個既定的圖表，只要在上方功能區再執行一次「選取資料」，便可以很快變更想分析的欄位面向。

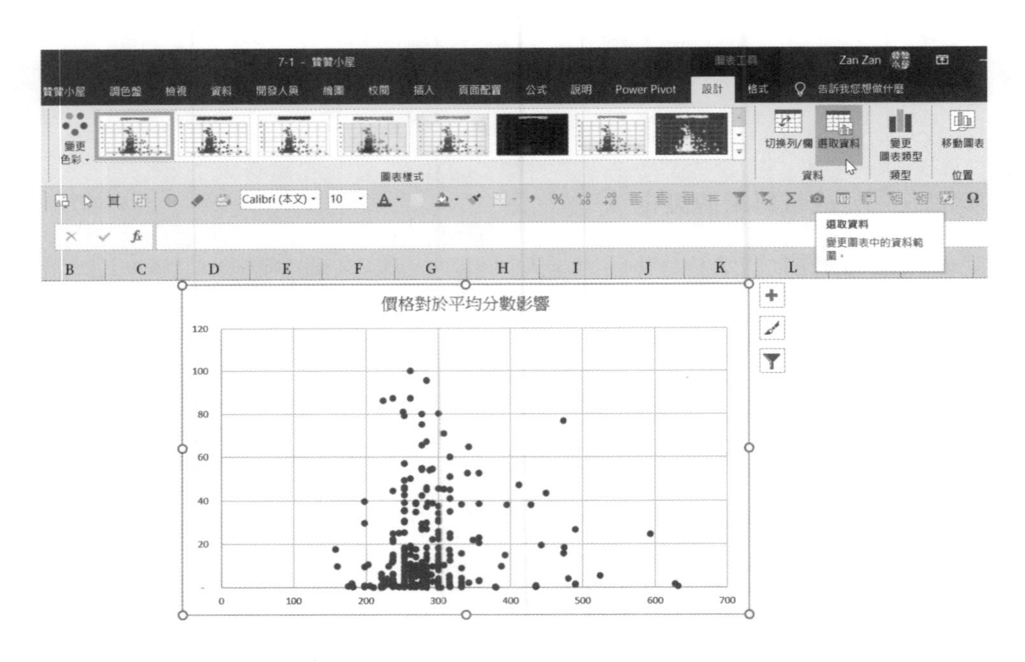

步驟七、由不同維度觀察資料

除了在同一份圖表上更改資料分析維度，你也可以複製貼上快速建立第二份散佈圖。在第二份散佈圖選擇不同的資料，如截圖所示，一目瞭然地進行綜合分析解讀。

在此可以見得，價格對平均分數的影響不大，但上榜期間對於平均分數具有一定的比例關係。大致而言，上榜期間越大，平均分數越高。

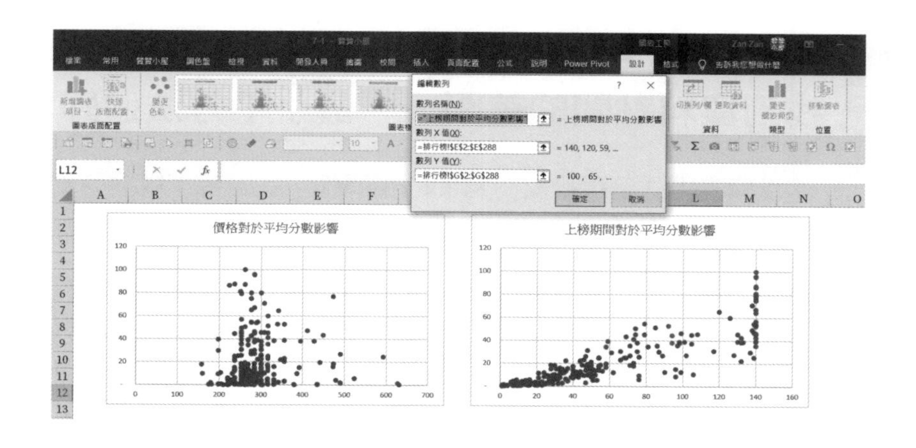

大數據資料分析與因果關係

通常在大數據分析時只看數字結果，過程中並不考慮因果關係。以本節範例分析對象而論，通常認為價格越高，購買意願會降低，因此，也會降低平均分數。單純從數值分析結果來看，並不是這麼一回事，沒有很明顯的相關性。

上榜期間和平均分數兩者具有相關性，不過，就我們對於原始資料的瞭解，一本書有上榜就會有個分數，所以，上榜期間和平均分數兩者之間有必然的因果關係，也因此當然具有相關性。

從以上兩個例子可以具體的瞭解相關性和因果關係之間的差別：兩組資料之間沒有相關性，彼此不會是因果關係，但如果具有相關性，也不一定表示是因果關係，有可能只是偶然相關，必須進一步瞭解具體資料的背景或特性。因此，Excel工具在這裡扮演的角色，是幫助更有效率、更快速的確認其相關性是否存在。

第二節

找到資料點間的差距——最小平方法迴歸

上一節以圖表方式呈現兩組資料間的相關性，在瞭解了哪些資料變數間具有相關性之後，在實務上當然會進一步想知道到底是怎樣具體的相關。例如其中一個X值（自變數）增加了，另一個Y值（應變數）會增加或減少多少？本節以Excel作為工具，介紹統計學中相關係數和直線迴歸方程式的概念。

步驟一、相關係數的計算

先前有介紹Excel的LEN函數會傳回所參照的字串長度，在此先新增欄位計算書名字數，設計公式為：「=LEN([@書名])」。接著沿用本書第六章第五節的資料分析工具，選擇執行「相關係數」。

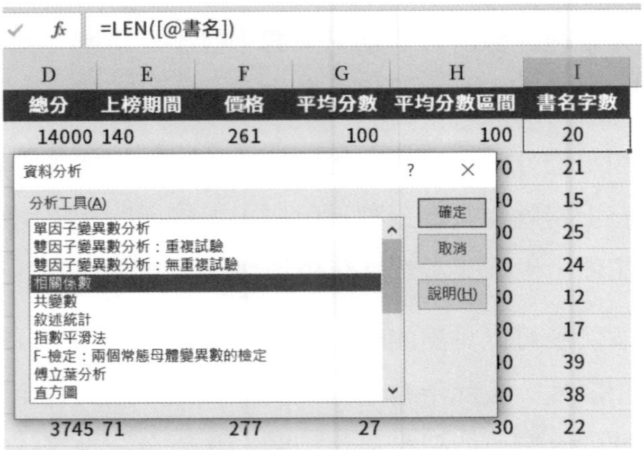

=LEN([@書名])

D	E	F	G	H	I
總分	上榜期間	價格	平均分數	平均分數區間	書名字數
14000	140	261	100	100	20
				70	21
				40	15
				00	25
				30	24
				50	12
				30	17
				40	39
				20	38
3745	71	277	27	30	22

資料分析

分析工具(A)

單因子變異數分析
雙因子變異數分析：重複試驗
雙因子變異數分析：無重複試驗
相關係數
共變數
敘述統計
指數平滑法
F-檢定：兩個常態母體變異數的檢定
傅立葉分析
直方圖

確定 取消 說明(H)

步驟二、設定相關係數執行細節

輸入範圍設定為「$D$1:$I$288」，表示是從「總分」到「書名字數」的欄位資料都要計算相關係數。

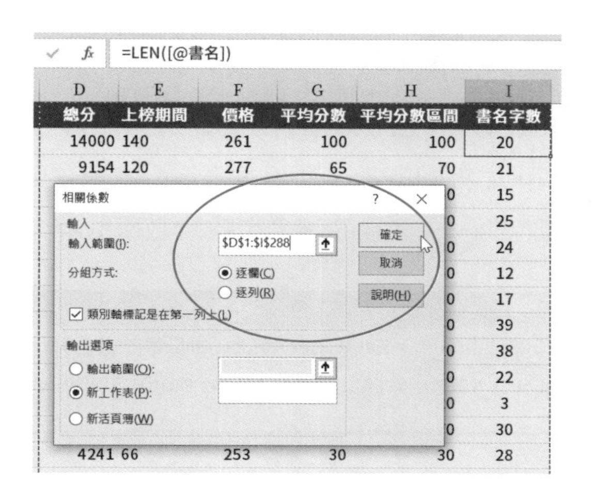

步驟三、相關係數矩陣表

Excel計算完後，會在新工作表建立相關係數矩陣表，這裡可以看到各個欄位之間的相關係數。相關係數是統計學中計算兩變數關聯性的統計值，介於-1到1之間，通常在-0.7到0.7區間內表示關聯性不是很顯著，大於0.7是高度正相關，X越高、Y越高的概念，低於-0.7是高度負相關，X越高、Y越低的概念。

以這裡的矩陣表為例，「價格」和其他欄位資料相關性不高。「總分」、「平均分數」、「平均分數區間」由於都是同樣資料等比例計算，所以，是幾乎接近於1的完美相關。上榜期間和總分是有一定的因果關係，但即使上榜了，分數仍然有高有低，所以，兩者之間是高度的正相關。

B3 | 0.88241489243942

	總分	上榜期間	價格	平均分數	平均分數區間	書名字數
總分	1.00					
上榜期間	0.88	1.00				
價格	0.03	(0.01)	1.00			
平均分數	1.00	0.88	0.03	1.00		
平均分數區間	0.99	0.88	0.03	0.99	1.00	
書名字數	(0.06)	(0.01)	0.05	(0.06)	(0.05)	1.00

步驟四、函數公式計算相關係數

Excel的CORREL及PEARSON函數都可以計算相關係數，引數結構及計算結果相同，如截圖所示，利用本書第六章第三節所介紹，同樣可以參考函數的註解說明，有興趣的讀者可瞭解數學計算方式。

統計量	計算公式	計算結果
相關係數1（CORREL函數）	=CORREL(排行榜[上榜期間],排行榜[總分])	0.88
相關係數2（PEARSON函數）	=PEARSON(排行榜[上榜期間],排行榜[總分])	0.88

註解

- 如果陣列或參照引數包含文字、邏輯值或空白儲存格，這些值會被忽略;不過，包含零值的儲存格。
- 如果 array1 和 array2 的資料點數不同，CORREL 會#N/A 錯誤。
- 如果 array1 或 array2 是空值，(其值的標準差) 等於零，CORREL 會#DIV/0！ 錯誤。
- 當相關係數接近 +1 或 -1 時，它會指出正 (+1) 或負數 (-1) 陣列之間的相互關聯。正相關表示，如果一個陣列中的值增加，另一個陣列中的值也增加。接近 0 的相關係數表示沒有或弱相關。
- 相關係數的方程式是：

$$Correl(X,Y)=\frac{\sum(x-\bar{x})(y-\bar{y})}{\sqrt{\sum(x-\bar{x})^2\sum(y-\bar{y})^2}}$$

其中

$\bar{x}$ and $\bar{y}$

為樣本平均數 AVERAGE(array1) 及 AVERAGE(array2)。

步驟五、散佈圖與迴歸方程式

本章第一節介紹的散佈圖是將實際資料描繪在坐標平面，視覺化散佈方式呈現相關情形，不過Excel其實還可以直接在散佈圖上加入數學方程式。

如截圖所示，左上方執行新增「趨勢線」圖表項目，並在右邊專屬窗格中設定為「線性」，勾選「在圖表上顯示方程式」。可以看到散佈圖上多了一條直線，它預設是虛線格式，在此為了方便講解，調整為藍色粗實線。另外，請注意圖表上會多了一個方程式：「y＝59.756x－451.51」。

這條趨勢線在幾何學上的意義可以看圖這樣理解，它是在平面上所有直線中，滿足讓所有資料點與直線的距離最短的那條直線。而在國中數學都有學到坐標平面上的一條直線，在代數學中就是一個二元一次方程式，「y＝59.756x－451.51」便是藍直線所代表的方程式。

再以範例來說，X軸是上榜期間，Y軸是總分，「y＝59.756x－451.51」可解釋為當上榜期間為0，總分是-451.51，每當上榜期間增加1，總分會增加59.756，這樣就解答了本節一開始所提出的問題。

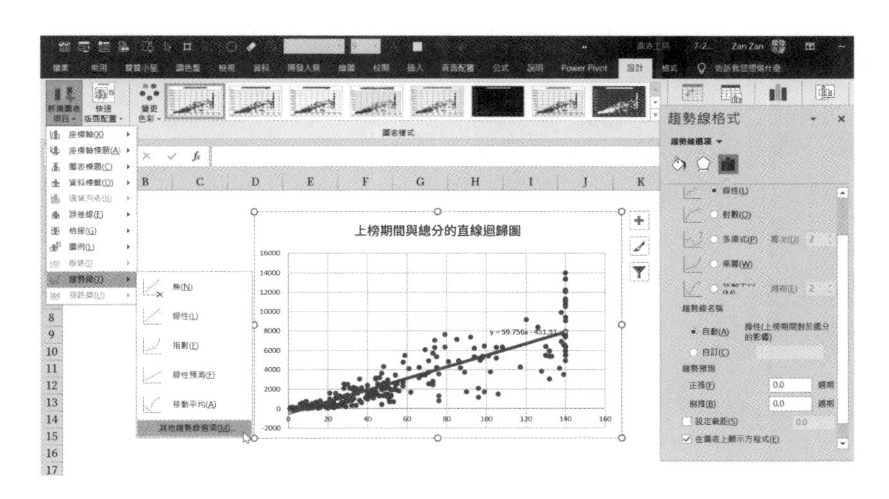

步驟六、直線迴歸方程式計算

上個步驟的方程式是有嚴謹的統計學數學計算公式，簡單利用Excel的SUM及SUMPRODUCT便能實際算出迴歸直線的斜率及截距。

數學定義	計算值	Excel函數公式
所有X值加總	14,000	=SUM(排行榜[上榜期間])
所有Y值加線	707,000	=SUM(排行榜[總分])
X值及Y值兩兩乘積和	69,048,096	= SUMPRODUCT(排行榜[上榜期間],排行榜[總分])
X值平方和	1,261,284	=SUMPRODUCT(排行榜[上榜期間],排行榜[上榜期間])
共有多少組XY資料(n)=	287	=COUNT(排行榜[上榜期間])
直線迴歸的斜率(m)=	59.76	=(B7*B4-B2*B3)/(B7*B5-B2^2)
直線迴歸的截距(b)=	(451.51)	=(B5*B3-B2*B4)/(B7*B5-B2^2)

步驟七、最小平方法意義及簡單驗證

迴歸直線在幾何學和代數學的意義如同第五步驟所述，在這裡要再補充最小平方法的概念。

國中數學有學到坐標平面兩點之間的距離，是以直角三角形「$a^2 + b^2 = c^2$」中的C平方根計算，亦即勾股定理（畢氏定理）的斜邊長，統計學或機器學習中稱之為**歐基德距離（Euclidean distance）**。想要所有資料點距離直線最近，就是所有的C平方加起來最小，亦即所謂統計學中最小平方法的原理。

而把資料點依其距離的遠近加以分群，是機器學習進行資料分類的基本原理。

在這裡首先介紹Excel可以直接使用LINES函數計算斜率及截距。請注意它是陣列函數，因為它會傳回兩個以上的值，所以在C6輸入公式之後，要選取C6及D6兩個儲存格，然後在資料編輯列上同時按下「Ctrl+Shift+Enter」，這樣才能計算出C6的「59.76」及D6的「-451.51」（藍字括號代表負數）。

有了最小平方法的斜率及截距作為實驗組，再設定非常接近的對照組，亦即「任意其他直線」的斜率「60.00」及截距「541.00」。隨機選取

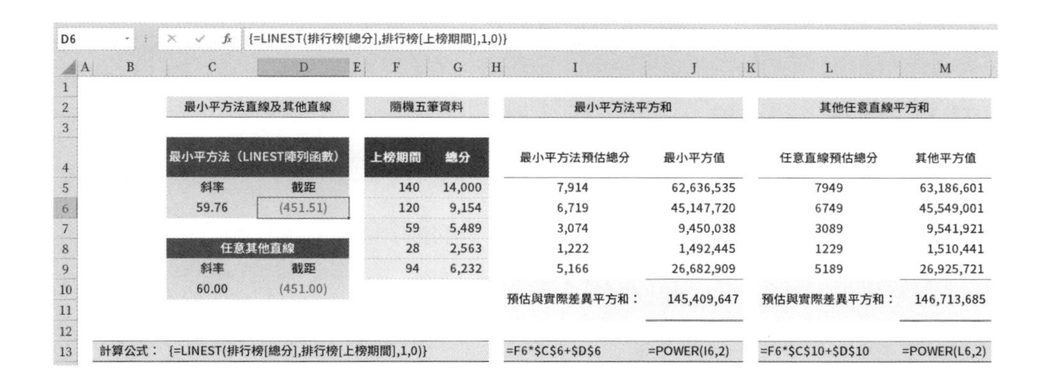

D6 {=LINEST(排行榜[總分],排行榜[上榜期間],1,0)}

最小平方法直線及其他直線	
最小平方法（LINEST陣列函數）	
斜率	截距
59.76	(451.51)
任意其他直線	
斜率	截距
60.00	(451.00)

隨機五筆資料	
上榜期間	總分
140	14,000
120	9,154
59	5,489
28	2,563
94	6,232

最小平方法預估總分	最小平方值	任意直線預估總分	其他平方值
7,914	62,636,535	7949	63,186,601
6,719	45,147,720	6749	45,549,001
3,074	9,450,038	3089	9,541,921
1,222	1,492,445	1229	1,510,441
5,166	26,682,909	5189	26,925,721
預估與實際差異平方和：	145,409,647	預估與實際差異平方和：	146,713,685
=F6*$C$6+$D$6	=POWER(I6,2)	=F6*$C$10+$D$10	=POWER(L6,2)

計算公式： {=LINEST(排行榜[總分],排行榜[上榜期間],1,0)}

五筆上榜期間和總分的組合，依照方程式分別代入計算平方值，最後分別將兩條直線的差異平方和加起來，可以看到雖然兩組斜率截距（直線）非常接近，但「145,409,647」是小於「146,713,685」。所謂最小平方法，就是任意其他直線算出來的平方和都會比LINEST直線更大。

統計分析、機器學習與Excel工具

本書到這裡，已經開始從網路爬蟲到統計分析，準備要再進入機器學習的領域。而統計學和機器學習無可避免會用到數學，不過如同本節所示，Excel不但有很多便利的函數指令可以使用，工作表儲存格的結構也很適合做一些簡單概念性的說明。接下來的章節內容將會以這個模式，不會涉及到太複雜的數學計算，主要以觀念講解和Excel工具輔助進行。

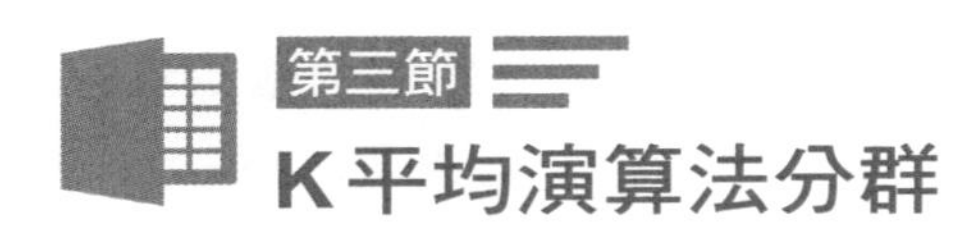

第三節 K平均演算法分群

機器學習如何把資料分群？對可以量化的資料而言，相對容易。基於

本書前兩節的說明，本節將進一步說明可以量化的資料分群的方法。

步驟一、隨機資料分群

把游標移到「排行榜」工作表名稱上，按住Ctrl同時往右拖曳，先複製一張工作表，命名為「排行榜1」。利用前面第六章第五節介紹的Excel工具，算出各個欄位的統計量後，參考「價格」及「平均分數」的平均值和標準差，隨機設定三組資料，作為A、B、C三個群組的中心。請注意，這裡新增了「資料編號」欄位，作為資料庫中的識別項主鍵，方便說明比對。

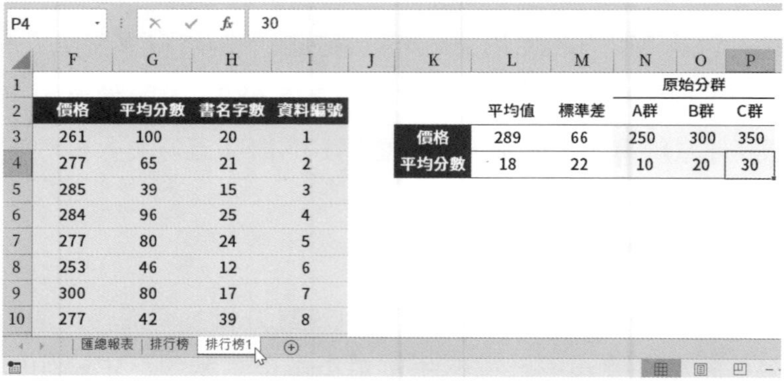

價格	平均分數	書名字數	資料編號
261	100	20	1
277	65	21	2
285	39	15	3
284	96	25	4
277	80	24	5
253	46	12	6
300	80	17	7
277	42	39	8

			原始分群		
	平均值	標準差	A群	B群	C群
價格	289	66	250	300	350
平均分數	18	22	10	20	30

步驟二、各資料點到分群點的距離

依照畢氏定理計算各資料點到A、B、C三個分群點的距離，利用SQRT函數取平方根。例如U3儲存格的公式為「=SQRT(($F3-P$3)^2+($G3-P$4)^2)」，表示計算第一筆資料與C群坐標點的距離，其他資料點都是相同的方式。

這裡有用「$」符號適當地固定欄號或列號，只要游標移到帶公式的儲存右下角，游標圖示會從白粗十字架變成小黑十字架，此時，向下向右拖便可以快速複製公式。

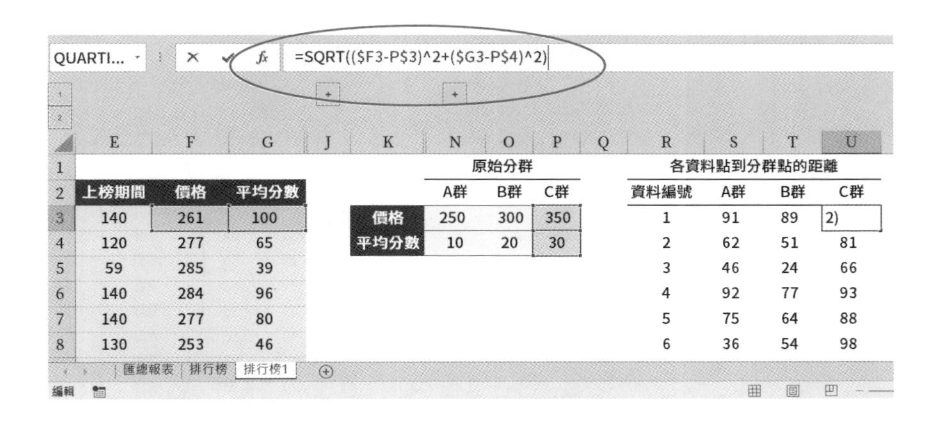

步驟三、最小平方法將資料分群

得到各資料點到各分群點的距離後，假設物以類聚，以第一筆資料而言，到A、B、C三個分群點的距離分別「91」、「89」、「113」，將其歸類到最新的「89」，所以，依照最小平方法分群的話，第一筆資料屬於B群，由此設計函數公式：「=INDEX($S2:$U$2,1,MATCH(MIN(S3:U3),S3:U3,0))」。

MIN(S3:U3)：為取S3到U3儲存格範圍中的最小值。MATCH(MIN(S3:U3),S3:U3,0)：確認「S3到U3儲存格範圍中最小值」是屬於第幾個位置，引數「0」代表「FALSE」，作用是精準比對，一定要完全相符才可以，有點類似英文大小寫的概念，同一個字母大小寫也算是不同的東西。

「INDEX($S2:$U$2,1,MATCH(MIN(S3:U3),S3:U3,0))」：確定最小值在第幾個位置之後，傳回相對應「A群」、「B群」、「C群」，以第2筆資料編號為例，最小值「51」是在第二個位置，因此會傳回「B群」。

複製公式後，W欄得到了第一次的資料分組。

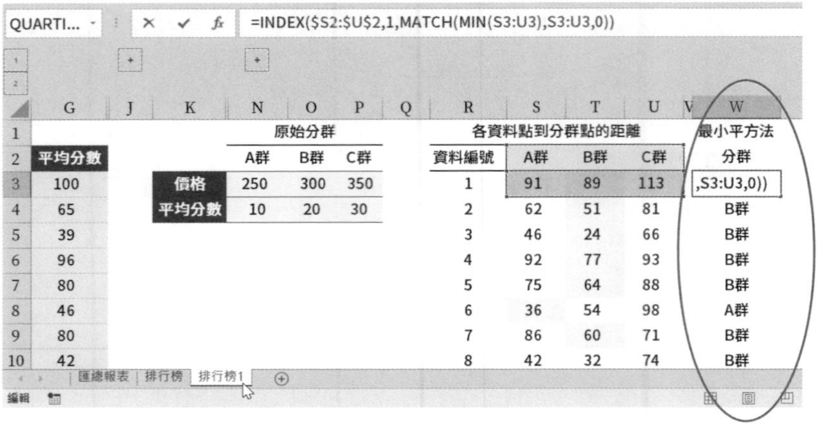

QUARTI... =INDEX($S2:$U$2,1,MATCH(MIN(S3:U3),S3:U3,0))

	G	J	K	N	O	P	Q	R	S	T	U	V	W
1				原始分群				各資料點到分群點的距離					最小平方法
2	平均分數			A群	B群	C群		資料編號	A群	B群	C群		分群
3	100		價格	250	300	350		1	91	89	113		,S3:U3,0))
4	65		平均分數	10	20	30		2	62	51	81		B群
5	39							3	46	24	66		B群
6	96							4	92	77	93		B群
7	80							5	75	64	88		B群
8	46							6	36	54	98		A群
9	80							7	86	60	71		B群
10	42							8	42	32	74		B群

匯總報表 | 排行榜 | 排行榜1

編輯

步驟四、重新計算分群點

人類最厲害的地方是會從經驗中學習改進，機器學習就是要學習這個特性。在這裡是以Excel工作表模擬，每一張工作表都是一次的計算執行，而且是會根據上一張工作表的計算結果再進行計算，達到演算的作用，等同於從經驗中學習改進。

複製工作表「排行榜1」，修改名稱為「排行榜2」。由於上個步驟已將資料重新分組，在此設計函數公式：「=AVERAGEIF(排行榜1!$W:$W,N$2,排行榜1!$F:$F)」，作用是以「排行榜1」工作表的W欄作為條件範圍，N2儲存格為條件，合乎條件的資料即加總取平均值。請注意，這裡參照到工作表「排行榜1」，是以上個步驟的分群組別重新計算各分群點。

這裡意思是在第二張工作表做計算，先以第一張工作表的計算結果作為原始分群。所以，在工作表「排行榜2」是「排行榜1」執行AVERAGEIF計算A群、B群、C群的平均值。

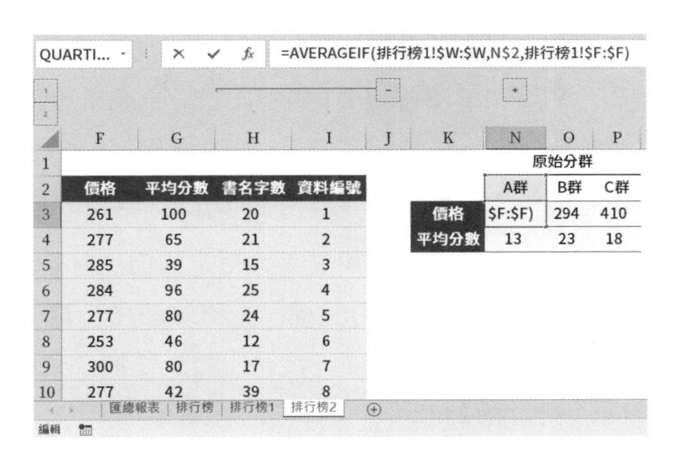

步驟五、比較分群差異及差異數

由於是複製整張工作表，「排行榜2」的W欄會用同樣的方式進行最小平方法分群。這裡的分群依據是上個步驟重新計算的分群點，這樣「排行榜1」和「排行榜2」都有分群組別，因此可以兩相比較，具體以新增欄位設計函數公式說明如下：

- X欄「原始分群」:「=INDIRECT(“排行榜1”&”!W”&ROW())」，ROW函數是傳回儲存格列號，「ROW( )」表示是公式所在儲存格的列號，INDIRECT函數是間接引用，以X72儲存格為例，等於是參照引用「排行榜1」工作表「W72」儲存格的內容。

  舉例而言，Excel如果是直接引用，寫法是「排行榜1!W72」，表示引用「排行榜1」工作表的「W72」儲存格。間接引用INDIRECT的寫法便是「=INDIRECT(“排行榜1”&”!W”&ROW())」，如此，讀者對於INDIRECT的技巧應該更能體會。
- Y欄「分群差異」:「=IF(EXACT(W3,X3),0,1)」，這裡的函數相當直覺，「EXACT(W3,X3)」是比較W3和X3兩個儲存格內容是否相同。配合IF函數，如果相同，則為「0」，若不同，則為「1」。

從截圖很容易可以知道Y3就是0，因為排行榜2和排行榜1的分群結果相同。Y72和Y73都是1，表示兩次分群結果有差異。

- Z欄「差異數」：「=SUM(Y:Y)」，將Y欄儲存格數值加總，計算結果便是差異數，這裡可以看到兩次分群共有25筆資料差異。

兩次分群有差異，表示分群結果還不太穩定，仍然有縮小距離的改善空間，所以再重複第二步驟開始的流程，大風吹繼續分群下去。請注意「排行榜3」工作表，因為是和「排行榜2」比較，要把公式中有「排行榜1」的部分都改為「排行榜2」。

QUARTI... =INDIRECT("排行榜1"&"!W"&ROW())

	R	S	T	U	W	X	Y	Z
1	各資料點到分群點的距離				最小平方法分群	=INDIRECT("排行榜1"&"!W"&ROW())	=IF(EXACT(W3,X3),0,1)	=SUM(Y:Y)
2	資料編號	A群	B群	C群		原始分群	分群差異	差異數
3	1	88	84	170	B群	B群	0	25
66	64	14	46	158	A群	A群	0	
67	65	15	61	173	A群	A群	0	
68	66	51	36	138	B群	B群	0	
69	67	70	28	96	B群	B群	0	
70	68	46	13	118	B群	B群	0	
71	69	169	120	30	C群	C群	0	
72	70	35	30	142	B群	"!W"&ROW())	1	
73	71	33	27	134	B群	A群	1	
74	72	41	11	126	B群	B群	0	
75	73	24	29	141	A群	A群	0	
76	74	33	47	159	A群	A群	0	
77	75	13	46	157	A群	A群	0	

函數引數

INDIRECT

Ref_text "排行榜1"&"!W"&ROW() = "排行榜1!W72"

A1 = 邏輯值

= 可變更的

一文字串所指定的參照位址

Ref_text 是個單一儲存格的參照位址，而此儲存格含有依 A1 或 R1C1 表示法所指定的參照位址，可當作一個參照位址的名稱或是一個儲存格參照位址的文字串

計算結果 = 可變更的

函數說明(H) 確定 取消

步驟六、最小平方法演算結果

排行榜1、排行榜2、一直到排行榜7，總共大風吹分組了七次，終於差異數為零。工作表上的所有公式除了跟「排行榜」參照有關的要更新之外，其他毋須更動，它會自動計算，例如W3儲存格的「=INDEX($S2:$U$2,1,MATCH(MIN(S3:U3),S3:U3,0))」。

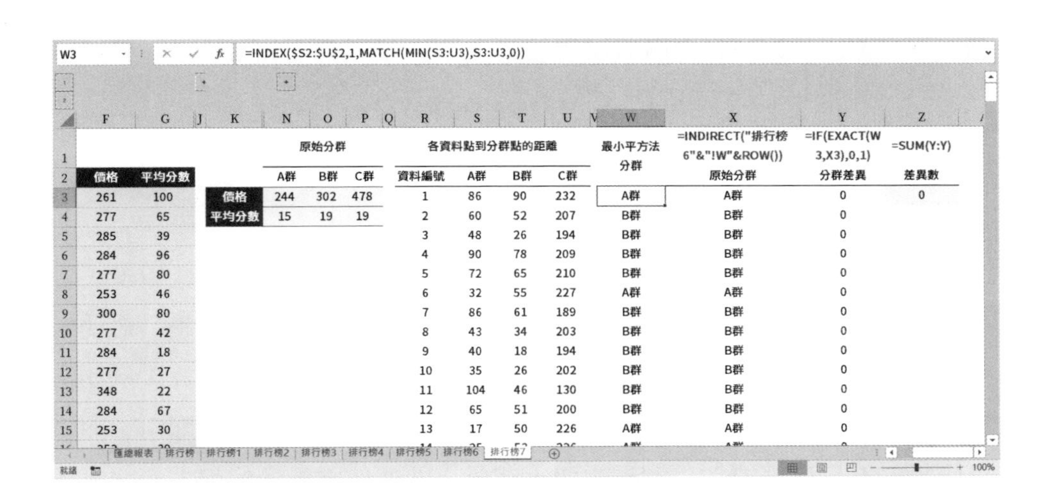

W3 =INDEX($S2:$U$2,1,MATCH(MIN(S3:U3),S3:U3,0))

價格	平均分數
261	100
277	65
285	39
284	96
277	80
253	46
300	80
277	42
284	18
277	27
348	22
284	67
253	30

原始分群	A群	B群	C群
價格	244	302	478
平均分數	15	19	19

各資料點到分群點的距離				最小平方法分群	=INDIRECT("排行榜6"&"!W"&ROW())	=IF(EXACT(W3,X3),0,1)	=SUM(Y:Y)
資料編號	A群	B群	C群		原始分群	分群差異	差異數
1	86	90	232	A群	A群	0	0
2	60	52	207	B群	B群	0	
3	48	26	194	B群	B群	0	
4	90	78	209	B群	B群	0	
5	72	65	210	B群	B群	0	
6	32	55	227	A群	A群	0	
7	86	61	189	B群	B群	0	
8	43	34	203	B群	B群	0	
9	40	18	194	B群	B群	0	
10	35	26	202	B群	B群	0	
11	104	46	130	B群	B群	0	
12	65	51	200	B群	B群	0	
13	17	50	226	A群	A群	0	

步驟七、K平均演算法分群過程

將七次分群演算的過程彙總成圖表，可以看到主要是將C群的價格拉高，平均分數拉平，差異數逐漸減少到零。另外，在三種不同分群的散佈圖，基本上是以價格作為分群基準，類似於一維空間，在一條數線上分群。

		原始分群 A群	B群	C群	差異數
排行榜1	價格	250	300	350	
	平均分數	10	20	30	
排行榜2	價格	246	294	410	25
	平均分數	13	23	18	
排行榜3	價格	243	296	443	6
	平均分數	14	21	18	
排行榜4	價格	243	299	466	3
	平均分數	14	21	17	
排行榜5	價格	243	300	474	4
	平均分數	14	20	18	
排行榜6	價格	244	301	474	1
	平均分數	15	19	18	
排行榜7	價格	244	302	478	0
	平均分數	15	19	19	

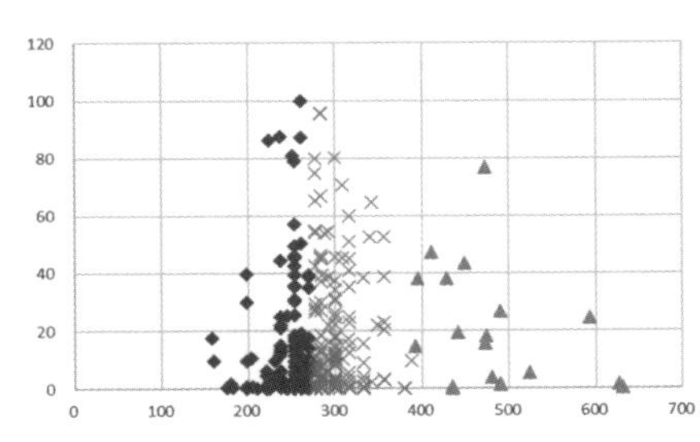

機器學習的過程與資料距離的定義

從這一節範例操作過程中，不難瞭解K平均演算法分群重點在於距離，不斷演算調整縮短距離，有點類似在學習過程中一再嘗試，最後終於找到最佳方法。

在計算資料彼此距離時，這裡使用的是國中數學已經熟悉的畢氏定理：坐標平面上直角三角形斜邊長，除了很容易理解，同時正是一般使用的計算方式。雖然在機器學習的聚類分析中有其他方式可以計算，例如絕對值或相關係數等，但沒有特別原由，其實使用常用距離計算即可，而資料分析的結果最好能加以解釋說明，在這方面顯然兩千多年前古希臘哲學家畢達哥拉斯（Pythagoras）的思想仍然是經典。

不是所有模型都能使用規劃求解的，有些模型可能只能用工作表複製的方法進行，這時候要搭配VBA程式快速執行，所以，工作表複製還是有必要學習的。

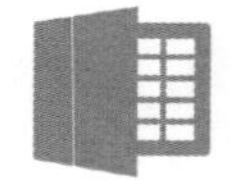

第四節

運用EXCEL規劃求解工具簡化資料分群工作

上一節利用函數設計和工作表複製的方式模擬K平均演算法分群，著重於如何縮短距離找到最適目標的過程。雖然很清楚，但是操作上不太簡便。所謂機器學習不僅可以重複大量學習，更可以利用機器快速執行，本節即是要介紹Excel很早就開發出來的一套規劃求解工具，將它應用在本章範例上。

步驟一、計算各資料到分群點距離

首先配合本節操作，工作表結構做個修改，在原有資料表格後面新增三個欄位，分別是「A群」、「B群」、「C群」，設計公式「=SQRT(SUMXMY2($F2:$G2,S$2:S$3))」。其中SUMXMY2如同函數引數所介紹，是兩組資料相減的平方和，配合SQRT取平方根便是計算距離。適當以「$」固定欄號列號，複製公式便可以得到各個資料到三個分群點的距離列表。

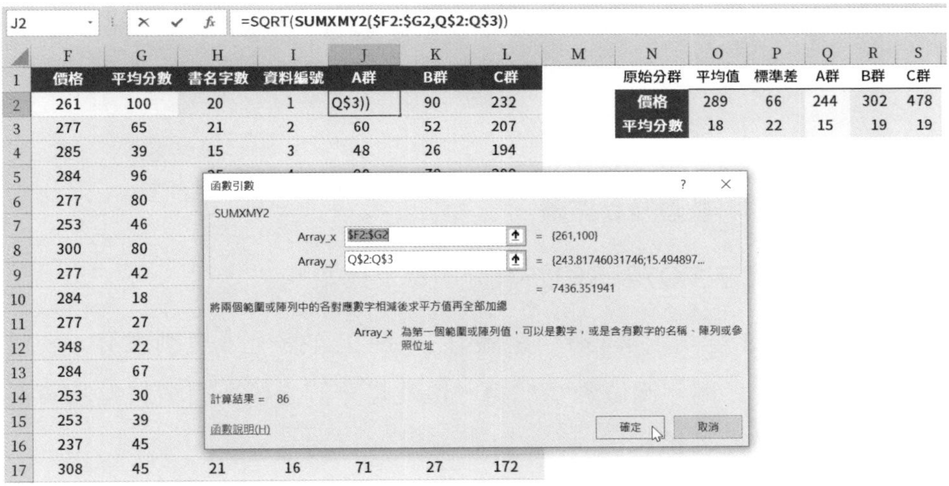

J2 =SQRT(SUMXMY2($F2:$G2,Q$2:Q$3))

	F	G	H	I	J	K	L
1	價格	平均分數	書名字數	資料編號	A群	B群	C群
2	261	100	20	1	Q$3))	90	232
3	277	65	21	2	60	52	207
4	285	39	15	3	48	26	194
5	284	96					
6	277	80					
7	253	46					
8	300	80					
9	277	42					
10	284	18					
11	277	27					
12	348	22					
13	284	67					
14	253	30					
15	253	39					
16	237	45					
17	308	45	21	16	71	27	172

原始分群	平均值	標準差	A群	B群	C群
價格	289	66	244	302	478
平均分數	18	22	15	19	19

函數引數

SUMXMY2

Array_x $F2:$G2 = {261,100}

Array_y Q$2:Q$3 = {243.81746031746;15.494897...

= 7436.351941

將兩個範圍或陣列中的各對應數字相減後求平方值再全部加總

Array_x 為第一個範圍或陣列值，可以是數字，或是含有數字的名稱、陣列或參照位址

計算結果 = 86

函數說明(H) 確定 取消

步驟二、確定最小距離並做分群

新增表格欄位（分群），以MIN函數確定「最小距離」後，設計函數公式分群：「=CHOOSE(MATCH([@最小距離],規劃求解[@[A群]:[C群]],0),”A群”,”B群”,”C群”)」，先利用MTACH函數定位最小距離是ABC三個欄位的第幾欄，接著CHOOSE函數根據MATCH傳回值分別給予「A群」、「B群」、「C群」的分類結果。如截圖所示，第一筆資料最小距離為「86」，位於第一欄，因此，分群結果為「A群」。

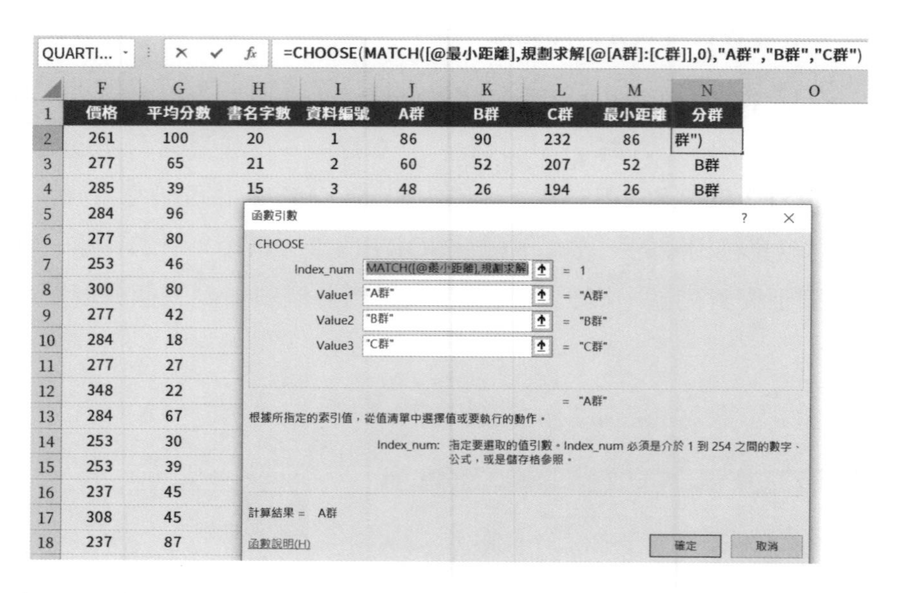

QUARTI... =CHOOSE(MATCH([@最小距離],規劃求解[@[A群]:[C群]],0),"A群","B群","C群")

	F	G	H	I	J	K	L	M	N
1	價格	平均分數	書名字數	資料編號	A群	B群	C群	最小距離	分群
2	261	100	20	1	86	90	232	86	群")
3	277	65	21	2	60	52	207	52	B群
4	285	39	15	3	48	26	194	26	B群
5	284	96							
6	277	80							
7	253	46							
8	300	80							
9	277	42							
10	284	18							
11	277	27							
12	348	22							
13	284	67							
14	253	30							
15	253	39							
16	237	45							
17	308	45							
18	237	87							

步驟三、計算資料數量及總距離

於工作表儲存格Q7及S5:U5設計函數公式如下：

- 「=SUM(規劃求解[最小距離])」：將工作表上「規劃求解」表格的「最小距離」欄位數字加總，也就是分群之後所有資料點和資料分群點的距離總和。
- 「=COUNTIF(規劃求解[分群],S2)」：計算各個分群有多少筆資料，例如S5儲存格的「126」，表示目前A群共有126筆資料。

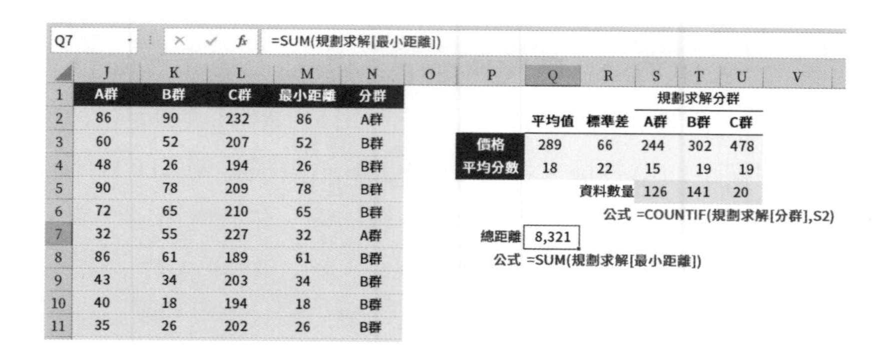

Q7 =SUM(規劃求解[最小距離])

	J	K	L	M	N
1	A群	B群	C群	最小距離	分群
2	86	90	232	86	A群
3	60	52	207	52	B群
4	48	26	194	26	B群
5	90	78	209	78	B群
6	72	65	210	65	B群
7	32	55	227	32	A群
8	86	61	189	61	B群
9	43	34	203	34	B群
10	40	18	194	18	B群
11	35	26	202	26	B群

	平均值	標準差	A群	B群	C群
			規劃求解分群		
價格	289	66	244	302	478
平均分數	18	22	15	19	19
		資料數量	126	141	20

步驟四、執行規劃求解指令

工作表架好之後，為了方便前後比較，先複製工作表，上方功能區前往「資料＞分析＞規劃求解」，如同輔助視窗所介紹的，準備使用Excel這個專門的模擬分析工具。

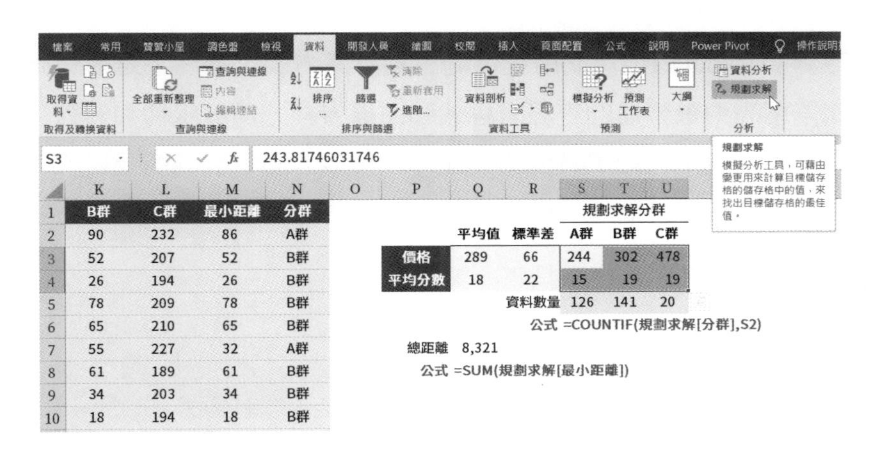

讀者如果沒有「規劃求解」指令，請先參考本書第六章第五節第一到第二步驟，加載「規劃求解增益集」。

步驟五、設定規劃求解的參數

在「規劃求解參數」視窗最上方「設定目標式」為「$Q$7」，也就是上個步驟工作表上算出來的總距離。

第二行勾選「最小」，表示希望目標式達到最小的狀態。

「藉由變更變數儲存格」輸入範圍「$S$3:$U$4」，表示讓Excel自動調整這個範圍內的儲存格值，以達到目標。

中間「設定限制式」可以增加演算時是否有額外的限制條件，這裡範例較單純，毋需設定，保留空白。

「將未設限的變數設為非負數」保持預設的勾選狀態，以本步驟為例，等同於設定「$S$3:$U$4」各個分群點必須正數的限制式，大部分時候分析處理對象是屬於自然正數的情況，例如這裡的三個分群點的價格及平均分數，因此預設為非負數。

「選取求解方法」保留預設的「GRG非線性」，在下方的「求解方法」有大致介紹Excel線性規劃所提供的三種計算方式，雖然不是很精確，但可以簡單用高中數學裡的直線方程式和曲線方程式理解線性和非線性的特性。這裡本來就是利用工具解決問題，有個概念和瞭解問題及目標即可，當然讀者有興趣，可進一步鑽研。

參數都設定好了之後，按下「求解」。

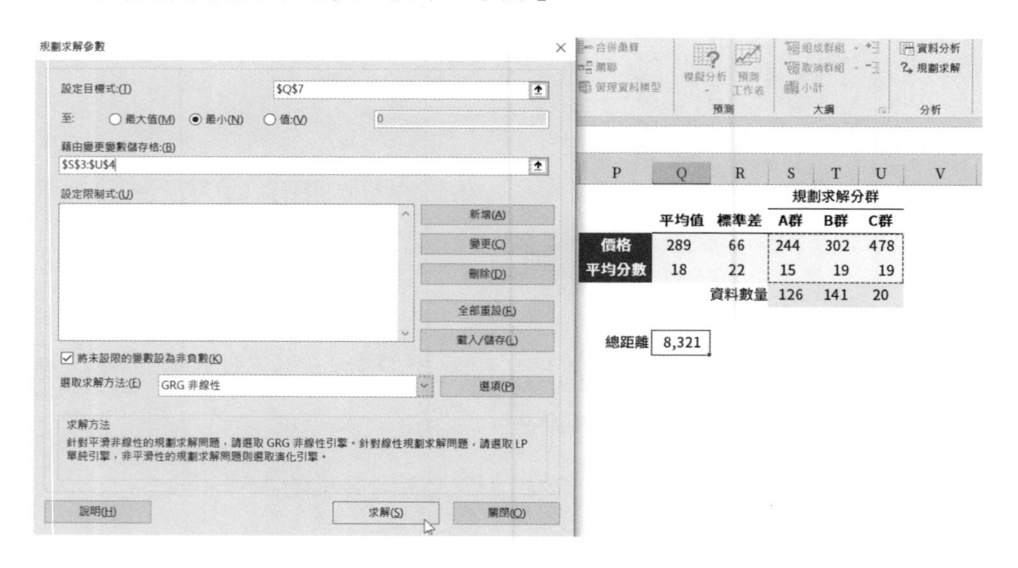

步驟六、Excel執行規劃求解並回報結果

計算引擎運作過程中，Excel左下方會看到一些相關訊息，經過一段時間會跳出對話方塊，顯示成功執行任務找到解答了，在此直接按「確定」。

步驟七、規劃求解強化過的三個分群點及總距離

執行完畢後回到工作表，由於是先設計好函數公式再複製工作表，所以，仍然會依照執行後更新的三個分群點計算最小距離和分群，同時也會計算資料數量和總距離，可以看到差別主要是各個分群點的平均分數較為分散，總距離從8321到8075大為降低，更符合K平均演算法縮短距離的分群目標

=COUNTIF(規劃求解執行後[分群],S2)

A群	B群	C群	最小距離	分群
90	95	225	90	A群
61	57	199	57	B群
45	29	186	29	B群
92	84	202	84	B群
74	70	203	70	B群
35	56	219	35	A群
86	67	181	67	B群
42	36	194	36	B群
35	15	186	15	B群
32	25	193	25	B群
99	50	122	50	B群

規劃求解分群

	平均值	標準差	A群	B群	C群
價格	289	66	250	298	470
平均分數	18	22	11	13	16
		資料數量	S2)	140	21

公式 =COUNTIF(規劃求解執行後[分群],S2)

總距離 8,075

公式 =SUM(規劃求解執行後[最小距離])

善用Excel工具發揮其長處

上一節利用函數公式和工作表複製的操作，反覆疊代計算，算是遵守演算規則得到不錯的結果，到了這一節，使用Excel的規劃求解工具，才發現其實還有更好的分群組合。讀者應該可以想見，如果使用更大型計算機或者專業複雜的軟體，也許還可以進一步縮短距離。

不過，退而言之，本書宗旨是利用Excel特性，方便讀者具體瞭解機器學習方法，如果像個黑盒子突然間冒出機器計算的結果出來，在使用上可能會比較不踏實。況且在機器學習領域，很多時候沒有一個絕對正確的答案，而是一個參考選項，重點在於後續的追跡、分析、修正、決策。從這個角度而言，本書從一開始利用Excel網路爬蟲取得資料、進行統計分析，再到這裡執行演算分群，在實務已經可以發揮很大的作用了。

第五節

消除不同資料、不同計量單位的影響——資料標準正規化

本章到上一節為止，已經清楚介紹了K平均演算法分群的概念，並且利用Excel實際操作演練，再加上規劃求解這一項強大工具，已經可以快速的Excel執行資料分群。不過，在實務上通常還有一個分群的重要步驟，就是將資料標準正規化。什麼叫資料標準正規化，以本書提供的範例為例，資料分群是用價格和平均分數來計算。兩者單位不同，在以「距離」為基礎的資料分類上，會產生偏誤。要如何克服？在這裡說明一下。

步驟一、Excel執行資料標準正規化

先前第六章第五節有介紹如何運用Excel統計分析工具迅速計算各個敘述統計量值，在此是針對價格和平均分數分群，先選取兩個欄位儲存格範圍，上方功能區依序前往「資料>分析>資料分析」，執行「敘述統計」指令，將新工作表命名為「敘述統計」，讀者有需要，可再參照本書第六章第五節操作範例。

然後在匯總報表這裡新增「價格2」和「平均分數2」兩個欄位，將原始的「價格」和「平均分數」都分別減掉各自的平均值再除以標準差，這個在統計學上便是把資料標準正規化的過程

以I2儲存格為例，公式為：「=([@價格]-敘述統計!$B$3) / 敘述統計!$B$7」，實際上的計算式是(261-289) / 66= -0.42，其他儲存格都是相同的計算方式。

I2　=([@價格]-敘述統計!$B$3)/敘述統計!$B$7

	D	E	F	G	H	I	J	K
1	總分	上榜期間	價格	平均分數	書名字數	價格2	平均分數2	資料編號
2	14000	140	261	100	20	(0.42)	3.79	1
3	9154	120	277	65	21	(0.18)	2.20	2
4	5489	59	285	39	15	(0.05)	0.99	3
5	13398	140	284	96	25	(0.07)	3.59	4
6	11184	140	277	80	24	(0.18)	2.86	5
7	6404	130	253	46	12	(0.54)	1.29	6
8	11215	140	300	80	17	0.17	2.87	7
9	5932	132	277	42	39	(0.18)	1.14	8
10	2563	28	284	18	38	(0.07)	0.03	9
11	3745	71	277	27	22	(0.18)	0.42	10
12	3054	44	348	22	3	0.90	0.19	11

步驟二、標準正規化之後的平均值及標準差

針對新增的「價格2」和「平均分數2」兩個欄位資料再執行一次「迅速統計」工具指令，將統計報表建立在原來的「敘述統計」工作表旁邊，如截圖所示。

可以看到經過標準正規化之後，「價格2」和「平均分數2」的平均值都是「0.00」，標準差都是「1.00」，這個在統計學上如果它的資料分布像一個完美均勻的鐘型常態分配的話，會把這個資料集稱之為標準常態分配。

具體而言，可以把原來的兩個資料集比擬為一個是以公分、一個是以英吋，一英吋等於2.54公分（1 inch = 2.54 cm），兩個不同單位的資料直接拿來分析的話，並不是很好。標準正規化的過程就是把兩個不同比例的資料，依照一定規則拉長縮短成相同的度量衡，這樣子做最小平方法距離的計算時，有相同權重，比例不致於失衡。

	A	B	C	D	E	F	G	H	I
1	價格		平均分數			價格2		平均分數2	
2									
3	平均數	289	平均數	18		平均數	(0.00)	平均數	0.00
4	標準誤	4	標準誤	1		標準誤	0.06	標準誤	0.06
5	中間值	277	中間值	9		中間值	(0.18)	中間值	(0.37)
6	眾數	300	眾數	0		眾數	0.17	眾數	(0.81)
7	標準差	66	標準差	22		標準差	1.00	標準差	1.00
8	變異數	4,321	變異數	473		變異數	1.00	變異數	1.00
9	峰度	7	峰度	2		峰度	7.32	峰度	2.34
10	偏態	2	偏態	2		偏態	2.20	偏態	1.64
11	範圍	473	範圍	100		範圍	7.20	範圍	4.60
12	最小值	158	最小值	0		最小值	(1.99)	最小值	(0.81)
13	最大值	631	最大值	100		最大值	5.21	最大值	3.79
14	總和	82,823	總和	5,050		總和	(0.00)	總和	0.00
15	個數	287	個數	287		個數	287.00	個數	287.00

步驟三、隨機亂數產生一開始的分群點

先前在分群都是參考資料的平均值和標準差，人為判斷去設定一開始的分群點，讀者如有興趣，可以簡單用Excel規劃求解工具測試看看。一開始選擇不同的分群點，結果有可能就會不一樣，這個是K平均演算法的特性。

到了這一節，既然資料都已經標準正規化了，利用Excel函數公式取一個介於-1到1之間的隨機亂數，作為一開始的分群點。

函數公式「=RAND( )*2-1」中，RAND函數是取「大於等於0且小於1的隨機亂數」，將取得的亂數乘以2再減掉1，是把亂數調整為介於-1到1之間。

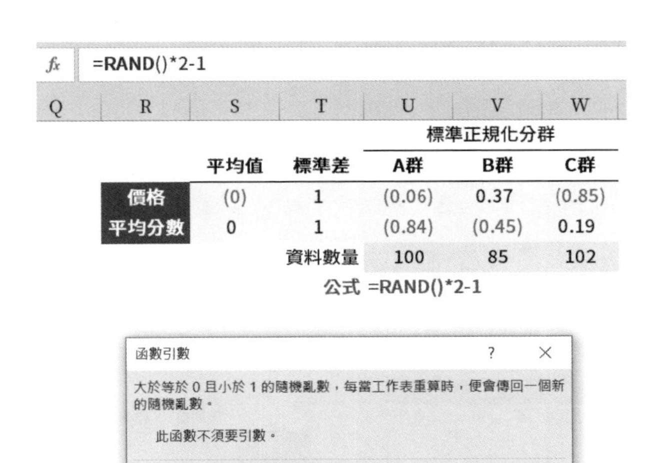

fx =RAND()*2-1

	平均值	標準差	標準正規化分群 A群	B群	C群
價格	(0)	1	(0.06)	0.37	(0.85)
平均分數	0	1	(0.84)	(0.45)	0.19
		資料數量	100	85	102

公式 =RAND()*2-1

步驟四、計算標準正規化之後的最小距離及分群

在原有報表右邊新增欄位，沿用本章上一節相同的方式，計算標準正規化後各個資料點到隨機初始分群點的距離，在確認最小距離之後，做各個資料點一開始的分群，如截圖所示。

QUARTI... fx =SQRT(SUMXMY2($I2:$J2,U$3:U$4))

	價格2	平均分數2	資料編號	A群	B群	C群	最小距離	分群
2	(0.42)	3.79	1	U$4))	4	4	4	C群
3	(0.18)	2.20	2	3	3	2	2	C群
4	(0.05)	0.99	3	2	2	1	1	C群
5	(0.07)	3.59	4	4	4	3	3	C群
6	(0.18)	2.86	5	4	3	3	3	C群
7	(0.54)	1.29	6	2	2	1	1	C群
8	0.17	2.87	7	4	3	3	3	C群

	平均值	標準差	標準正規化分群 A群	B群	C群
價格	(0)	1	(0.06)	0.37	(0.85)
平均分數	0	1	(0.84)	(0.45)	0.19
		資料數量	100	85	102

公式 =RAND()*2-1

總距離 256

步驟五、最佳分群後將資料還原到原來尺度

上個步驟看到的總距離是「256」，到了這個步驟，截圖上雖然看不出來，但其實已經沿用上一節同樣的規劃求解操作，執行K平均演算法分群，距離縮短變成為「197」。

將資料標準正規化是為了距離計算，做了最佳分群之後，想要解讀分群結果，當然會希望把資料再還原到原來的尺度，先前是怎麼標準正規化的，現在就是倒算回去，乘以標準差再加上平均值，就是這裡所看到的U12儲存格的公式：「=U3*$T12+$S12」。

U12 =U3*$T12+$S12

	K	L	M	N	O	P
1	資料編號	A群	B群	C群	最小距離	分群
2	1	4	4	3	3	C群
3	2	3	3	1	1	C群
4	3	2	2	0	0	C群
5	4	4	4	2	2	C群
6	5	3	3	2	2	C群
7	6	2	2	0	0	C群
8	7	4	3	2	2	C群
9	8	2	2	0	0	C群
10	9	1	1	1	1	B群
11	10	1	1	1	1	C群
12	11	2	1	1	1	B群
13	12	3	3	1	1	C群
14	13	1	1	1	1	C群
15	14	2	2	1	1	C群

R	S	T	U	V	W
			標準正規化分群		
	平均值	標準差	A群	B群	C群
價格	(0)	1	(0.57)	0.29	(0.07)
平均分數	0	1	(0.58)	(0.50)	1.28
		資料數量	116	102	69
		公式	=RAND()*2-1		
總距離	197				
			資料還原分群		
	平均值	標準差	A群	B群	C群
價格	289	66	251	307	284
平均分數	18	22	5	7	45
		資料數量	116	102	69

步驟六、標準正規化與原始資料的分群結果比較

既然所有資料都在工作表的表格中，很容易可以整理資料做個前後比較。如截圖所示，新增「A群2」到「C群2」欄位，以還原的資料計算距離，計算出「最小距離2」，得到還原資料的「分群2」欄位，再利用函數EXACT設計公式：「=EXACT([@分群],[@分群2])」。如果「分群」和「分群2」相同，則是「TRUE」，不一樣的話是「FALSE」，例如截圖所看到的資料，編號第13筆跟第15筆。

I欄和J欄是標準正規化後的「價格2」和「平均分數2」，計算方式是減掉平均值再除以標準差，所以，計算值如果是正的，越大表示超過資料平均值的程度越大，如果是負的話，越小表示低於資料平均值的程度越大。

第13筆和第15筆從計算結果來看，都是低於平均價格、高於平均分數，而且高於平均分數的程度比低於平均價格的程度大。依照標準正規化之後的分群會分到C群，還原資料後的分群則是分到A群。

再看上個步驟，Excel規劃求解之後的最佳分群，A群顯然是價格低的那一組，C群是平均分數高的組別。資料標準正規化的情況下，因為度量權重相同且分數離平均值較遠，這兩筆資料會被分到C群。如果是還原之後的原始資料計算，由於價格相較平均分數的「尺寸」較大（可參照兩者的全距統計量），因此價格權重高，兩筆資料會被分到A群。

假設對於分析者而言，價格和平均分數重視程度是一樣的，應該會有相同的權重，那麼顯然將資料標準正規化是比較好的做法。

V16 =EXACT([@分群],[@分群2])

	F	G	H	I	J	K	L	M	N	O	P	Q	R	S	T	U	V
1	價格	平均分數	書名字數	價格2	平均分數2	資料編號	A群	B群	C群	最小距離	分群	A群2	B群2	C群2	最小距離2	分群2	分群比較
2	261	100	20	(0.42)	3.79	1	4.37	4.34	2.54	2.54	C群	95	104	59	59	C群	TRUE
3	277	65	21	(0.18)	2.20	2	2.80	2.73	0.93	0.93	C群	66	66	21	21	C群	TRUE
4	285	39	15	(0.05)	0.99	3	1.65	1.53	0.28	0.28	C群	48	39	6	6	C群	TRUE
5	284	96	25	(0.07)	3.59	4	4.20	4.10	2.31	2.31	C群	96	92	50	50	C群	TRUE
6	277	80	24	(0.18)	2.86	5	3.46	3.39	1.59	1.59	C群	79	79	35	35	C群	TRUE
7	253	46	12	(0.54)	1.29	6	1.87	1.97	0.47	0.47	C群	41	67	31	31	C群	TRUE
8	300	80	17	0.17	2.87	7	3.53	3.37	1.62	1.62	C群	89	74	38	38	C群	TRUE
9	277	42	39	(0.18)	1.14	8	1.76	1.70	0.18	0.18	C群	45	47	8	8	C群	TRUE
10	284	18	38	(0.07)	0.03	9	0.79	0.64	1.24	0.64	B群	35	26	27	26	B群	TRUE
11	277	27	22	(0.18)	0.42	10	1.07	1.03	0.86	0.86	C群	34	36	20	20	C群	TRUE
12	348	22	3	0.90	0.19	11	1.66	0.93	1.46	0.93	B群	98	43	68	43	B群	TRUE
13	284	67	30	(0.07)	2.27	12	2.89	2.79	1.00	1.00	C群	70	65	22	22	C群	TRUE
14	253	30	28	(0.54)	0.58	13	1.16	1.36	0.84	0.84	C群	25	59	35	25	A群	FALSE
15	253	39	14	(0.54)	0.99	14	1.57	1.71	0.55	0.55	C群	34	63	32	32	C群	TRUE
16	237	45	17	(0.78)	1.24	15	1.83	2.04	0.72	0.72	C群	42	80	47	42	A群	FALSE
17	308	45	21	0.30	1.28	16	2.05	1.78	0.36	0.36	C群	70	39	24	24	C群	TRUE

步驟七、標準正規化與原始資料的散佈圖比較

上個步驟關於標準正規化的說明，在這裡以散佈圖表示會更加清楚。本章第三節原始資料分群有提到，結果好像是在價格這一X軸數線上分群，平均分數幾乎是依附在價格裡面。在經過本節操作之後，讀者應該可以理解，箇中原由其實是因為平均分數相較於價格而言不大，直接分群會導致平均分數沒有太大的影響力。但是經過標準正規化，在散佈圖可以看到三個分群結果更加具有可讀性，也因此更有分析的意義。

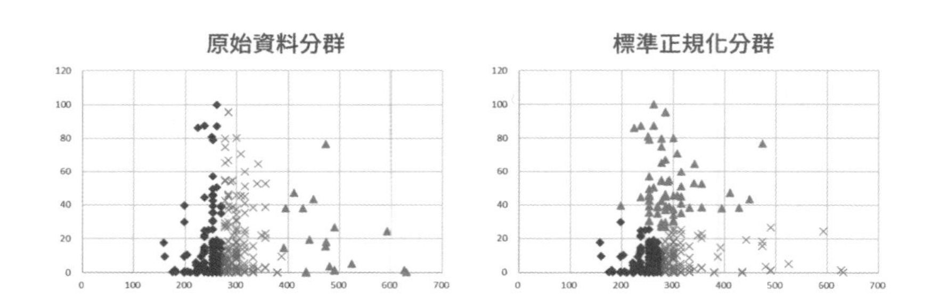

步驟八、模型分群結果明細

機器分群好了之後，可以在Excel報表建立篩選，例如於P欄篩選勾取「C群」，得到C群的資料明細。

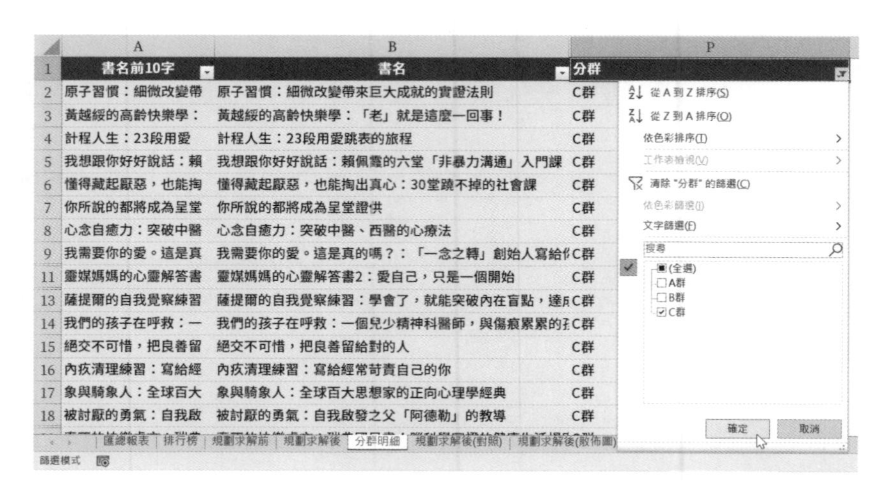

從二維平面空間、三維立體空間到多維變數分析

本章是利用本書網路爬蟲所取得的資料作為範例，執行簡單的K平均演算法分群，只針對兩個欄位變數資料做三個分群。不但結果可以用國中的座標平面展示為Excel的散佈圖，其基本原理也不超過國中數學的範圍。在這個基礎之上，同樣的操作方式很容易可以應用在超過兩個以上的變數和三個以上的分群。當然分群結果也許就不適合在Excel上面做平面的展示，不過在本章介紹之後，相信讀者都可以瞭解怎麼去做實務上的操作，並且針對結果可以加以分析及解讀。

如何讓電腦學會你的分類邏輯，進而自動進行資料分析及分類—線性判別分析

本章繼續介紹機器學習中另一個廣泛應用領域：資料分類。先前上一章的分群是沒有標準答案，程式機器把握一個準則方向將資料分群，這在機器學習中稱之為無監督學習（Unsupervised Learning）。本章是每一筆資料都已經有分類結果了，也就是有標準答案，目標則是要建立模型，讓程式機器參考標準答案去自動學習如何分類，這個特性稱之為監督式學習（Supervised Learning）。

本章特別重視的是文字型態的資料分類，如果你看完一本書，試著將它分類，並進而教導電腦如何依照你的方法分類，然後自行進行分類。因為許多網頁資料都是文字型態，因此這方面的技術極具重要性。

第一節 WORD VBA下載網路資料

監督式學習最重要的特性是已經有一些標準答案可供參考。這一節就要以一組「習題解答」開始，先試圖從現有的解答中，善用Excel樞紐分析表初步做出評估假設，再依照假設分析方向以Word VBA程式取得相關的輔助資料。

步驟一、建立資料分類的範例（以書籍分類為例）

分類的結果本身就有人類的思考活動在裡面，有時候如何分類的規則並不是很清楚。例如這裡已經有了對於本書範例資料的分類，現在想要利用機器學習的方法，以此為範例學習如何進行分類，試圖建構一個合適的模型，將模型應用在新的資料上面。

C2 fx 自我成長

	A	B	C	D
1	書名前10字	書名	資料分類	總分
2	原子習慣：細微改變帶	原子習慣：細微改變帶來巨大成就的實證法則	自我成長	14000
3	黃越綏的高齡快樂學：	黃越綏的高齡快樂學：「老」就是這麼一回事！	心理應用	9154
4	計程人生：23段用愛	計程人生：23段用愛跳表的旅程	自我成長	5489
5	我想跟你好好說話：賴	我想跟你好好說話：賴佩霞的六堂「非暴力溝通」	自我成長	13398
6	懂得藏起厭惡，也能掏	懂得藏起厭惡，也能掏出真心：30堂蹺不掉的社會	自我成長	11184
7	你所說的都將成為呈堂	你所說的都將成為呈堂證供	自我成長	6404
8	心念自癒力：突破中醫	心念自癒力：突破中醫、西醫的心療法	情緒管理	11215
9	我需要你的愛。這是真	我需要你的愛。這是真的嗎？：「一念之轉」創始	自我成長	5932
10	【限量典藏】在不完美	【限量典藏】在不完美的生活裡，找到完整的自己	自我成長	2563

步驟二、建立樞紐分析表綜觀資料全貌

資料分析的第一步是綜觀全貌，最快的方式還是分類，所以，先簡單建立樞紐分析表，以類別作為列標籤，大致可得知資料中以「自我成長」為主，其次為「心理應用」及「情緒管理」。

	A	B
1		
2		
3	資料分類	計數 - 書名
4	心理應用	53
5	自我成長	204
6	情緒管理	30
7	總計	287

步驟三、初步以分數權重瞭解分類狀況

接著加入「書名前十字」及完整「書名」，把「總分」放到值區域，設定為以「書名前10字」為準，將總分由大到小排序。如此有助於瞭解在某個分類主題有哪些資料，並且以總分為權重，衡量一個類別主題裡哪些資料是比較重要的，總分高、權重高。然後再根據各分類權重高的完整書名作為參考，建立分類相對應的「關鍵字」。

資料分類	書名前10字	書名	加總 - 總分
心理應用	也許你該找人聊聊：一	也許你該找人聊聊：一個諮商心理師與她的心理師,以及我們的生活	10,757
	情緒治療：走出創傷，	情緒治療：走出創傷，BEST療癒法的諮商實作【限量親簽版＋情緒	9,921
	黃越綏的高齡快樂學：	黃越綏的高齡快樂學：「老」就是這麼一回事！	9,154
	有錢人與你的差距，不	有錢人與你的差距，不只是錢	7,373
	心流：高手都在研究的	心流：高手都在研究的最優體驗心理學（繁體中文唯一全譯本）	6,609
	人類使用說明書：關於	人類使用說明書：關於生活與人際難題，科學教我們的事	6,382
	象與騎象人：全球百大	象與騎象人：全球百大思想家的正向心理學經典	6,360
	被討厭的勇氣 二部曲	被討厭的勇氣 二部曲完結篇：人生幸福的行動指南	6,351
	尋找復原力：人生不會	尋找復原力：人生不會照著你的規劃前進，勇敢走進內心，每次挫敗	6,298
	祕密	祕密	5,556
	絕交不可惜，把良善留	絕交不可惜，把良善留給對的人	5,487
	心態致勝：全新成功心	心態致勝：全新成功心理學	5,413

資料分類	計數 - 書名	關鍵字
心理應用	53	心理
自我成長	204	自己
情緒管理	30	情緒
總計	287	

步驟四、設置WORD開發人員面板

雖然利用書名初步建立關鍵字，要作為分類依據顯然不夠充分。通常在評估此類型資料會參考書籍簡介，第一次想到的是希望能將簡介文字下載到WORD檔閱覽。

Office中的Word VBA和Excel VBA結構如出一轍，差別只在於所處理的對象不同，所以，Word進入VBA編輯環境和程式語法與Excel

VBA相同。讀者在熟悉Excel VBA程式開發的經驗，很容易可以套到Word VBA上面，在此先將WORD開發人員面板打開，有需要可以參考本書第一章第一節關於Excel VBA開發環境的介紹。

步驟五、設計Word VBA網路爬蟲程式

逐行說明Word VBA程式碼如下：

Sub 取得簡介()

=>建立「取得簡介」的Word VBA巨集。

Dim ie As Object, 網頁文件 As Object, 特定內容 As Object

=>宣告ie、網頁文件、特定內容為物件資料類型的變數。

Dim 文件內容 As String

=>宣告文件內容為文字資料類型的變數。

Set ie = CreateObject(“InternetExplorer.Application”)

=>將ie變數設定為微軟IE瀏覽器的應用程式對象。

With ie

=>針對IE這個變數設定屬性及執行操作。

.Visible = False

=>VBA執行瀏覽器操作時不必呈現瀏覽器的視窗。

.navigate “https://www.books.com.tw/products/0010853179”

=>設定所要瀏覽的網頁網址。

Do Until .ReadyState = 4

=>直到完全取得網頁之前，持續執行迴圈。

DoEvents

=>Windows有個工作管理員，在它的的視窗中可以看到系統是多任務同時進行，不過，其實電腦CPU在處理時，大部分是一個一個任務處理，只是替換時間很快，操作者從結果看會好像是多工同時進行。VBA程式同樣只能一行一行執行，但是速度很快。然而瀏覽器取得下載網頁資料總是需要一點時間，這裡使用DoEvents，是允許VBA程式取得網頁時先停頓一下，可以先去做其他事，等過了一會再回來，這樣子搭配本行程式碼前面的「Do Until」和後面的「Loop」，等於就是強制讓VBA等到完全取得網頁之後，結束DO迴圈再繼續執行接下來的程式。

Loop

=>回到Do Until下一次的迴圈。

Set 網頁文件 = .Document

=>設定「網頁文件」瀏覽器取得網頁的整個html文件內容。

Set 特定內容 = 網頁文件.getElementsByClassName(“content”)(0)

=>設定「特定內容」為整個html文件內容中，「content」類別標籤中的第1個段落，通常程式慣例是從零開始，所以，這裡「(0)」其實是一般意義下的第1個的意思。

Let 文件內容 = CStr(特定內容 .Innertext)

=>將「特定內容」中不含標籤的資料轉換為文字內容，並且設定為「文件內容」的變數值。

ActiveDocument.Content.InsertAfter Text:=" 內容簡介"

=>Word文件中寫入「內容簡介」文字。

ActiveDocument.Content.InsertParagraphAfter

=>Word文件中新增一行，作用類似於按下Enter鍵。

ActiveDocument.Content.InsertParagraphAfter

=>Word文件中新增一行，作用類似於按下Enter鍵。

ActiveDocument.Content.InsertAfter Text:= 文件內容

=> Word文件中寫入先前程式所設定好的「文件內容」變數值。

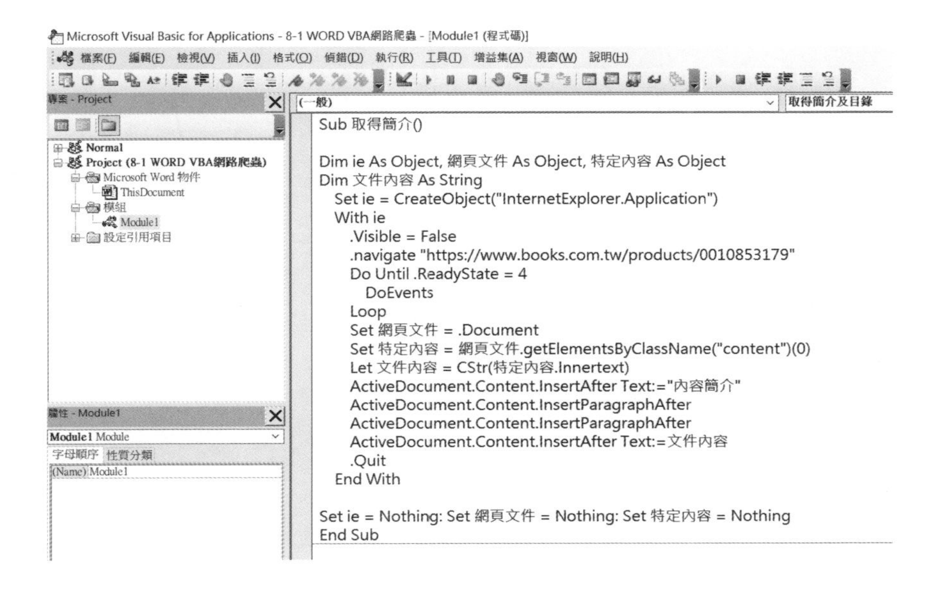

.Quit

=>關閉ie瀏覽器。

End With

=>結束with語句。

Set ie = Nothing: Set 網頁文件 = Nothing: Set 特定內容 = Nothing

=>結束程式中三個對象的使用，等於是釋放電腦主機的記憶體空間。

End Sub

=>結束程式。

步驟六、Word取得網頁後執行尋找

執行Word VBA程式後，果然取得網頁中的書籍簡介，在上方功能區「常用>編輯」執行「尋找」，也可以利用快速鍵「Ctrl+F」。

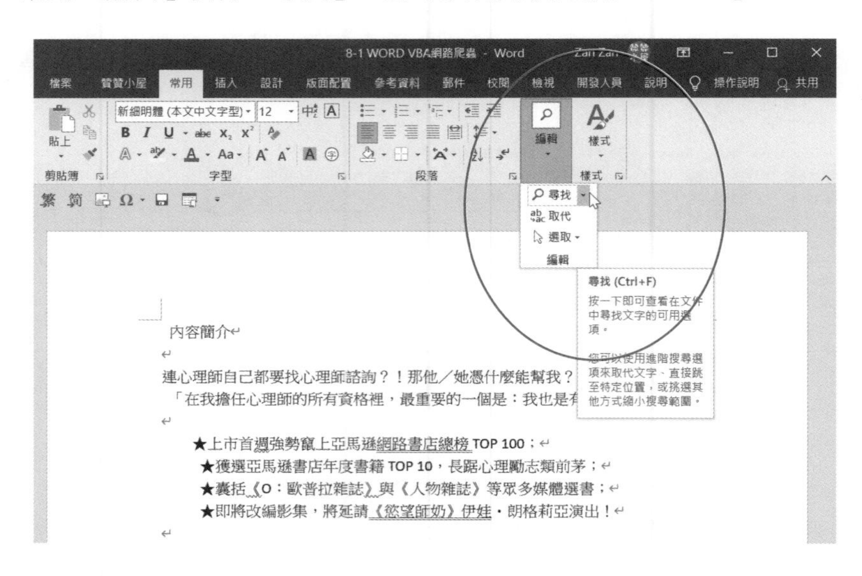

步驟七、確定特定關鍵字出現次數

在欄位框中輸入「心理」，執行尋找，會發現在整個書籍簡介中「心理」這個詞出現了33次。

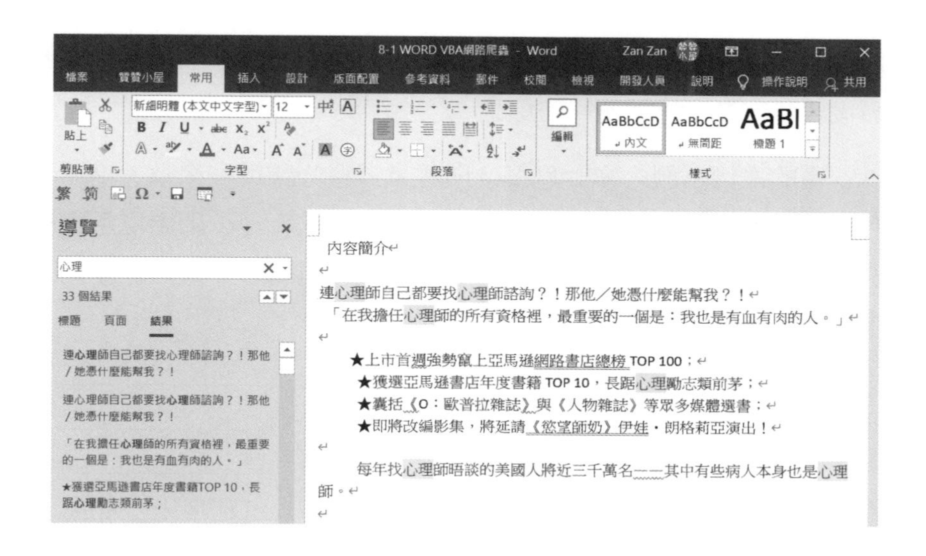

人機合作，人類分析找方向，機器學習輔助

本章在真正要建立機器學習的模型之前，先就參考資料和原始資料進行整理分析，根據初步判斷再設計Word VBA程式取得進一步的資料，在此過程中有個概念補充。機器學習雖然可以幾乎無限制的快速大量執行，但也不是走火入魔的把一切都交給機器，而是要人機一起合作，發揮專長互補互助，人類摸索方向，機器輔助執行，如此才能有效率、有效果的完成任務，達成目標。

第二節 以量化的方法表現不同類別資料的差異—多元線性迴歸

上一節初步說明這一章將會使用到的分類範例，因應分析需求介紹如何利用Word VBA網路爬蟲取得簡介資料。這一節要進一步在Excel中開

展分析報表，取得全部範例資料相對應的簡介文字，計算關鍵字出現次數，最後要建立多元線性迴歸方程式。

以本書的案例為例，你計算每一則新書資料的關鍵字次數，以關係字次數和分類值跑出線性方程式。如果這線性方程式合理，則出現新資料，只要代出關鍵字次數，就可以自動完成分類。本節說明建立方程式的方法，下一節則說明如何讓方式程的準確度更高。

步驟一、表格新增所需欄位

在排行榜表格中新增「簡介」欄位，準備在Excel利用上一節所介紹程式取得書籍簡介。稍微調整欄位順序，將「資料分類」移到新增的「簡介」右邊，另外也新增一個「關鍵字」欄位，利用IF函數公式帶入上一節設定的關鍵字：「=IF([@資料分類]=”心理應用”,”心理”,IF([@資料分類]=”自我成長”,”自己”,”情緒”))」，這裡的「關鍵字」單純為了檢視需要，儘量補充相關資料，讓表格更加完整。

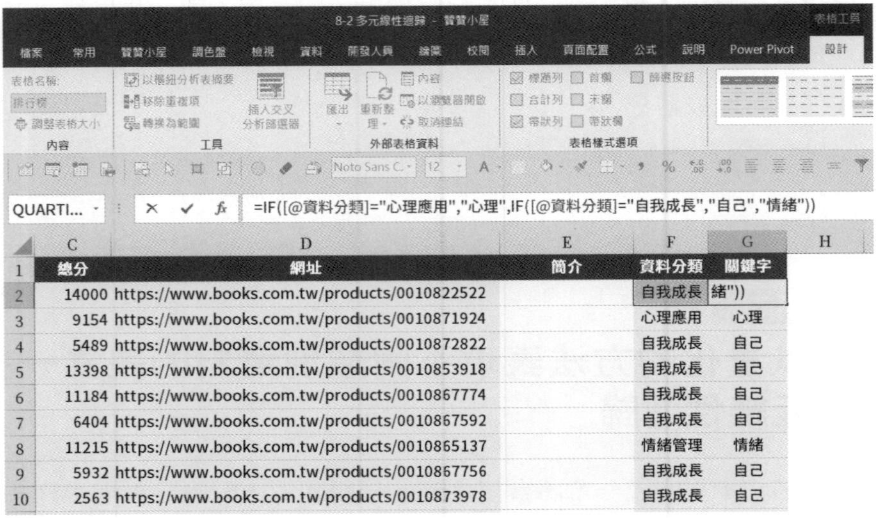

=IF([@資料分類]="心理應用","心理",IF([@資料分類]="自我成長","自己","情緒"))

	總分	網址	簡介	資料分類	關鍵字
2	14000	https://www.books.com.tw/products/0010822522		自我成長	緒"))
3	9154	https://www.books.com.tw/products/0010871924		心理應用	心理
4	5489	https://www.books.com.tw/products/0010872822		自我成長	自己
5	13398	https://www.books.com.tw/products/0010853918		自我成長	自己
6	11184	https://www.books.com.tw/products/0010867774		自我成長	自己
7	6404	https://www.books.com.tw/products/0010867592		自我成長	自己
8	11215	https://www.books.com.tw/products/0010865137		情緒管理	情緒
9	5932	https://www.books.com.tw/products/0010867756		自我成長	自己
10	2563	https://www.books.com.tw/products/0010873978		自我成長	自己

步驟二、Excel VBA取得簡介資料程式

程式說明如下：

Sub 取得書籍簡介()

=>建立VBA程序。

Dim ie As Object, 網頁文件 As Object, 特定內容 As Object

=>宣告變數。

Dim 資料筆數 As Integer, 文件內容 As String

=>宣告變數。

Sheets("排行榜").Select

=> 選取「排行榜」工作表，在此先選取後，接下來程式預設在此工作表上執行。

資料筆數 = Cells(1, 1).CurrentRegion.Rows.Count

=> 確定工作表中有資料內容的表格有多少筆數，由於上一行已選取工作表，在此毋須特定說明工作表，直接以Cells(1,1)書寫即可。

For i = 2 To 資料筆數

=>建立從2到「資料筆數」的迴圈。

網址 = Cells(i, 4).Value

=>設定「網址」變數的值為第i行第4欄的儲存格內容。

Set ie = CreateObject("InternetExplorer.Application")

With ie

=>設定「ie」為微軟IE瀏覽器物件。

.Visible = False

=>不顯示瀏覽器視窗。

.navigate 網址

=>設定瀏覽器前往的網頁網址。

Do Until .ReadyState = 4

DoEvents

Loop

=> 建立Do Until迴圈，程式碼與上一節完全相同，可參考上一節說明。

Set 網頁文件 = .Document

Set 特定內容 = 網頁文件.getElementsByClassName("content")(0)

Let 文件內容 = CStr(特定內容.Innertext)

=>取得網頁資料，程式碼與上一節完全相同，可參考上一節說明。

Let Cells(i, 5).Value = 文件內容

=>將所取得內容設定儲存格值。

.Quit

=>結束ie瀏覽器。

End With

=>結束with程式語句。

Set ie = Nothing: Set 整個網頁 = Nothing: Set 網頁簡介 = Nothing

=>清除物件記憶體空間。

Rows(i).RowHeight = 20.5

=> 由於取得的簡介文字內容相當多，會拉高儲存格變得不易檢視，這裡將高度調整為20.5。

Application.Wait Now + TimeValue("00:00:30")

=>每隔30秒執行一次迴圈。

Next i

=>執行下一次迴圈。

End Sub

=>結束程式。

(一般) 取得書籍簡介

```
Sub 取得書籍簡介()

Dim ie As Object, 網頁文件 As Object, 特定內容 As Object
Dim 資料筆數 As Integer, 文件內容 As String
Sheets("排行榜").Select
資料筆數 = Cells(1, 1).CurrentRegion.Rows.Count

For i = 2 To 資料筆數
網址 = Cells(i, 4).Value
  Set ie = CreateObject("InternetExplorer.Application")
  With ie
    .Visible = False
    .navigate 網址
    Do Until .ReadyState = 4
      DoEvents
    Loop
    Set 網頁文件 = .Document
    Set 特定內容 = 網頁文件.getElementsByClassName("content")(0)
    Let 文件內容 = CStr(特定內容.Innertext)
    Let Cells(i, 5).Value = 文件內容
    .Quit
  End With
Set ie = Nothing: Set 整個網頁 = Nothing: Set 網頁簡介 = Nothing
Rows(i).RowHeight = 20.5
Application.Wait Now + TimeValue("00:00:30")
Next i

End Sub
```

步驟三、成功取得287筆簡介資料

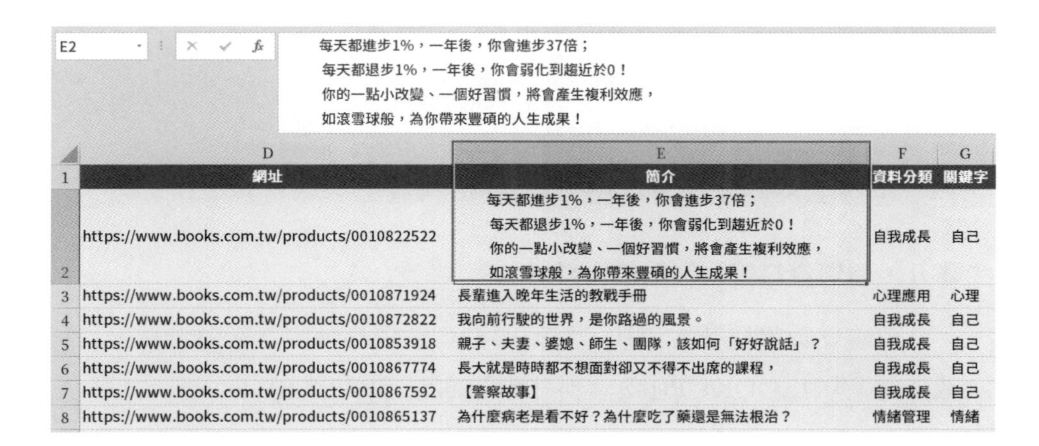

E2 每天都進步1%，一年後，你會進步37倍；每天都退步1%，一年後，你會弱化到趨近於0！你的一點小改變、一個好習慣，將會產生複利效應，如滾雪球般，為你帶來豐碩的人生成果！

	D	E	F	G
1	網址	簡介	資料分類	關鍵字
2	https://www.books.com.tw/products/0010822522	每天都進步1%，一年後，你會進步37倍； 每天都退步1%，一年後，你會弱化到趨近於0！ 你的一點小改變、一個好習慣，將會產生複利效應， 如滾雪球般，為你帶來豐碩的人生成果！	自我成長	自己
3	https://www.books.com.tw/products/0010871924	長輩進入晚年生活的教戰手冊	心理應用	心理
4	https://www.books.com.tw/products/0010872822	我向前行駛的世界，是你路過的風景。	自我成長	自己
5	https://www.books.com.tw/products/0010853918	親子、夫妻、婆媳、師生、團隊，該如何「好好說話」？	自我成長	自己
6	https://www.books.com.tw/products/0010867774	長大就是時時都不想面對卻又不得不出席的課程，	自我成長	自己
7	https://www.books.com.tw/products/0010867592	【警察故事】	自我成長	自己
8	https://www.books.com.tw/products/0010865137	為什麼病老是看不好？為什麼吃了藥還是無法根治？	情緒管理	情緒

步驟四、計算各關鍵字出現次數

設計函數公式，計算簡介中關鍵字出現的次數：「=(LEN([@簡介])-LEN(SUBSTITUTE([@簡介],排行榜[[#標題],[自己]],””)))/LEN(排行榜[[#標題],[自己]])」，說明如下：

- (LEN([@簡介])：LEN函數是計算引用內容中的字元個數，因此，這裡會計算一本書的簡介共有多少個字。
- SUBSTITUTE([@簡介],排行榜[[#標題],[自己]],””)：將簡介中包含標題「自己」這兩個字的部分以空白替代，作用等於是把簡介中有出現的「自己」都刪除掉。
- (LEN([@簡介])-LEN(SUBSTITUTE([@簡介],排行榜[[#標題],[自己]],””)))：簡介總字數減掉已刪除「自己」的總字數，等於是算出簡介中「自己」這兩個字的總字數，這是分子的部分。
- LEN(排行榜[[#標題],[自己]])」：標題「自己」的字元個數，計算結果是2，這是分母的部分，配合前面計算出的分子，最終得到關鍵字「自己」到底出現多少次。

J2 =(LEN([@簡介])-LEN(SUBSTITUTE([@簡介],排行榜[[#標題],[自己]],"")))/LEN(排行榜[[#標題],[自己]])

	D	E	F	G	H	I	J
1	網址	簡介	資料分類	關鍵字	情緒	心理	自己
2	https://www.books.com.tw/products/0010822522	每天都進步1%，一年後，你會進步37	自我成長	自己	0	1	2
3	https://www.books.com.tw/products/0010871924	長輩進入晚年生活的教戰手冊	心理應用	心理	0	2	1
4	https://www.books.com.tw/products/0010872822	我向前行駛的世界，是你路過的風景。	自我成長	自己	0	0	4
5	https://www.books.com.tw/products/0010853918	親子、夫妻、婆媳、師生、團隊，該如何「好	自我成長	自己	1	1	4
6	https://www.books.com.tw/products/0010867774	長大就是時時都不想面對卻又不得不出席的課	自我成長	自己	0	0	2
7	https://www.books.com.tw/products/0010867592	【警察故事】	自我成長	自己	0	0	2
8	https://www.books.com.tw/products/0010865137	為什麼病老是看不好？為什麼吃了藥還是無法	情緒管理	情緒	8	4	2
9	https://www.books.com.tw/products/0010867756	眾生敲碗，《一念之轉》作者經典作品全新修	自我成長	自己	1	0	8
10	https://www.books.com.tw/products/0010873978	◆首刷限量收藏「用心過生活」跨年月曆！	自我成長	自己	1	0	23

步驟五、類別資料轉換為數值資料

為了建立數學統計方程式，必須要把類別資料轉換為數值資料，設計函數公式：「HLOOKUP([@資料分類],$N$1:$P$2,2,0)」。

HLOOKUP和VLOOKU結構相同，VLOOKUP是垂直查找（vertical），HLOOUP是水平查找（horizontal），在這裡公式是以資料分類作為條件，在N1到P2這個範圍裡第1列執行查找。如果查找相符，例如這裡的「自我成長」是在第1列資料裡的第3欄位置，函數會傳回資料範圍裡第2列相同位置的資料「300」。

分類值除了最好按照遞增順序的等差級數設定，在公差尺度沒有一定的標準，通常是設定為0, 1, 2，在此因為關鍵字出現次數通常在100以內，為了和關鍵字次數做區別，所以將分類值公差放大，設定為100, 200, 300。

QUARTI... =HLOOKUP([@資料分類],$N$2:$P$3,2,0)

	F	G	H	I	J	K
1	資料分類	關鍵字	情緒	心理	自己	分類值
2	自我成長	自己	0	1	2	0)
3	心理應用	心理	0	2	1	200
4	自我成長	自己	0	0	4	300
5	自我成長	自己	1	1	4	300
6	自我成長	自己	0	0	2	300
7	自我成長	自己	0	0	2	300
8	情緒管理	情緒	8	4	2	100
9	自我成長	自己	1	0	8	300
10	自我成長	自己	1	0	23	300
11	自我成長	自己	0	0	17	300
12	情緒管理	情緒	0	0	0	100
13	自我成長	自己	5	6	21	300
14	情緒管理	情緒	3	1	2	100
15	心理應用	心理	1	2	0	200

一、類別資料轉換為數值資料

M	N	O	P
分類	情緒管理	心理應用	自我成長
分類值	100	200	300

步驟六、瞭解LINEST函數語法

先前第七章第二節已經有使用過LINEST函數，當時是相對較簡單的單變數簡單迴歸，LINEST其實也可以用在多元線性迴歸（Multiple Linear Regression），也就是有兩個以上的X自變數。

由於X變數有兩個以上，要特別意注意LINEST計算傳回的陣列值，它的意義及所代表的方程式係數下個步驟會具體介紹，在此可先參考微軟關於這個函數的語法介紹。

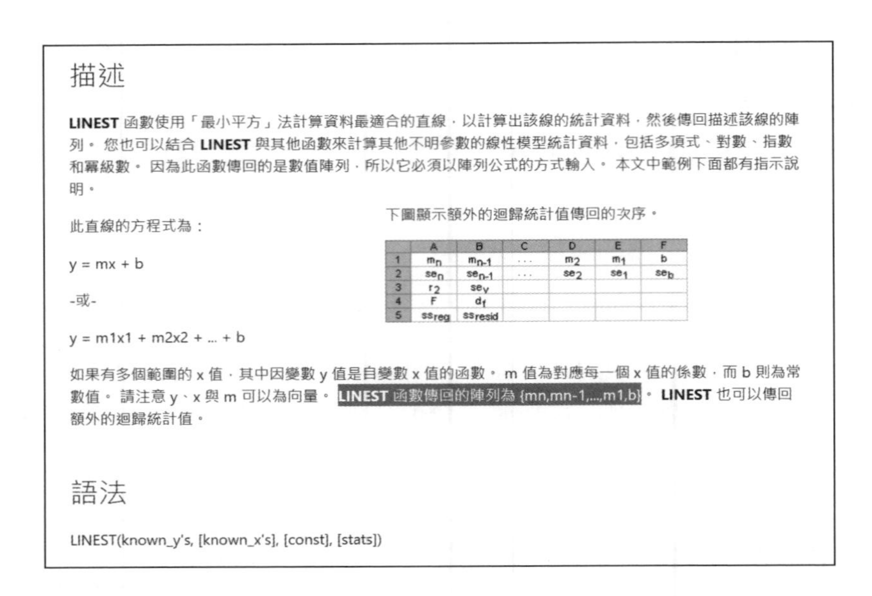

描述

LINEST 函數使用「最小平方」法計算資料最適合的直線，以計算出該線的統計資料，然後傳回描述該線的陣列。 您也可以結合 **LINEST** 與其他函數來計算其他不明參數的線性模型統計資料，包括多項式、對數、指數和冪級數。 因為此函數傳回的是數值陣列，所以它必須以陣列公式的方式輸入。 本文中範例下面都有指示說明。

此直線的方程式為：

y = mx + b

-或-

y = m1x1 + m2x2 + ... + b

下圖顯示額外的迴歸統計值傳回的次序。

	A	B	C	D	E	F
1	m_n	m_{n-1}	...	m_2	m_1	b
2	se_n	se_{n-1}	...	se_2	se_1	se_b
3	r_2	se_y				
4	F	d_f				
5	ss_{reg}	ss_{resid}				

如果有多個範圍的 x 值，其中因變數 y 值是自變數 x 值的函數。 m 值為對應每一個 x 值的係數，而 b 則為常數值。 請注意 y、x 與 m 可以為向量。 **LINEST** 函數傳回的陣列為 {mn,mn-1,...,m1,b}。 **LINEST** 也可以傳回額外的迴歸統計值。

語法

LINEST(known_y's, [known_x's], [const], [stats])

步驟七、多元線性迴歸方程式

設計公式計算多元線性迴歸方程式：「=LINEST(排行榜[分類值],排行榜[[情緒]:[自己]],1,0)」，這裡4個引數作用參考截圖的「函數引數」

N7 =LINEST(排行榜[分類值],排行榜[[情緒]:[自己]],1,0)

	F	G	H	I	J	K
1	資料分類	關鍵字	情緒	心理	自己	分類值
2	自我成長	自己	0	1	2	300
3	心理應用	心理	0	2	1	200
4	自我成長	自己	0	0	4	300
5	自我成長	自己	1	1	4	300
6	自我成長	自己	0	0	2	300
7	自我成長	自己	0	0	2	300
8	情緒管理	情緒	8	4	2	100
9	自我成長	自己	1	0	8	300
10	自我成長	自己	1	0	23	
11	自我成長	自己	0	0	17	
12	情緒管理	情緒	0	0	0	
13	自我成長	自己	5	6	21	
14	情緒管理	情緒	3	1	2	
15	心理應用	心理	1	2	0	
16	自我成長	自己	1	2	13	
17	心理應用	心理	0	13	2	
18	自我成長	自己	0	18	26	

一、類別資料轉換為數值資料

分類	情緒管理	心理應用	自我成長
分類值	100	200	300

二、多元線性迴歸方程式：Y=W3*X3+W2*X2+W1*X1+b

關鍵字	情緒	心理	自己	常數
斜率及截距	X3	X2	X1	b
LINEST函數	0)	(2.75)	(4.34)	247.69
斜率及截距	X1	X2	X3	b
係數及常數	(4.34)	(2.75)	3.37	247.69

函數引數

LINEST

Known_ys	排行榜[分類值]	=	{300;200;300;300;300;300;100;300;...
Known_xs	排行榜[[情緒]:[自己]]	=	{0,1,2;0,2,1;0,0,4;1,1,4;0,0,2;0,0,2;8,4...
Const	1	=	TRUE
Stats	0	=	FALSE

= {3.36683339246217,-2.754612178...

使用最小平方法計算調整直線，傳回符合已知資料點且可描述線性趨勢的統計資料

Known_ys 為 y = mx + b 關係中已知 y 值的集合

視窗應該相當清楚，其中第3個和第4個引數是用「1」替代「TRUE」，「0」替代「FALSE」，這是Excel函數常見用法。

建立模型時預先保留擴展性空間

這一節在取得資料分類相對應的關鍵字時，利用IF多層次巢狀公式判斷，建立分類值的時候是利用HLOOKUP函數，其實就算不用HLOOLUP，沿用多條件IF函數同樣能取得分類值。不過，建立模型通常要考慮擴展性，這裡雖然只用到了三個關鍵字變數建立迴歸方程式，但可想見既然是多元迴歸，也有可能需要超過三個以上執行分析，在這種情況很顯然HLOOKUP函數會比較方便，在擴展空間上比較有效率及彈性。

第三節 電腦判斷力的來源——線性判別分析

上一節已經將原始資料都整理好了，確定是以三個自變數和一個應變數作為主要參數，並且已經利用LINEST函數初步建立好了一個多元迴歸方程式。這一節要進一步依照方程式計算，得到預測分類以及群組間和群組內差異比例作為評估目標，跑Excel的規劃求解執行機器學習模型中的線性判別分析（Linear Discriminant Analysis, 簡稱LDA）。

也就是現在要把所有的書分成三類，每一本書有一個分類值，被分到同一類的書之間的差異越小越好，而不同類別的群組差異越大越好，這是評估分類好壞的目標。

以本案例具體來說，你在算出執行判讀文字資料（新書簡介）的方程式後，要進一步把它的精度提高。所謂精度提高，舉例來說，同一類別的文字內容（以本書的案例而言是新書資料）計算的結果，分數要相近。而不同類別的文字內容，計算出來的結果差異要大。

步驟一、把現有資料帶入方程式計算預測值

和單變數簡單迴歸一樣，LINEST函數得到了方程式之後，接著是把每一筆資料帶到方程式中，計算得到預測值。因為多變數和係數兩兩相乘，利用Excel的SUMPRODUCT乘積和函數：「=$R$9+SUMPRODUCT($O$9:$Q$9,排行榜[@[情緒]:[自己]])」。這裡的[[情緒]:[自己]]指的是表格中「情緒」欄位到「自己」欄位的範圍，而這些欄位中間是「心理」欄位，所以，在函數公式中不會有「心理」欄位。

以L3第二筆為例，具體計算公式是「247.69+(-4.34)*0+(-2.75)*2+3.37*1=245.56，取到整數位為「246」。

QUARTI... =$R$9+SUMPRODUCT($O$9:$Q$9,排行榜1[@[情緒]:[自己]])

	F	G	H	I	J	K	L
1	資料分類	關鍵字	情緒	心理	自己	分類值	預測值
2	自我成長	自己	0	1	2	300	己]])
3	心理應用	心理	0	2	1	200	246
4	自我成長	自己	0	0	4	300	261
5	自我成長	自己	1	1	4	300	254
6	自我成長	自己	0	0	2	300	254
7	自我成長	自己	0	0	2	300	254
8	情緒管理	情緒	8	4	2	100	209
9	自我成長	自己	1	0	8	300	270
10	自我成長	自己	1	0	23	300	321

一、類別資料轉換為數值資料

N	O	P	Q	R
分類	情緒管理	心理應用	自我成長	總計
分類值	100	200	300	

二、多元線性迴歸方程式：Y=W3*X3+W2*X2+W1*X1+b

關鍵字	情緒	心理	自己	常數
斜率及截距	X3	X2	X1	b
LINEST函數	3.37	(2.75)	(4.34)	247.69
斜率及截距	X1	X2	X3	b
係數及常數	(4.34)	(2.75)	3.37	247.69

步驟二、計算各分類群組的平均值

- 得到每一筆資料預測值之後，接下來計算各分類資料筆數及群組的平均值：「=COUNTIF(排行榜[資料分類],O$11)」：計算各資料分類的資料筆數。此公式的意思是計算工作表「排行榜[資料分類]」這一行中，符合O$11儲存格內的數值有多少筆，並且存到o$12)。

- 「=AVERAGEIF(排行榜[資料分類],O$11,排行榜[預測值])」：計算各資料分類的預測值平均值。運算的方法是選出排行榜「資料分類」欄中，和O$11相同的項目，並計算其平均值。

注意到k平均演算法分群是非監督式學習，重點在於計算分群的結果，但是線性判別分析是監督式學習，重點在於計算結果與原始分類是否相同，所以，在這邊計算資料筆數和平均值都是以原始分類為準。

QUARTI... | =AVERAGEIF(排行榜[資料分類],O$11,排行榜[預測值])

	F	G	H	I	J	K	L
1	資料分類	關鍵字	情緒	心理	自己	分類值	預測值
2	自我成長	自己	0	1	2	300	252
3	心理應用	心理	0	2	1	200	246
4	自我成長	自己	0	0	4	300	261
5	自我成長	自己	1	1	4	300	254
6	自我成長	自己	0	0	2	300	254
7	自我成長	自己	0	0	2	300	254
8	情緒管理	情緒	8	4	2	100	209
9	自我成長	自己	1	0	8	300	270
10	自我成長	自己	1	0	23	300	321
11	自我成長	自己	0	0	17	300	305
12	情緒管理	情緒	0	0	0	100	248
13	自我成長	自己	5	6	21	300	280
14	情緒管理	情緒	3	1	2	100	239
15	心理應用	心理	1	2	0	200	238
16	自我成長	自己	1	2	13	300	282

一、類別資料轉換為數值資料

分類	情緒管理	心理應用	自我成長
分類值	100	200	300

二、多元線性迴歸方程式：Y=W3*X3+W2*X2+W1*X1+b

關鍵字	情緒	心理	自己	常數
斜率及截距	X3	X2	X1	b
LINEST函數	3.37	(2.75)	(4.34)	247.69
斜率及截距	X1	X2	X3	b
係數及常數	(4.34)	(2.75)	3.37	247.69

三、分類群組平均值

分類	情緒管理	心理應用	自我成長	總計
分類資料筆數	30	53	204	287
群組平均值	值])	227	275	

群組資料筆數公式 =COUNTIF(排行榜[資料分類],O$11)

群組平均值公式 =AVERAGEIF(排行榜[資料分類],O$11,排行榜[預測值])

步驟三、計算模型分類門檻，數值資料轉換為類別

本章上一節有提到，統計學和機器學習的模型都是數學計算，因此，必須將類別資料轉換為數值資料。當然轉換是雙向的，在模型計算完了之後，要將數值資料轉換回類別資料。

當初類別資料轉換為數值資料，是設立100, 200, 300這樣的分類區間門檻值，現在要轉換回來，也是相同的機制。在此會引用類似於數量乘以價格等於金額的概念，作為門檻設定基準條件，相同函數公式如下：

- 「=SUMPRODUCT(Q12:R12,Q13:R13)/SUM(Q12:R12)」：情緒管理和心理應用的分類資料筆數分別乘以相對應的類別平均值，再

除以總資料筆數，得到兩者綜合的平均值。同樣方式再計算心理應用和自我成長的平均值，以這兩個平均值作為三個類別的分類門檻，分別是226和265。

- 「=IF(L2<$Q$14,$Q$11,IF(L2<$R$14,$R$11,$S$11))」：依照上個公式的分類門檻值設計IF函數公式，針對每一筆資料的方程式預測值判斷得到相對應的分類，建立「預測分類」欄位。
- 「=IF([@資料分類]=[@預測分類],0,1)」：有了「預測分類」欄位，只要和原來的「資料分類」欄位做個比較，便能確認預測結果。同樣沿用IF函數進行判斷，預測正確的話是0，預測不正確有差異的話是1，這樣子只要在將整個欄位做數值加總，很容易可以計算出有多少筆資料有差異。

以第1筆資料為例，正確資料分類是「自我成長」，模型預測是「心理應用」，有差異，所以是「1」。第2筆資料正確分類是「心理應用」，預測結果也是「心理應用」，沒有差異，所以是「0」，其他資料都是相同的模式。

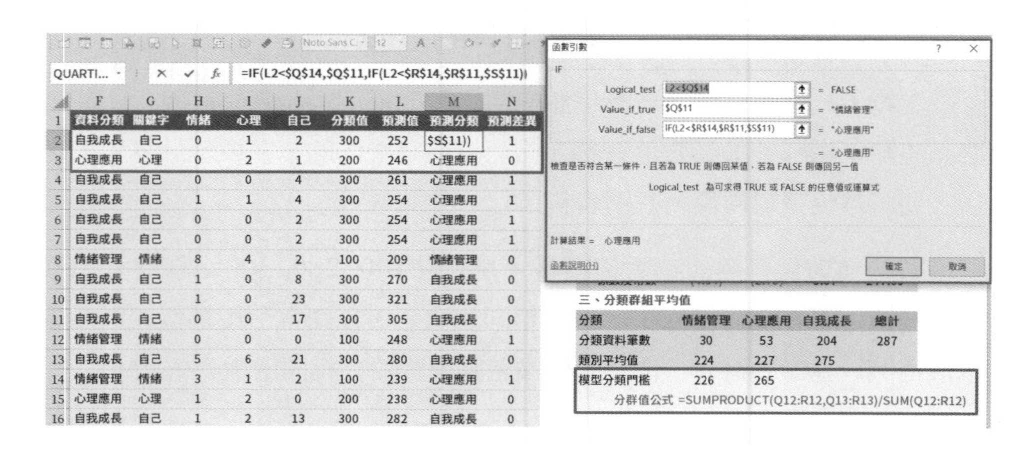

	F	G	H	I	J	K	L	M	N
1	資料分類	關鍵字	情緒	心理	自己	分類值	預測值	預測分類	預測差異
2	自我成長	自己	0	1	2	300	252	$S$11))	1
3	心理應用	心理	0	2	1	200	246	心理應用	0
4	自我成長	自己	0	0	4	300	261	心理應用	1
5	自我成長	自己	1	1	4	300	254	心理應用	1
6	自我成長	自己	0	0	2	300	254	心理應用	1
7	自我成長	自己	0	0	2	300	254	心理應用	1
8	情緒管理	情緒	8	4	2	100	209	情緒管理	0
9	自我成長	自己	1	0	8	300	270	自我成長	0
10	自我成長	自己	1	0	23	300	321	自我成長	0
11	自我成長	自己	0	0	17	300	305	自我成長	0
12	情緒管理	情緒	0	0	0	100	248	心理應用	1
13	自我成長	自己	5	6	21	300	280	自我成長	0
14	情緒管理	情緒	3	1	2	100	239	心理應用	1
15	心理應用	心理	1	2	0	200	238	心理應用	0
16	自我成長	自己	1	2	13	300	282	自我成長	0

分類	情緒管理	心理應用	自我成長	總計
分類資料筆數	30	53	204	287
類別平均值	224	227	275	
模型分類門檻	226	265		

步驟四、精進電腦判斷能力的方法—計算群組內差異及設定極大化目標

所有機器學習運用的模型都不斷地修正，以提升分類的精確度。而以線性判別分析而言，要如何達成這個目標，即是要將在分類後的群組間差異極大化，同時要將群組內差異極小化。為方便衡量起見，這兩者再綜合起來，群組間差異除以群組內差異，兩者相除之後的比例值越大越好，分子跟分母兩個綜合目標極大化，即達到比較完美的分類狀態。

設計函數公式如下：

- 「=AVERAGE(R13:T13)」：計算三個類別平均值的綜合平均值。
- 「=(R13-R16)^2+(S13-R16)^2+(T13-R16)^2」：三個類別平均值與綜合平均值差異的平方和，作為群組間差異的衡量指標。
- 「=IF(F10=$R$11,(L10-$R$13)^2,IF(F10=$S$11,(L10-$S$13)^2,(L10-$T$13)^2))」：先利用IF函數判斷屬於哪一種資料分類，依照判斷結果分別計算預測值和所屬資料群組平均值差異的平方。請注意這裡是原始正確分類作為判斷依據，理由如同本節第二步驟所述。

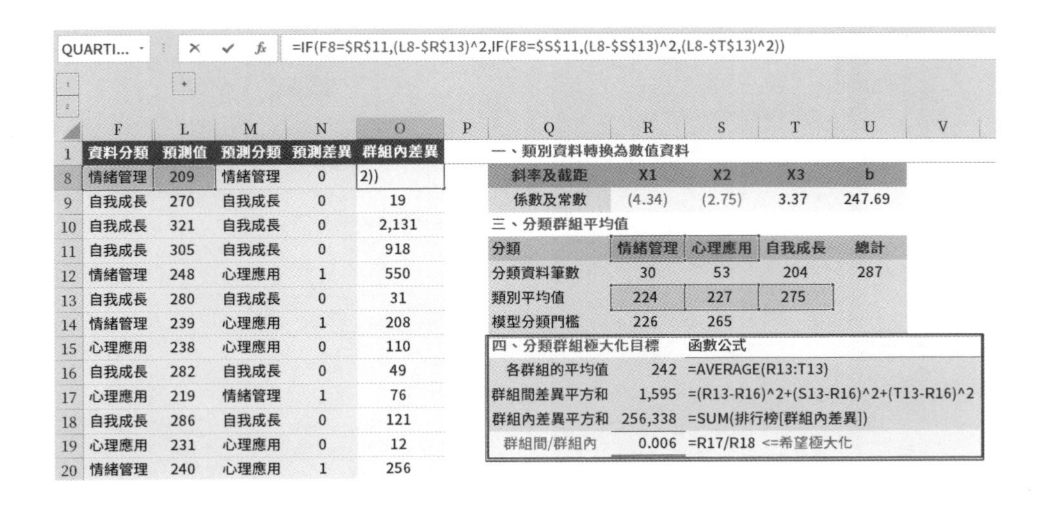

QUARTI... =IF(F8=$R$11,(L8-$R$13)^2,IF(F8=$S$11,(L8-$S$13)^2,(L8-$T$13)^2))

	F	L	M	N	O
1	資料分類	預測值	預測分類	預測差異	群組內差異
8	情緒管理	209	情緒管理	0	2))
9	自我成長	270	自我成長	0	19
10	自我成長	321	自我成長	0	2,131
11	自我成長	305	自我成長	0	918
12	情緒管理	248	心理應用	1	550
13	自我成長	280	自我成長	0	31
14	情緒管理	239	心理應用	1	208
15	心理應用	238	心理應用	0	110
16	自我成長	282	自我成長	0	49
17	心理應用	219	情緒管理	1	76
18	自我成長	286	自我成長	0	121
19	心理應用	231	心理應用	0	12
20	情緒管理	240	心理應用	1	256

一、類別資料轉換為數值資料

斜率及截距	X1	X2	X3	b
係數及常數	(4.34)	(2.75)	3.37	247.69

三、分類群組平均值

分類	情緒管理	心理應用	自我成長	總計
分類資料筆數	30	53	204	287
類別平均值	224	227	275	
模型分類門檻	226	265		

四、分類群組極大化目標		函數公式
各群組的平均值	242	=AVERAGE(R13:T13)
群組間差異平方和	1,595	=(R13-R16)^2+(S13-R16)^2+(T13-R16)^2
群組內差異平方和	256,338	=SUM(排行榜[群組內差異])
群組間/群組內	0.006	=R17/R18 <=希望極大化

- 「=SUM(排行榜[群組內差異])」：將每一筆資料的群組內差異值加總，作為群組內差異的衡量指標。
- 「=R17/R18」：群組間差異除以群組內差異的比例，是希望極大化的目標。

步驟五、執行Excel規劃求解演算

執行Excel規劃求解，參考上個步驟截圖，希望將儲存格「$R$19」群組間與群組內差異的相除比例計算得到最大值，變數儲存格設定為方程式的係數及常數，也就是「$R$9:$U$9」的範圍。其餘設定和先前一樣，最後按確定。

步驟六、Excel模型演算結果報告

經過好幾次演算之後，Excek回報成果：「規劃求解找到解答。可滿足所有限制式和最適率條件」，按「確定」。

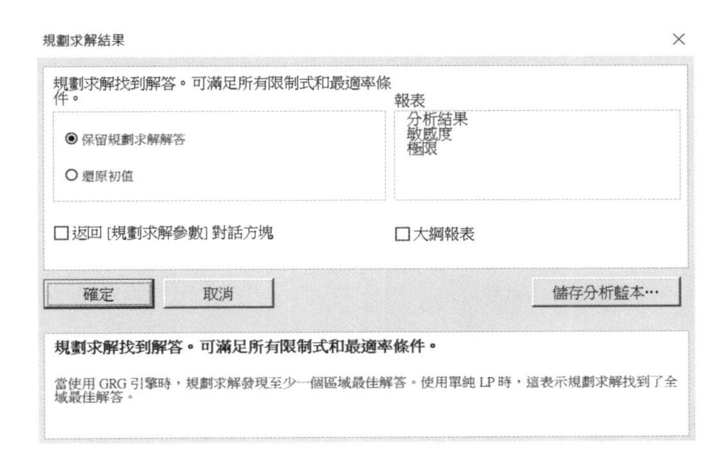

步驟七、以最終數字衡量模型的效果

直接從結果來看，執行規劃求解之後，差異比例從原來的「0.006」增加到「0.011」，預測差異是從「136」減少到「76」，強化幅度應該算是蠻大的，具有顯著效果。

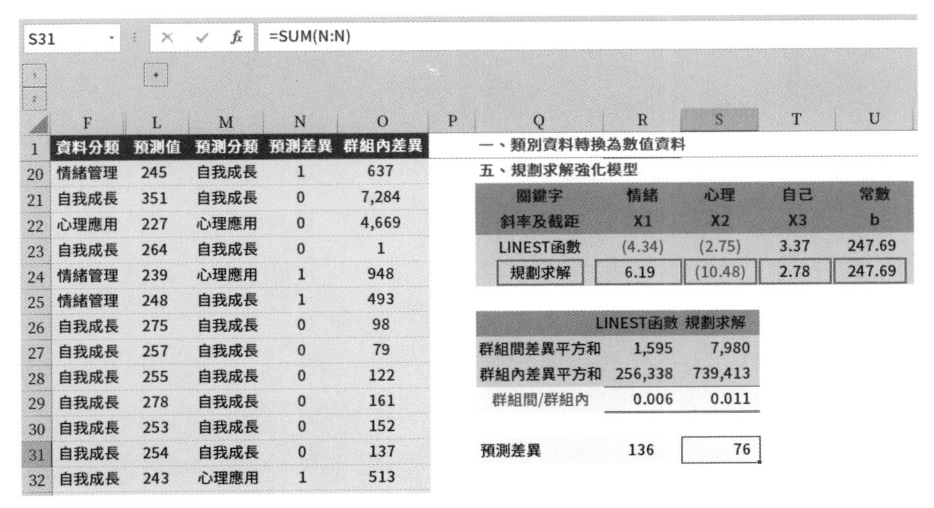

S31 =SUM(N:N)

	F 資料分類	L 預測值	M 預測分類	N 預測差異	O 群組內差異
20	情緒管理	245	自我成長	1	637
21	自我成長	351	自我成長	0	7,284
22	心理應用	227	心理應用	0	4,669
23	自我成長	264	自我成長	0	1
24	情緒管理	239	心理應用	1	948
25	情緒管理	248	自我成長	1	493
26	自我成長	275	自我成長	0	98
27	自我成長	257	自我成長	0	79
28	自我成長	255	自我成長	0	122
29	自我成長	278	自我成長	0	161
30	自我成長	253	自我成長	0	152
31	自我成長	254	自我成長	0	137
32	自我成長	243	心理應用	1	513

一、類別資料轉換為數值資料

五、規劃求解強化模型

關鍵字	情緒	心理	自己	常數
斜率及截距	X1	X2	X3	b
LINEST函數	(4.34)	(2.75)	3.37	247.69
規劃求解	6.19	(10.48)	2.78	247.69

	LINEST函數	規劃求解
群組間差異平方和	1,595	7,980
群組內差異平方和	256,338	739,413
群組間/群組內	0.006	0.011
預測差異	136	76

規劃求解必須輸入與輸出間有公式連結

從本書上一章以及這一章的模型而論，Excel建構的機器學習模型有涉及到極大化或極小化的複雜計算時，大致都是使用規劃求解指令。它的計算過程雖然比較複雜，但是設置參數相對簡單。其實主要關鍵就兩個：一個是變數儲存格作為輸入，另外一個是想要極限化的目標作為輸出。這裡最後補充一點，規劃求解的輸入與輸出之間，在Excel工作表上必須要有函數公式的計算連結。而無論是直接或者是間接的連結，這樣子的指令執行才能夠進行有效的模型演算。

第四節

導入新資料，確認電腦的判斷力—模型交叉驗證

上一節成功利用Excel的LINEST函數和規劃求解工具執行線性判別分析，由於線性判別分析是監督式學習，有正確答案可參考驗證。而且在上一節是直接以現有資料的預測分類和原始分類去做比對，通常在機器學習中，如此的方式其實是比較不好的方式，因為是用同一組資料製作模型，再用同一組資料驗證成果，難免有失客觀。

建構模型最終目的是希望能應用在新的、未知的資料上面，因此，最好使用其他資料驗證模型。在機器學習領域中，便是將能取得的資料分成訓練資料和測試資料，在較為客觀的驗證模型有效性之後，再真正的推廣使用模型，本節即介紹這樣的模型交叉驗證流程。

步驟一、在資料中建立隨機亂數欄位

資料表格最右邊新增一個「隨機亂數」欄位，利用Excel的RAND函數隨機產生0到1的亂數。由於RAND函數預設會自動重算，工作表有任何操作都會再重新產生亂數。為避免數字跑掉，先複製「隨機亂數」欄位資料，然後在上方功能區的「常用>剪貼簿>貼上」中選擇「貼上值」，把函數計算的亂數變成單純值，把數字固定下來。

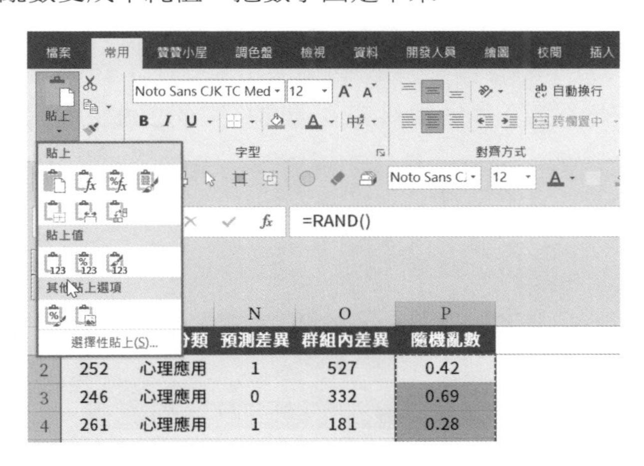

步驟二、依照隨機亂數值重新排序資料

選取整個表格範圍，上方功能區「常用>編輯>排序與篩選」下拉執

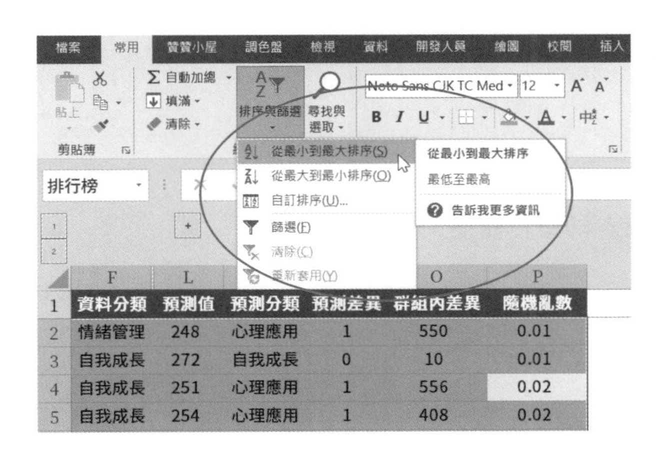

行「從最小到最大排序」，Excel會以表格最後一欄「隨機亂數」為基準，在表格每一項資料內容不變的情況下，從小到大重新排序。

步驟三、建立表格資料的流水編號

在表格的最右邊新增「資料編號」欄位，並先在第1筆資料Q2儲存格填入「1」，游標移到儲存格最右下角，游標圖示會從白粗十字架變成小黑十字架，然後連按兩下執行快速填滿，拉開清單點選「以數列填滿」，如此全部資料每一項都有個流水編號。

在此預計將全部287筆資料分成兩部分，前200筆作為訓練資料，後87筆做為測試資料。通常會建議訓練資料占全部資料的2/3，這裡設定比例大致相當。

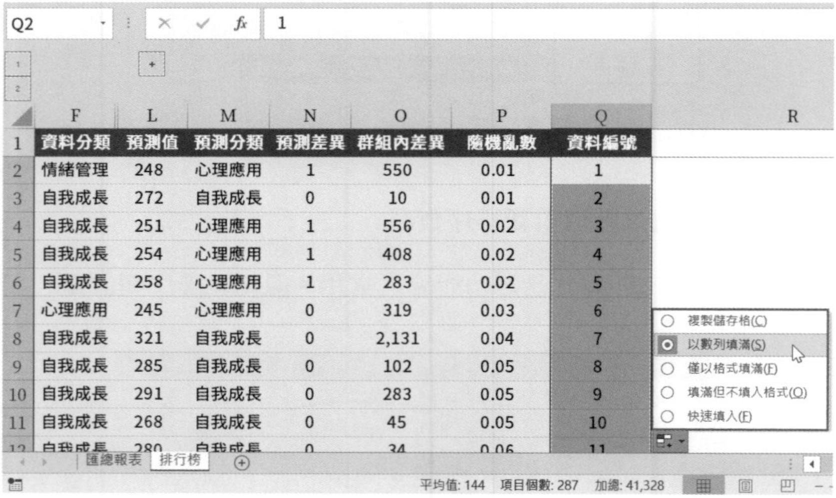

	F	L	M	N	O	P	Q
1	資料分類	預測值	預測分類	預測差異	群組內差異	隨機亂數	資料編號
2	情緒管理	248	心理應用	1	550	0.01	1
3	自我成長	272	自我成長	0	10	0.01	2
4	自我成長	251	心理應用	1	556	0.02	3
5	自我成長	254	心理應用	1	408	0.02	4
6	自我成長	258	心理應用	1	283	0.02	5
7	心理應用	245	心理應用	0	319	0.03	6
8	自我成長	321	自我成長	0	2,131	0.04	7
9	自我成長	285	自我成長	0	102	0.05	8
10	自我成長	291	自我成長	0	283	0.05	9
11	自我成長	268	自我成長	0	45	0.05	10
12	自我成長	280	自我成長	0	34	0.06	11

步驟四、訓練資料架設模型

沿用本章第三節方法，前200筆訓練資料先以LINEST函數初步計算出「群組間／群組內」差異比例。請注意因為是隨數分組，各分類資料筆數的占比約相當於全部資料比例。

原本是用全部資料建立模型，現在是把資料先分成實驗組（訓練資料）和對照組（測試資料），訓練資料建立模型也就是訓練電腦，再用測試資料跑模型，看看結果如何，評估模型的好壞。

T19 =T17/T18

	F	L	M	N	O	P	Q
1	資料分類	預測值	預測分類	預測差異	群組內差異	隨機亂數	資料編號
7	心理應用	246	心理應用	0	327	0.03	6
8	自我成長	315	自我成長	0	1,576	0.04	7
9	自我成長	284	自我成長	0	80	0.05	8
10	自我成長	290	自我成長	0	221	0.05	9
11	自我成長	269	自我成長	0	34	0.05	10
12	自我成長	278	自我成長	0	7	0.06	11
13	自我成長	293	自我成長	0	318	0.07	12
14	自我成長	272	自我成長	0	10	0.07	13
15	自我成長	359	自我成長	0	7,060	0.07	14
16	心理應用	221	情緒管理	1	60	0.07	15
17	自我成長	271	自我成長	0	23	0.08	16
18	自我成長	272	自我成長	0	14	0.08	17
19	自我成長	268	自我成長	0	52	0.09	18

一、類別資料轉換為數值資料

S	T	U	V	W
LINEST函數	2.96	(3.08)	(4.82)	251.66
斜率及截距	X1	X2	X3	b
係數及常數	(4.82)	(3.08)	2.96	251.66

三、分類群組平均值

分類	情緒管理	心理應用	自我成長	資料筆數
分類資料筆數	19	38	143	200
類別平均值	229	228	275	
模型分類門檻	229	265		

四、分類群組極大化目標		函數公式
各群組的平均值	244	=AVERAGE(T13:V13)
群組間差異平方和	1,445	=(T13-T16)^2+(U13-T16)^2+(V13-T16)^2
群組內差異平方和	164,001	=SUM(訓練資料[群組內差異])
群組間/群組內	0.009	=T17/T18 <=希望極大化

步驟五、訓練資料完成線性判別分析

同樣沿用本章上一節方法執行規劃求解，利用簡單計算評估強化程度。首先，以比例目標而言，從0.009提高到0.014，主要是群組間差異

V31 =U31-T31

	L	M	N	O	P	Q
1	預測值	預測分類	預測差異	群組內差異	隨機亂數	資料編號
19	253	自我成長	0	828	0.09	18
20	299	自我成長	0	272	0.09	19
21	274	自我成長	0	74	0.09	20
22	325	自我成長	0	1,851	0.10	21
23	278	自我成長	0	20	0.10	22
24	292	自我成長	1	138	0.10	23
25	299	自我成長	0	283	0.10	24
26	74	情緒管理	1	3,756	0.11	25
27	(108)	情緒管理	1	59,206	0.11	26
28	263	自我成長	0	361	0.11	27
29	259	自我成長	0	537	0.12	28
30	263	自我成長	0	361	0.12	29
31	252	自我成長	1	799	0.13	30
32	105	情緒管理	1	925	0.13	31
33	241	心理應用	0	11,209	0.14	32

一、類別資料轉換為數值資料

群組間/群組內 0.014 =T17/T18 <=希望極大化

五、規劃求解強化模型

關鍵字	情緒	心理	自己	常數
斜率及截距	X1	X2	X3	b
LINEST函數	(4.82)	(3.08)	2.96	251.66
規劃求解	11.27	(14.36)	3.64	251.66

六、訓練資料模型

訓練資料	INEST函數	規劃求解	強化%	公式
群組間差異平方和	1,445	14,203	983%	=U27/T27
群組內差異平方和	164,001	987,111	602%	=U28/T28
群組間/群組內	0.009	0.014	163%	=U29/T29
			強化	公式
預測差異	90	51	(39)	=U31-T31
錯誤率	45%	26%	-20%	=U32-T32

拉大的緣故。再從結果來看，預測差異從90降低到51，錯誤率從45%降低到26%。

步驟六、測試資料架設模型

接著再將後面的87筆資料套入同樣的模型架構中，沿用本章第三節方法，以LINEST函數初步計算出「群組間／群組內」差異比例。即使只有87筆，各分類資料筆數的占比仍然約相當於全部資料比例，可見隨機亂數還是有發揮作用。

步驟五是200筆的訓練資料，步驟六是87筆的測試資料，兩者是不同的東西，不能比較。這裡的0.029是純粹用LINEST函數算出來的群組間／群組比例。到了第七步驟會把87筆測試資料套入訓練資料的模型，算出來的結果再和LINEST算出來的結果做比較，評估訓練資料模型是否有效。

T19 =T17/T18

	F	L	M	N	O	P	Q
1	資料分類	預測值	預測分類	預測差異	群組內差異	隨機亂數	資料編號
7	情緒管理	229	心理應用	1	544	0.74	206
8	自我成長	298	自我成長	0	451	0.74	207
9	自我成長	343	自我成長	0	4,408	0.74	208
10	自我成長	317	自我成長	0	1,631	0.75	209
11	自我成長	239	心理應用	1	1,411	0.75	210
12	自我成長	263	心理應用	1	185	0.76	211
13	自我成長	265	自我成長	0	127	0.76	212
14	心理應用	206	情緒管理	1	152	0.76	213
15	情緒管理	163	情緒管理	0	1,841	0.78	214
16	自我成長	283	自我成長	0	45	0.78	215
17	自我成長	241	心理應用	1	1,240	0.79	216
18	情緒管理	236	心理應用	1	892	0.79	217
19	自我成長	235	心理應用	1	1,673	0.79	218

S	T	U	V	W
一、類別資料轉換為數值資料				
LINEST函數	5.99	(2.34)	(4.74)	229.14
斜率及截距	X1	X2	X3	b
係數及常數	(4.74)	(2.34)	5.99	229.14
三、分類群組平均值				
分類	情緒管理	心理應用	自我成長	資料筆數
分類資料筆數	11	15	61	87
類別平均值	206	219	276	
模型分類門檻	213	265		
四、分類群組極大化目標		函數公式		
各群組的平均值	234	=AVERAGE(T13:V13)		
群組間差異平方和	2,822	=(T13-T16)^2+(U13-T16)^2+(V13-T16)^2		
群組內差異平方和	98,202	=SUM(測試資料[群組內差異])		
群組間/群組內	0.029	=T17/T18 <=希望極大化		

步驟七、以訓練資料評估測試資料

測試資料這裡仍然保留了LINEST函數計算作為參考，不過，這裡並沒有執行規劃求解，是直接使用第五步驟200筆訓練資料的方程式係數及常數，強化結果後仍然有提高「群組間／群組內」比例，預測差異減少了

7筆，錯誤率減少4%。雖然錯誤率減少的幅度不大，但其實和先前章節執行結果做比較，測試資料最終14%的錯誤率相較之下是較低的了。假設模型使用者可以接受這個錯誤率，那麼可以正式採用這個模型，將它套用在新資料上。

V31　=U31-T31

	L	M	N	O	P	Q
1	預測值	預測分類	預測差異	群組內差異	隨機亂數	資料編號
19	286	自我成長	0	435	0.79	218
20	299	自我成長	0	1,127	0.79	219
21	259	自我成長	0	41	0.80	220
22	259	自我成長	0	37	0.80	221
23	277	自我成長	0	138	0.80	222
24	250	自我成長	0	223	0.81	223
25	55	情緒管理	1	4,807	0.81	224
26	292	自我成長	0	692	0.81	225
27	273	自我成長	0	66	0.82	226
28	(54)	情緒管理	1	31,711	0.82	227
29	281	自我成長	0	237	0.83	228
30	291	自我成長	0	675	0.83	229
31	767	自我成長	1	191,953	0.83	230
32	241	自我成長	1	13,583	0.83	231
33	261	自我成長	0	19	0.84	232

一、類別資料轉換為數值資料

群組間/群組內　0.042　=T17/T18 <=希望極大化

五、引用訓練模型方程式

關鍵字	情緒	心理	自己	常數
斜率及截距	X1	X2	X3	b
LINEST函數	(4.74)	(2.34)	5.99	229.14
訓練模型	11.27	(14.36)	3.64	251.66

六、測試資料模型

	LINEST函數	訓練模型	強化%	公式
群組間差異平方和	2,822	21,893	776%	=U27/T27
群組內差異平方和	98,202	518,243	528%	=U28/T28
群組間/群組內	0.029	0.042	147%	=U29/T29
			強化	公式
預測差異	35	28	(7)	=U31-T31
錯誤率	18%	14%	-4%	=U32-T32

機器模型是否容易套用擴充為基本要求

機器模型目的是要處理預測未知的大量資料，即使技術再進步、數學計算再複雜，很難說有一套完美無瑕且長久穩定的模型，正因為這個原因，模型本身是否容易擴展是很重要的，這一點關係到在資料的分群、更新、追加時，是否容易迅速套用到模型上面演算執行。

上一節在架構Excel的線性判別分析模型時，已經充分保留了可擴展更新的彈性，因此，這一節在將資料分成訓練和測試資料後，很方便可以套用到上一節的模型。基於這個特性，讀者同樣可以將這一套模型應用在自己的工作案例上。

另外，這一節在做資料選取及模型執行的時候，都會特別注意到隨機亂數的應用，這個和本節一開始提到要將資料分成訓練資料和測試資料一樣，目的是希望能夠達到客觀性，進而提高有效性。在統計學抽樣時，都會要求隨機選取樣本或隨機問卷，也就是希望能夠達到有效推論，機器學習同樣是如此。

第五節 提升電腦判斷的精度——用VBA程式自動執行規劃求解

本書第七章和第八章沿用全書一貫的範例，解說機器模型中無監督學習和監督學習的分類基本模型。過程中主要是運用到Excel規劃求解工具，先前都是在以指令執行，不過，如同本書一開始章節所示範，幾乎所有Excel操作都可以設計為VBA快速、大量、自動化執行，規劃求解也是如此，本節將具體介紹。

步驟一、規劃求解參數設定

先前使用Excel規劃求解工具的時候，主要是「設定目標式」及「變數儲存格」，完成之後直接按確定，其實中間還可以設定一些方程式計算的條件限制，並且還有一個「選項」可以選擇。因為之後的VBA步驟會看到這些設定選項，在此先稍加說明，然後按下「選項」按鈕。

請注意這裡的目標和變數儲存格與先前一樣，目標是群組差異比例，變數儲存格式範圍是方程式的係數及常數。另外也和先前一樣，取消勾選「將未設限的變數設為非負數」，然後「選取求解方法」是選擇「GRG非線性」。

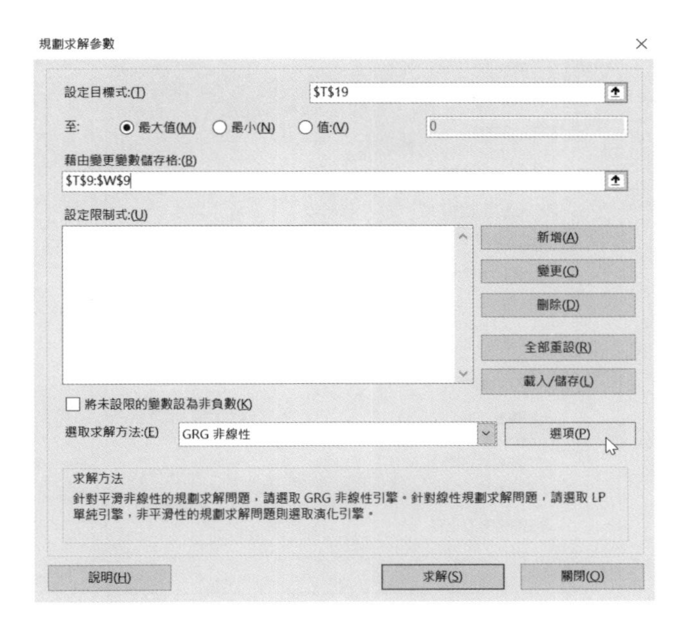

步驟二、求解方法的選項設定

進入求解方法的「選項」對話方塊，可以看到其實還有很多細部的參數設定，像是這種Excel大型指令雖然提供很多選項，但預設值都是以大部分的情況需求，所以沒有特別去設定。在這裡已經把「將未設限的變數設為非負數」取消勾選，Excel因此會自動調整相關設定。在這裡是讓讀者對於規劃求解有進一步的認識，另一方面同時為稍後的VBA程式做準備。

步驟三、VBA設定規劃求解引用項目

先前在Excel執行規劃求解之前，要先在選項中加入增益集，現在VBA要執行規劃求解也是類似的方法。要先進入VBA編輯環境，在上方指令列前往「工具>設定引用項目」，於開啟的清單視窗中找到「Solver」，勾選之後按下「確定」。

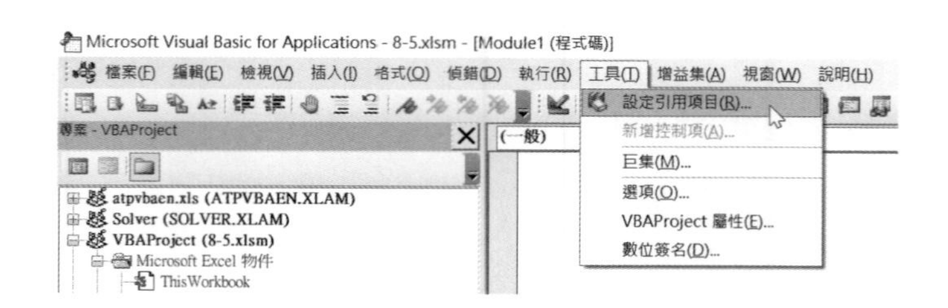

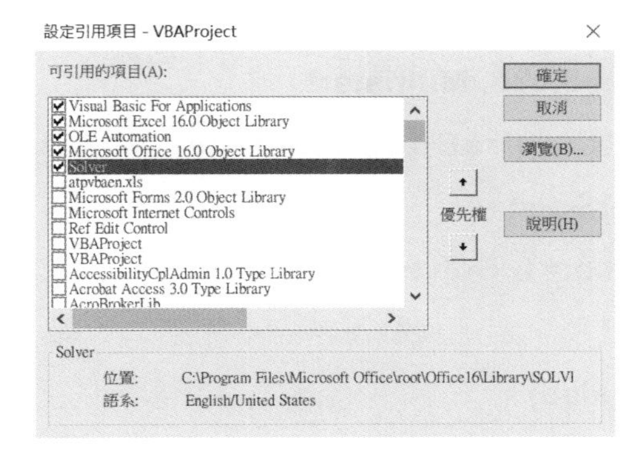

步驟四、設計規劃求解VBA程式

逐行說明VBA程式如下：

Sub 規劃求解程式 ()

=>建立「規劃求解程式」巨集程序。

SolverReset

=> 重設規劃求解參數選項設定。使用VBA程式通常有可能是多次大量執行，最好在一開始先將所有參數選項重設，恢復到初始狀態。

```
SolverOk SetCell:="$T$19", MaxMinVal:=1, ValueOf:=0,
ByChange:="$T$9:$W$9", _
    Engine:=1, EngineDesc:="GRG Nonlinear"
```

=> 目標式及變數儲存格的設定，具體可參考本節第一步驟。

```
SolverOptions MaxTime:=0, Iterations:=0, Precision:=0.000001,
Convergence:= _
   0.0001, StepThru:=False, Scaling:=True, AssumeNonNeg:
   =False, Derivatives:=1
```

SolverOptions PopulationSize:=100, RandomSeed:=0, MutationRate:=0.075, Multistart _

:=False, RequireBounds:=True, MaxSubproblems:=0, MaxIntegerSols:=0, _

IntTolerance:=1, SolveWithout:=False, MaxTimeNoImp:=30

=> 求解方法的選項設定，具體可參考本節第二步驟。

SolverSolve (False)

=> 執行規劃求解，這裡括號中的「False」意思是要顯示結果報告，具體可參考本節第六步驟。如果設定為「True」的話，意思是不顯示。

End Sub

=> 結束 VBA 程式。

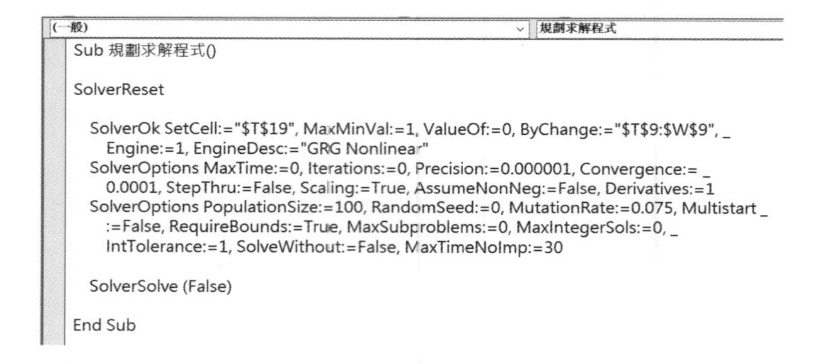

```
(一般)    規劃求解程式
Sub 規劃求解程式()

SolverReset

  SolverOk SetCell:="$T$19", MaxMinVal:=1, ValueOf:=0, ByChange:="$T$9:$W$9", _
     Engine:=1, EngineDesc:="GRG Nonlinear"
  SolverOptions MaxTime:=0, Iterations:=0, Precision:=0.000001, Convergence:= _
     0.0001, StepThru:=False, Scaling:=True, AssumeNonNeg:=False, Derivatives:=1
  SolverOptions PopulationSize:=100, RandomSeed:=0, MutationRate:=0.075, Multistart _
     :=False, RequireBounds:=True, MaxSubproblems:=0, MaxIntegerSols:=0, _
     IntTolerance:=1, SolveWithout:=False, MaxTimeNoImp:=30

  SolverSolve (False)

End Sub
```

步驟五、執行 VBA 程式巨集

為確認程式無誤起見，先複製「訓練資料」工作表，名稱會自動命名為「訓練資料(2)」，快速鍵「Alt+F8」，「巨集」視窗中選擇執行「規劃求解程式」。

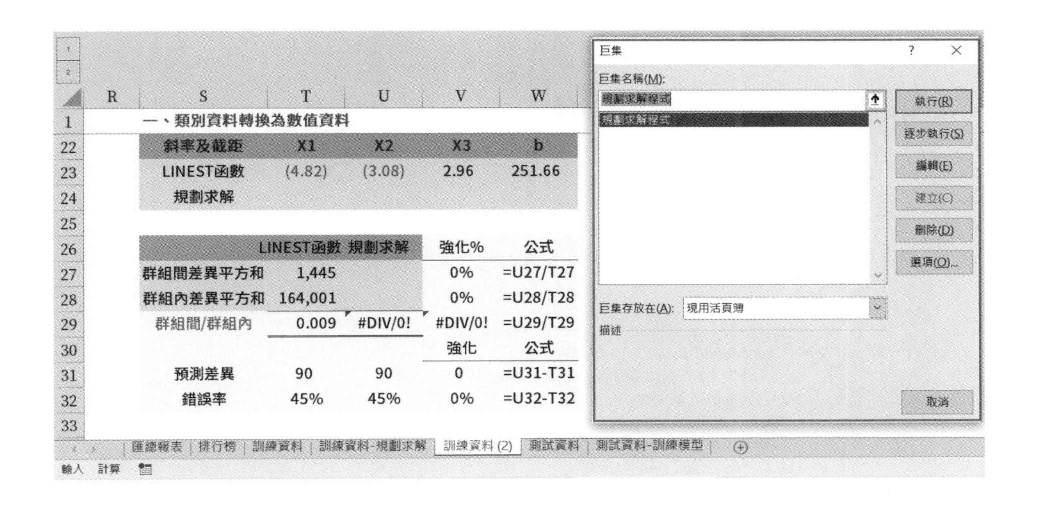

步驟六、演算結果大綱報告

執行程式，果然在沒有出現第一步驟規劃求解參數的視窗情況下，Excel跑完了規劃求解，出現結果報告的對話方塊。在右邊上面的區域點選「分析結果」，它會呈現藍色反白字，然後勾選中間下面的「大綱報表」，最後按「確定」。

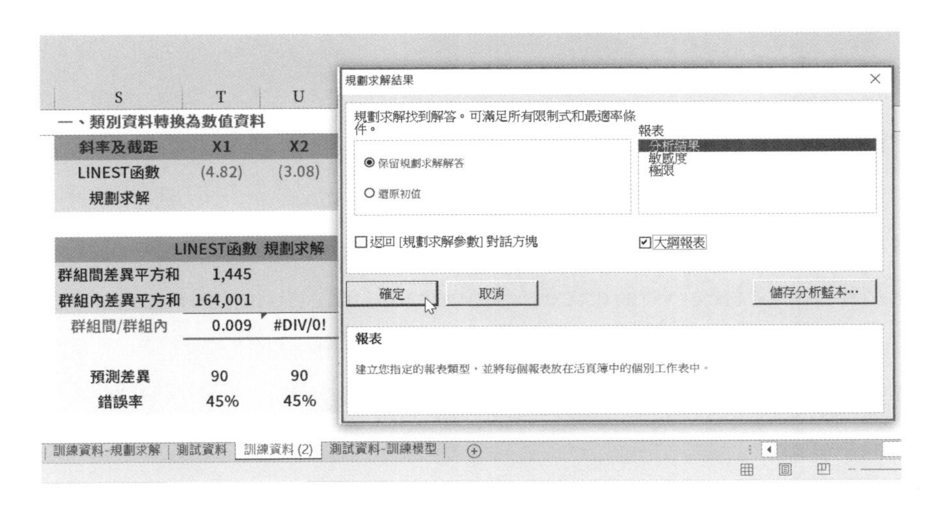

步驟七、運算結果報表

Excel會自動生成一個「運算結果報表1」工作表，可以看到執行時間、結果以及其他相關資訊。這裡可以看到「目標儲存格(最大值)」的「終值」為「0.014」，和本章第四節第五步驟直接在Excel執行的結果相同。另外，中間區域便是本節第二步驟的「規劃求解選項」。

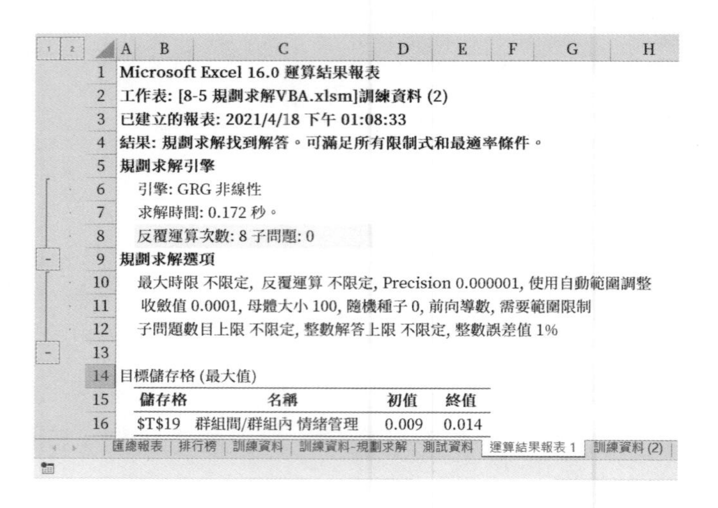
Microsoft Excel 16.0 運算結果報表
工作表: [8-5 規劃求解VBA.xlsm]訓練資料 (2)
已建立的報表: 2021/4/18 下午 01:08:33
結果: 規劃求解找到解答。可滿足所有限制式和最適率條件。
規劃求解引擎
引擎: GRG 非線性
求解時間: 0.172 秒。
反覆運算次數: 8 子問題: 0
規劃求解選項
最大時限 不限定, 反覆運算 不限定, Precision 0.000001, 使用自動範圍調整
收斂值 0.0001, 母體大小 100, 隨機種子 0, 前向導數, 需要範圍限制
子問題數目上限 不限定, 整數解答上限 不限定, 整數誤差值 1%

目標儲存格 (最大值)

儲存格	名稱	初值	終值
$T$19	群組間/群組內 情緒管理	0.009	0.014

匯總報表 | 排行榜 | 訓練資料 | 訓練資料-規劃求解 | 測試資料 | 運算結果報表 1 | 訓練資料 (2)

步驟八、規劃求解程式進階參考文件

大部分Excel函數指令或是VBA都可以在微軟支援中心找到說明文件，規劃求解VBA程式也是如此。讀者對於本節提到的規劃求解選項如果有興趣，可以前往相關的網頁做進一步瞭解：「https://docs.microsoft.com/zh-tw/office/vba/excel/concepts/functions/solveroptions-function」。不過，如同本節一開始所提到的，預設值已經是以通常情況設定了，即使沒有完全細部瞭解，也不致於造成實務上太大的困難。

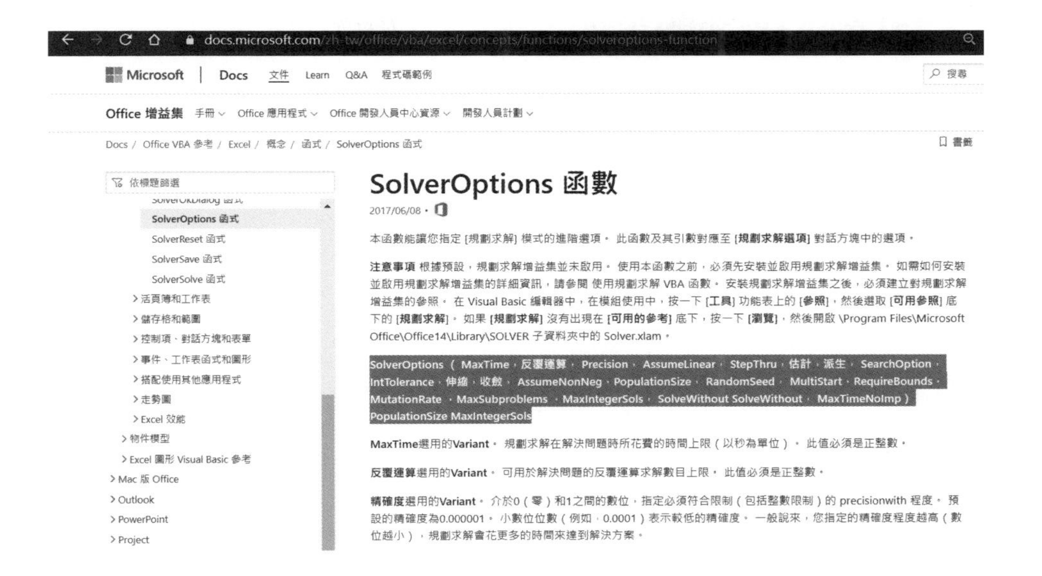

Excel在機器學習上的應用

Excel特性是輸入與輸出都在工作表上直接呈現，因此，很容易直接分析掌握模型的計算結果，相當有助於機器學習的概念瞭解。Excel另一個強項是如果模型設計好了之後，可利用VBA程式加快執行效率，如同這一小節範例所示。機器學習其實還有很多其他模型，各有特色及不同特性可適用於不同的實務場合，讀者如果有興趣的話，可以參考贊贊小屋後續的線上課程或是出版著作。

台灣廣廈 國際出版集團 Taiwan Mansion International Group

國家圖書館出版品預行編目（CIP）資料

人人都學得會的網路大數據分析入門：一步步教！超詳細！專為非專業人士所寫的機器學習指引 / 贊贊小屋 著，
-- 初版. -- 新北市：財經傳訊, 2021.06
面；　公分. --（sense;61）
ISBN 9789860619409（平裝）
1. 機器學習。2. 資料探勘

312.831　　110002932

財經傳訊 TIME & MONEY

人人都學得會的網路大數據分析入門：
一步步教！超詳細！專為非專業人士所寫的機器學習指引

作　　者／贊贊小屋
編輯中心／第五編輯室
編 輯 長／方宗廉
封面設計／十六設計有限公司
製版・印刷・裝訂／東豪・弼聖・秉成

行企研發中心總監／陳冠蒨
媒體公關組／陳柔彣・**綜合業務組**／何欣穎

發 行 人／江媛珍
法律顧問／第一國際法律事務所 余淑杏律師・北辰著作權事務所 蕭雄淋律師
出　　版／台灣廣廈有聲圖書有限公司
地址：新北市235 中和區中山路二段359 巷7 號2 樓
電話：（886）2-2225-5777・傳真：（886）2-2225-8052

代理印務・全球總經銷／知遠文化事業有限公司
地址：新北市222 深坑區北深路三段155 巷25 號5 樓
電話：（886）2-2664-8800・傳真：（886）2-2664-8801
郵政劃撥／劃撥帳號：18836722
劃撥戶名：知遠文化事業有限公司（※ 單次購書金額未達500元，請另付60元郵資。）

■ 出版日期：2021年6月
ISBN：9789860619409